EUROPA-FACHBUCHREIHE
für Metallberufe

CNC-Technik
in der Aus- und Fortbildung

Ein Unterrichtsprogramm für die berufliche Bildung

Autor:

Michael Grotz — Albstadt

Autor bis zur 4. Auflage:

Heinz Paetzold — Mühlacker

Bildentwürfe:

Heinz Paetzold
Michael Grotz

Bildbearbeitung:

Zeichenbüro des Verlags Europa-Lehrmittel, Nourney Vollmer GmbH & Co. KG, Ostfildern

5. Auflage 2017, korrigierter Nachdruck 2019

Druck 5 4 3 2

Alle Drucke derselben Auflage sind parallel einsetzbar, da sie bis auf die Behebung von Druckfehlern untereinander unverändert bleiben.

ISBN 978-3-8085-1916-5

© 2017 by Verlag Europa-Lehrmittel, Nourney, Vollmer GmbH & Co. KG, 42781 Haan-Gruiten
http://www.europa-lehrmittel.de
Umschlag: braunwerbeagentur, Radevormwald unter Verwendung eines Fotos von
© Andrey Armyagor – fotolia.com
Satz: Typework Layoutsatz & Grafik GmbH, 86167 Augsburg
Druck: UAB BALTO print, 08217 Vilnius (LT)

VERLAG EUROPA-LEHRMITTEL · Nourney, Vollmer GmbH & Co. KG
Düsselberger Straße 23 · 42781 Haan-Gruiten

Europa-Nr.: 19312

Vorwort zur 5. Auflage

Rationalisierungsmaßahmen auf breiter Ebene und der Zwang, international konkurrenzfähig zu bleiben, haben bewirkt, dass sich CNC-Maschinen selbst in Kleinbetrieben durchgesetzt haben. Konventionelle Fräs- und Drehmaschinen sind heute eher zu einer Seltenheit geworden. Leistungsfähige und bedienerfreundliche Steuerungen haben es ermöglicht, selbst Einzelteile wirtschaftlich auf CNC-Maschinen zu fertigen.

Der Lehrgang wendet sich in erster Linie an Auszubildende der Mechatronik und Metalltechnik und an Facharbeiter innerhalb der Fort- und Weiterbildung. Die Unterlagen basieren auf jahrelanger betrieblicher Praxis und Lehrtätigkeit des Autors in der Facharbeiter- und Erwachsenenbildung.

Das Lehrprogramm gliedert sich in zwei große Bereiche:

Grundlagen der CNC-Technik (Kap. 1–5)
Programmierung von CNC-Maschinen (Kap. 6–13)
Programmierung nach PAL (Kap. 14)

Im ersten Teil werden die steuerungs- und maschinenspezifischen Grundlagen behandelt.

Der zweite Teil befasst sich ausführlich mit der Erstellung von Programmen und gibt eine umfassende Übersicht über die verschiedenen Programmstrukturen und Programmiertechniken. Das letzte Kapitel behandelt die Programmierung nach dem PAL-Modus.

Der Lehrgang unterteilt sich in Informations-, Arbeits- und Übungsblätter.

Die Informationsblätter vermitteln das Grundwissen über die CNC-Technik.

Den Inhalt der Arbeitsblätter erarbeitet der Lehrer oder Ausbilder zusammen mit den Lernenden, vorzugsweise am Tageslichtprojektor oder Beamer.

Die Übungsblätter mit den Übungsaufgaben vertiefen den zuvor erarbeiteten Stoff und dienen zugleich der Lernzielkontrolle.

Der Autor dankt der Firma SL Automatisierungstechnik, Iserlohn, für die Unterstützung bei der Bearbeitung der PAL-Zyklen.

Die Inhalte des Kapitels „PAL-Zyklen" richten sich nach den Veröffentlichungen der PAL-Prüfungsaufgaben- und Lehrmittelentwicklungsstelle der IHK Region Stuttgart.

Albstadt, Frühjahr 2017   Michael Grotz

Inhaltsverzeichnis CNC-Lehrgang

1	**Aufbau von CNC-Maschinen**	**6**
1.1	**Aufbau einer CMC-Maschine**	6
1.2	**Aufbau einer CNC-Steuerung**	7
1.3	**Lageregelung**	8
1.4	**Führungen und Kugelgewindetriebe**	9
1.5	**Wegmesssysteme**	10
1.5.1	Übersicht	10
1.5.2	Glasmaßstab mit Durchlichtverfahren	11
1.6	**Werkzeuge**	12
1.6.1	Werkzeugrevolver	12
1.6.2	Werkzeugmagazine	12
1.6.3	Angetriebene Werkzeuge und Doppelschlitten	12

2	**Flexible Fertigungssysteme**	**13**
2.1	**Aufbau flexibler Fertigungssysteme**	13
2.2	**Flexible Fertigungszellen**	14
2.3	**Fertigungsinseln und Transferstraßen**	15
2.3.1	Flexible Transferstraßen	15

3	**Koordinatensysteme**	**16**
3.1	**Koordinatensystem nach DIN 66 217**	16
3.2	**Koordinatenachsen bei Drehmaschinen**	17
3.3	**Koordinatenachsen bei Fräsmaschinen**	18
3.4	**Übungsaufgabe – Koordinatenachsen**	19
3.5	**Maschinen- und Werkzeugbewegungen**	20

4	**Bezugspunkte**	**21**
4.1	**Maschinennullpunkt M**	21
4.2	**Referenzpunkt R**	21
4.3	**Werkstücknullpunkt W**	22
4.4	**Bestimmung des Werkstücknullpunktes**	23
4.5	**Programmstartpunkt P0**	27
4.6	**Anschlagpunkt A**	27
4.7	**Werkzeugwechselpunkt Ww**	27
4.8	**Werkzeugeinstellpunkt E**	27
4.9	**Werkzeugaufnahmepunkt N**	27
4.10	**Werkzeugschneidenpunkt P**	27
4.11	**Übungsaufgabe – Bezugspunkte bei Drehmaschinen**	28
4.12	**Übungsaufgabe – Bezugspunkte bei Fräsmaschinen**	29

5	**Steuerungsarten**	**30**
5.1	**Steuerungen allgemein**	30
5.2	**Punktsteuerungen**	30
5.3	**Streckensteuerungen**	30
5.4	**Bahnsteuerungen**	30
5.4.1	2D- und 2½ D-Steuerungen	31
5.4.2	3D-Steuerungen	31
5.4.3	3D-Steuerungen vier- und fünfachsig	32

6	**Programmierung**	**33**
6.1	**AV-Programmierung**	33
6.2	**Werkstattprogrammierung**	33
6.3	**Werkstattorientierte Produktionsunterstützung (WOP)**	33

7	**Programmaufbau**	**35**
7.1	Entstehung eines CNC-Programms (Frästeil)	35
7.2	Entstehung eines CNC-Programms (Drehteil)	36
7.3	**Formaler Programmaufbau**	37
7.3.1	Aufbau eines Programms	37
7.3.2	Aufbau eines Satzes	38
7.3.3	Aufbau eines Wortes	38
7.3.4	Adressbuchstaben und Sonderzeichen nach DIN 66 025	39
7.3.5	Weginformationen	40
7.3.6	Technologische Anweisungen	41
7.3.7	Zusatzfunktionen	42
7.3.8	Übungsaufgabe	44

8	**Programmierverfahren**	**45**
8.1	Absolutprogrammierung	45
8.2	Relativprogrammierung	46
8.3	Übungsaufgabe Fräsen	47
8.4	Übungsaufgabe Drehen	48

9	**Arbeitsbewegungen**	**49**
9.1	**Geraden-Interpolation G01-Fräsen**	49
9.1.1	Übungsaufgabe	49
9.1.2	Übungsaufgaben	50
9.2	**Geraden-Interpolation G01-Drehen**	52
9.2.1	Übungsaufgabe	52
9.2.2	Übungsaufgabe	53
9.3	**Kreis-Interpolation G02-Fräsen**	54
9.3.1	Übungsaufgabe Bearbeitungsbeispiel	54
9.4	**Kreis-Interpolation G03-Fräsen**	55
9.4.1	Übungsaufgabe Bearbeitungsbeispiel	55
9.5	**Übungsaufgaben**	56
9.6	**Kreis-Interpolation G02-Drehen**	58
9.6.1	Übungsaufgabe Bearbeitungsbeispiel	58
9.7	**Kreis-Interpolation G03-Drehen**	59
9.7.1	Übungsaufgabe Bearbeitungsbeispiel (ohne technologische Anweisungen und Zusatzfunktionen)	59
9.8	Drehen vor der Drehmitte	60
9.9	Übungsaufgabe Außen- und Innenkontur	61

10	**Werkzeug- und Bahnkorrekturen**	**62**
10.1	**Werkzeugkorrekturen beim Fräsen**	62
10.1.1	Fräserradiuskorrektur (FRK)	63
10.1.2	Besonderheiten bei Bahnkorrekturen	64
10.1.3	Anfahren an Konturen	65
10.1.4	Übungsaufgabe	66
10.2	**Werkzeugkorrekturen beim Drehen**	68
10.2.1	Werkzeuglagen-Korrektur	68
10.2.2	Schneidenradiuskompensation (SRK)	69
10.2.3	Lage der Schneidenspitze	69
10.2.4	Feinkorrekturen	69
10.2.5	Korrekturrichtung	70
10.2.6	Bahnkorrekturen bei Mehrschlittenmaschinen	70
10.2.7	Anfahren an Konturen	71
10.2.8	Übungsaufgabe	72

11	**Bezugspunktverschiebungen**	**74**
11.1	**Nullpunktverschiebung (NPV)**	74
11.1.1	Besonderheiten der NPV	74
11.1.2	Programmierbare Nullpunktverschiebung	75
11.1.3	Gespeicherte Nullpunktverschiebung	76

11.1.4	Übungsaufgabe – gespeicherte Nullpunktverschiebung	77
11.2	**Koordinatendrehung (KD)**	**78**
11.2.1	Programmierbare Koordinatendrehung (KD)	78
11.2.2	Gespeicherte Koordinatendrehung (KD)	79
11.2.3	Spiegelung und Maßstabsänderung	79
11.3	**Istwertspeicher setzen**	**80**

12 Programmstrukturen — 81

12.1	**Wiederholung von Programmteilen**	**81**
12.2	**Unterprogramme (UP)**	**81**
12.2.1	Unterprogramme mit programmierbarer Bezugspunktverschiebung	82
12.2.2	Inkrementale Schreibweise des Unterprogramms	83
12.2.3	Unterprogramme mit Werkzeugkorrekturen	83
12.2.4	Anwendungsbeispiel Gesenkfräsen	84
12.2.5	Übungsaufgabe	84
12.2.6	Unterprogramme mit Parametern	86
12.3	**Arbeitszyklen bei Industriesteuerungen**	**87**
12.3.1	Bohrzyklen (Auswahl)	88
12.3.2	Fräszyklen (Auswahl)	91
12.3.3	Übungsaufgabe	92
12.3.4	Drehzyklen (Auswahl)	94
12.3.5	Übungsaufgabe	95

13 Erweiterte Programmierung — 99

13.1	**Polarkoordinaten**	**99**
13.1.1	Bearbeitungsebenen und Programmierung	99
13.1.2	Beispiele	101
13.1.3	Übungsaufgabe	101
13.2	**Konturzüge**	**102**
13.2.1	Konturzugprogrammierung	102
13.2.2	Verkettung von Sätzen	106
13.2.3	Anfahrstrategien	106
13.2.4	Übungsaufgaben	107
13.3	**Schraubenlinien-Interpolation**	**108**
13.3.1	Übungsaufgabe	108
13.4	**Zylinder-Interpolation**	**109**
13.4.1	Zylinder-Interpolation auf Fräsmaschinen	109
13.4.2	Beispiele auf Fräsmaschinen	110
13.5	**Dreh-Fräs-Bearbeitung**	**112**
13.5.1	Dreh-Fräs-Bearbeitung mit Rotationsachsen	112
13.5.2	Einsatzmöglichkeiten der C-Achse	112
13.5.3	Bahn- und Winkelgeschwindigkeiten	113
13.5.4	C-Achse als Rotationsachse	114
13.5.5	Fräsen an der Planfläche mit G17	115
13.5.6	Fräsen von Zylinderbahnen mit G19	116
13.5.7	C-Achse als Linearachse	117

14 Programmaufbau nach PAL[1] — 118

14.1	**PAL-Funktionen bei Dreh- und Fräsmaschinen**	**118**
14.2	**Wegbedingungen-Drehen**	**120**
14.2.1	Linearinterpolation im Arbeitsgang mit G1	120
14.2.2	Übungsaufgabe	122
14.2.3	Kreisinterpolation	123
14.3	**PAL-Zyklus-Drehen (Auswahl)**	**124**
14.3.1	Längsschruppzyklus G81	124
14.4	**Wegbedingungen-Fräsen**	**125**
14.4.1	Linearinterpolation im Arbeitsgang mit G1	125
14.4.2	Übungsaufgabe	127
14.4.3	Kreisinterpolation	128
14.5	**PAL-Zyklus-Fräsen (Auswahl)**	**129**

1 Aufbau von CNC-Maschinen
1.1 Aufbau einer CMC-Maschine

Der Begriff **CNC** steht für **C**omputerized **N**umerical **C**ontrol und bedeutet numerisch (zahlenmäßig) gesteuert mit einem Computer.

Bei numerisch gesteuerten Maschinen werden die einzelnen Arbeitsschritte, wie z.B. Verfahrwege, Spindeldrehzahlen und Vorschübe, durch Zahlen in einem Programm dargestellt. Diese Zahlen werden in die Maschinensteuerung eingegeben und dort in Steuersignale für die CNC-Maschine umgesetzt.

Da die Arbeitsabläufe bei einer CNC-Maschine weitgehend selbstständig, also ohne Eingriff des Maschinenbedieners ablaufen, unterscheiden sich die Bau- und Funktionsgruppen von denen einer konventionellen Maschine. Handräder entfallen ganz, da die einzelnen Maschinenschlitten über Vorschubmotore und Kugelgewindegetriebe unabhängig voneinander bewegt werden können. Durch Wegmesssysteme werden die zurückgelegten Verfahrwege ermittelt und in der numerischen Steuerung mit den programmierten Sollwerten verglichen (Lageregelkreis). Um hohe Zerspanraten zu erreichen, setzt man für den Hauptspindelantrieb stufenlos regelbare Gleichstrommotore ein.

Der große Verbreitungsgrad von CNC-Maschinen ergibt sich aus ihren Vorteilen gegenüber den konventionellen Maschinen:

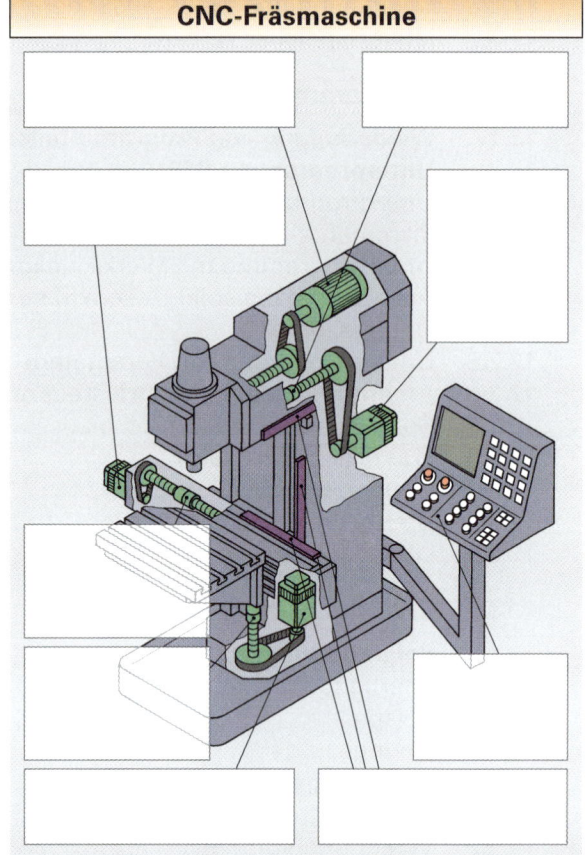

CNC-Fräsmaschine

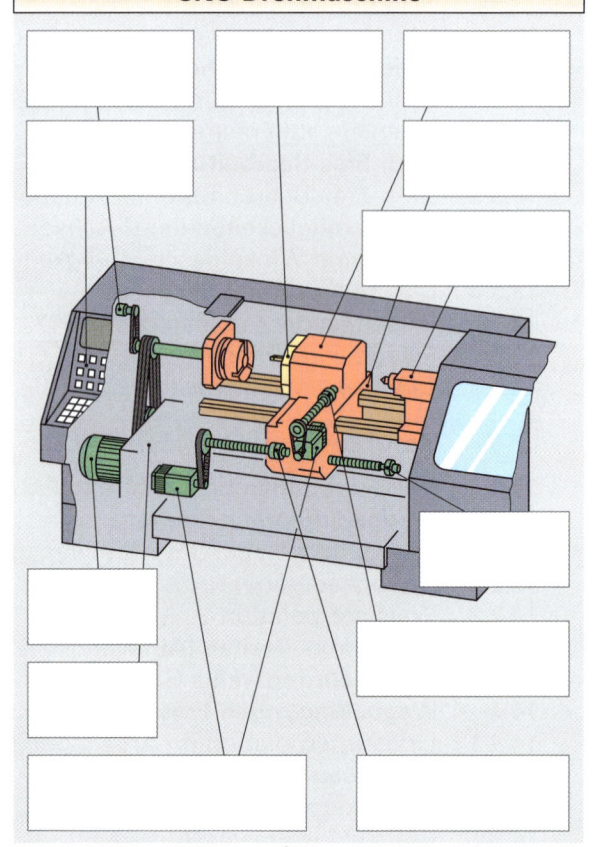

CNC-Drehmaschine

6

1 Aufbau von CNC-Maschinen
1.2 Aufbau einer CNC-Steuerung

Über das Bedienfeld kommuniziert der Bediener mit der Steuerung. Wegen ihrer unterschiedlichen Funktionen werden die Elemente für die Maschinenbedienung und die Elemente für die Programmierung voneinander getrennt. Man unterscheidet deshalb zwischen Programmierfeld und Maschinen-Bedienfeld.

Das CNC-Programm, Bezugspunktverschiebungen und Werkzeugkorrekturen werden über das Programmierfeld eingegeben.

Der Rechner speichert und verwaltet diese Daten und gibt sie beim Programmstart an den CNC-Rechner im Schaltschrank weiter. Die Hauptaufgabe des CNC-Rechners ist die Berechnung der Werkzeugbahnen und die daraus resultierenden Steuersignale für die einzelnen Achsen der CNC-Maschine. Jede Achse besitzt ein Wegmesssystem, das seine Position an die Steuerung zurückmeldet (Lageregelkreis).

Die speicherprogrammierte Steuerung (SPS) übernimmt als Anpass-Steuerung die Aufgaben der Maschinenfunktionen, wie Werkzeug- und Palettenhandhabung, sowie wichtige Verriegelungsfunktionen.

Steht z.B. ein Fahrbefehl von der CNC-Steuerung an, gibt die Anpass-Steuerung den Vorschub nicht frei, wenn der Maschinenschlitten an einem Endschalter ansteht.

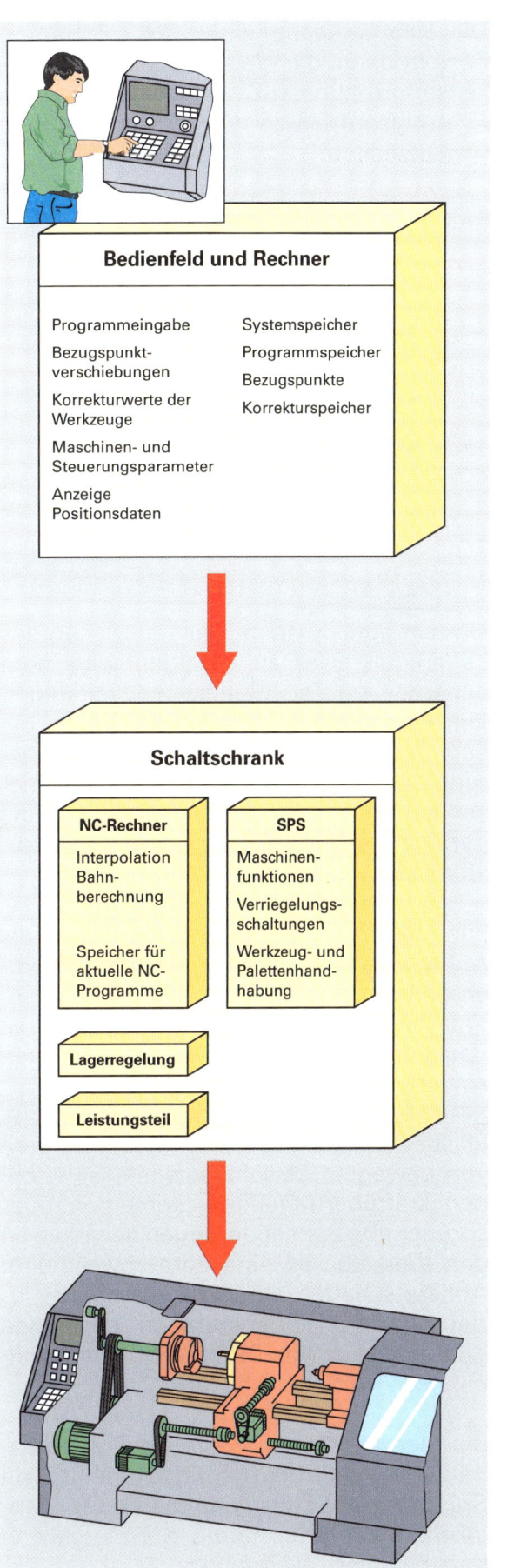

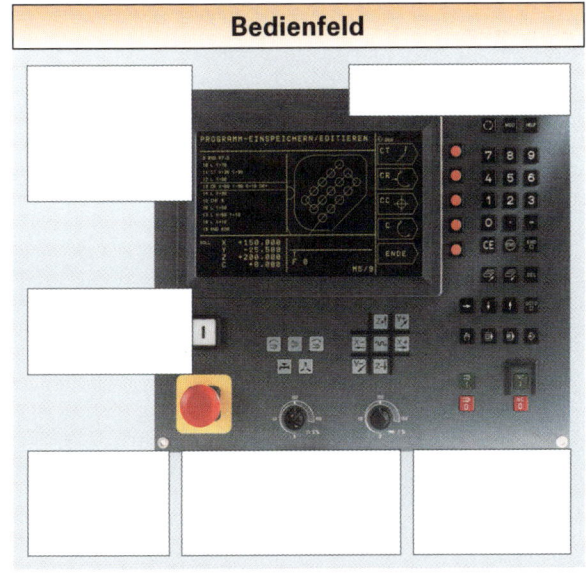

1 Aufbau von CNC-Maschinen
1.3 Lageregelung

Die Hauptaufgabe einer CNC-Steuerung besteht darin, die Weg- und Geschwindigkeitsinformationen zu verarbeiten und als Führungsgrößen an die Vorschubantriebe weiterzuleiten.

Lageregelung

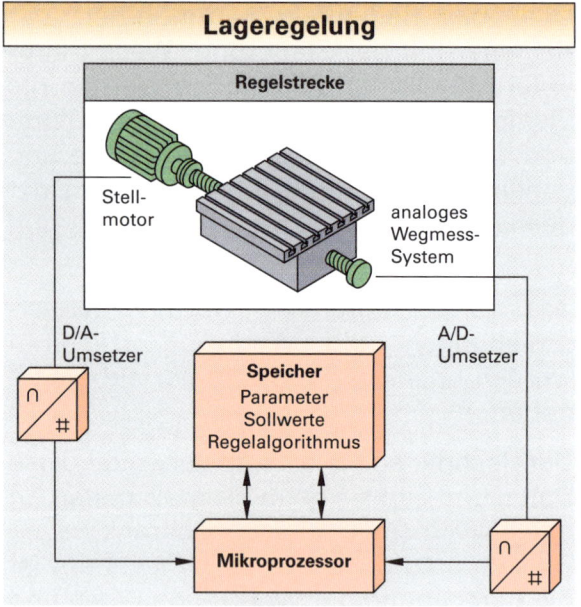

Um ein gutes dynamisches Verhalten des Lageregelkreises zu erhalten, wird dem Lageregelkreis ein Geschwindigkeitsregelkreis unterlagert. Dies bewirkt, dass die Lage-Istwerte fast ohne zeitliche Verzögerung den Lage-Sollwerten folgen. Aus dieser geringen Verzögerung resultiert eine geringe Lageabweichung, die Schleppabstand genannt wird.

Für die Vorschubeinheiten werden als Antriebsmotore meist Drehstrom-Synchronmotore (AC-Motore) eingesetzt. Werden vom System schnelle und genaue Reaktionen gefordert, verwendet man auch Hydraulikantriebe.

Elastische Nachgiebigkeit, Massenträgheit von bewegten Maschinenteilen, Spiel bei den kraftübertragenden Elementen oder sprunghafte Bahnänderungen bewirken an den Werkstücken eine Formabweichung. Abhilfe schaffen z. B. eine Vorschubreduzierung durch Bremsrampen oder eine Kompensation von Durchhangfehlern mithilfe von Korrekturtabellen.

Bei der indirekten Wegmessung beeinträchtigen die Übertragungselemente, wie Spindel oder Zahnstange die Messgenauigkeit. Steuerungsinterne Korrekturwerte beheben diese Messfehler.

Bremsrampe

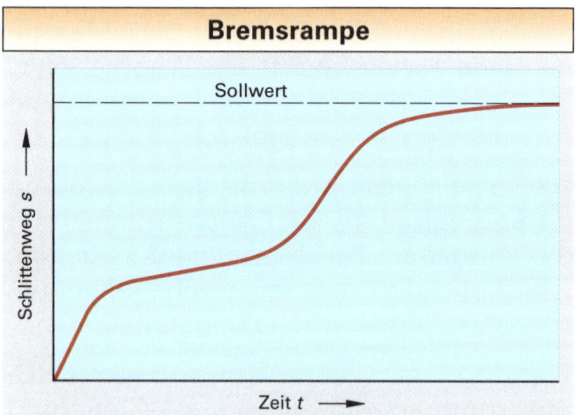

Durchhangfehler

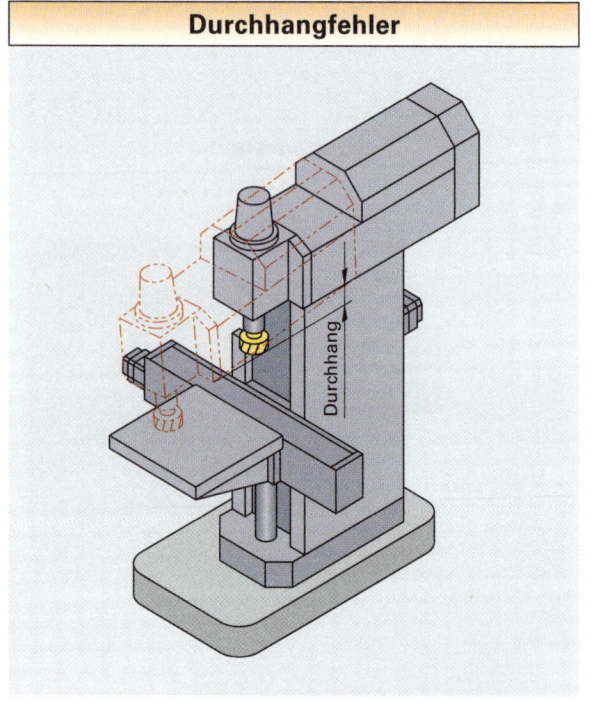

1 Aufbau von CNC-Maschinen
1.4 Führungen und Kugelgewindetriebe

Aufgrund der hohen Ansprüche gegenüber der konventionellen Fertigung können bei CNC-Maschinen keine Gleitführungen eingesetzt werden.

Zum Einsatz kommen wälzkörpergelagerte Schlittenführungen. Nachteilig ist bei schweren Schnittbedingungen die geringe Schwingungsdämpfung der Wälzkörper. Deshalb werden noch zusätzlich mit Kunststoff beschichtete Gleitbahnen eingesetzt.

Oft angewendet werden aufgrund ihrer geringen Einbaumaße fertig montierte Rollenelemente, auch Rollenumlaufschuhe genannt. Sie besitzen eine hohe Steifigkeit und sind leicht einzubauen.

Um eine Rotationsbewegung in eine lineare Bewegung umzuwandeln, werden in CNC-Maschinen Kugelgewindetriebe verwendet. Der Kugelgewindetrieb besteht aus der Gewindespindel und der Kugelumlaufmutter. Die Verbindung zwischen Spindel und Mutter wird durch umlaufende Kugeln hergestellt. Um vollkommene Spielfreiheit zu gewährleisten, werden die Kugeln gegeneinander verspannt. Diese Voreinstellung geschieht entweder durch Einstellscheiben oder durch eine axiale Steigungsverschiebung bei der ungeteilten Mutter.

Bedingt durch die Bauart des Spindel-Mutter-Systems, müssen die Kugeln über Kugelrückführeinrichtungen wieder in den Kreislauf zurückgeführt werden.

Bei der Rückführung durch Rohrumlenkung führt ein Rücklaufrohr die Kugeln, die die letzte Laufbahn verlassen haben, wieder tangential der ersten Laufbahn zu.

Bei beengten Platzverhältnissen kommt die Rückführung durch Innenumlenkung zur Anwendung. Im Gegensatz zur Rohrumlenkung, wo alle Kugeln das ganze System durchlaufen und zurückgeführt werden, ist bei der Innenumlenkung die Kugelanordnung einreihig, wobei mehrere einreihige Systeme hintereinander angeordnet werden. Die Innenumlenkung ist in ihren Außenabmessungen kleiner als die Rohrumlenkung, aber auch teurer.

Schlittenführung mit Gleitbahnen

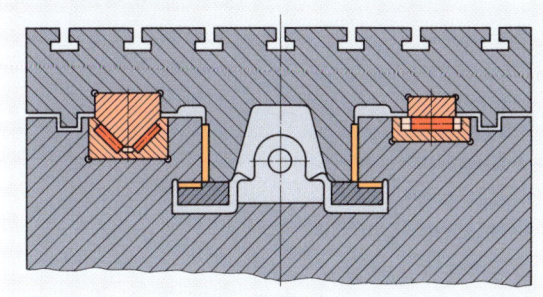

Schlittenführung mit Rollenumlaufschuhen

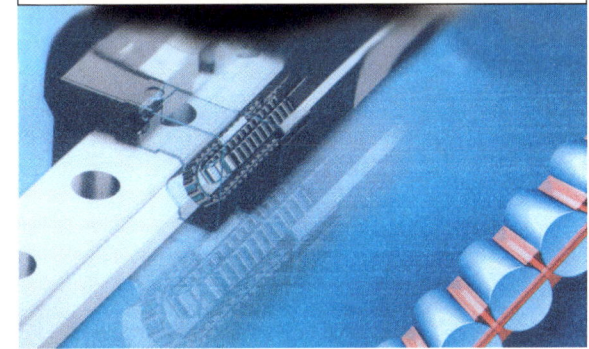

Kugelgewindetrieb

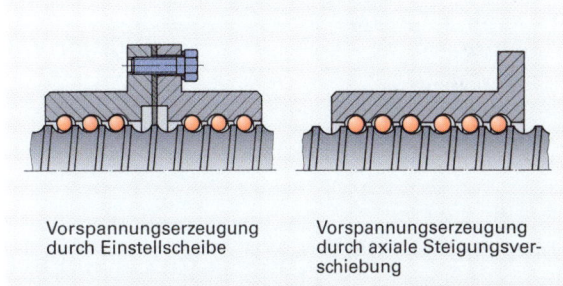

Vorspannungserzeugung durch Einstellscheibe

Vorspannungserzeugung durch axiale Steigungsverschiebung

Bauarten

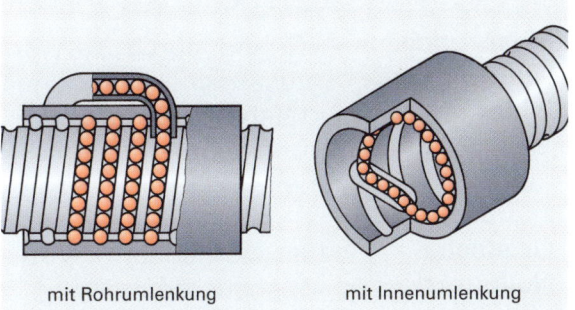

mit Rohrumlenkung   mit Innenumlenkung

1 Aufbau von CNC-Maschinen
1.5 Wegmesssysteme

1.5.1 Übersicht

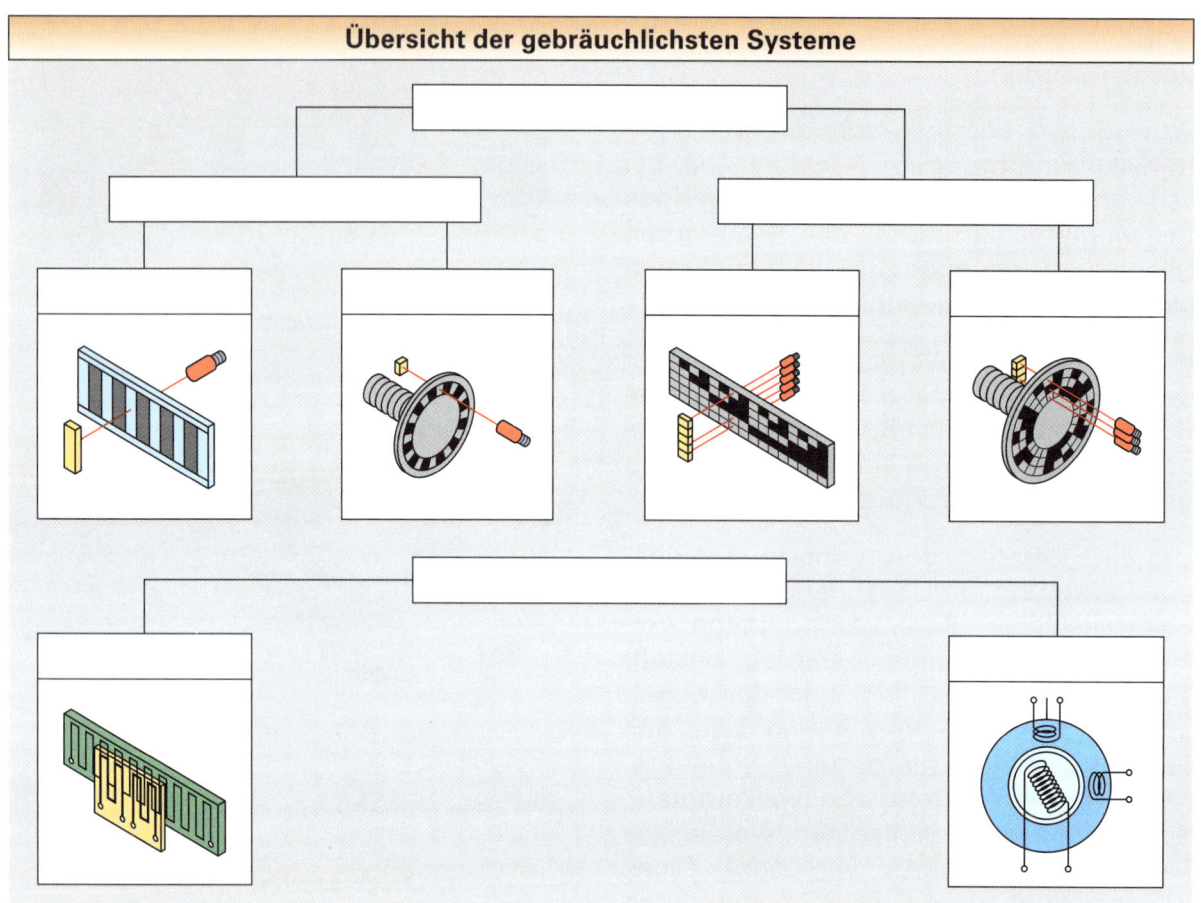

	Digitale Wegmesssysteme	
	Absolut	**Inkremental**
Art des Messverfahrens	Lagemessverfahren, d. h. gemessen wird die augenblickliche Lage einer bestimmten Schlittenposition.	Wegmessverfahren, d. h. gemessen wird ein zurückgelegter Weg durch Aufsummierung von Einzelschritten (Weginkrementen).
Maßstäbe	Komplizierter Aufbau (bis zu 18 Spuren).	Einfacher Aufbau des Strichmaßstabes.
Mess- und Übertragungsfehler	Gering durch Verwendung von zusätzlichen Prüfsignalen (Paritätsbit), aber größerer Aufwand und höhere Kosten.	Möglich durch Störimpulse und Fehlzählungen. Durch die Inkrementalprogrammierung Möglichkeit von Summenfehlern duch Auf- und Abrundung.
Ortsfester Nullpunkt	Ist vorhanden. Wird nach Betriebsunterbrechung bzw. Störung wiedergefunden.	Ist nicht vorhanden. Abhilfe durch Neuanfahren eines Referenzpunktes.

1 Aufbau von CNC-Maschinen
1.5 Wegmesssysteme

1.5.2 Glasmaßstab mit Durchlichtverfahren

Das am häufigsten vorkommende Wegmessverfahren ist das System mit digital-inkrementaler Maßverkörperung. Bei diesem Wegmesssystem wird der Maßstab in gleich große Inkremente mit dem Abstand unterteilt. Ein Abtastgitter (A) mit gleicher Rasterteilung tastet den Maßstab ab, wobei am Fotoelement eine sinusförmige Ausgangsspannung (Signal A) erzeugt wird.

Setzt man nun ein zweites Abtastgitter (B) ein, das zum ersten um den Betrag /4 verschoben ist, kann man an einer weiteren Fotodiode ein Signal B abnehmen, das um eine Viertelperiode phasenverschoben ist. Die in Rechtecksignale umgeformten Signale A und B werden in einem Exklusiv-ODER-Glied miteinander verknüpft und ergeben den Zählimpuls. Bei Verwendung der antivalenten Signale A und B ist es möglich, durch eine geeignete Schaltung eine Signalvervierfachung zu erzeugen.

Das Richtungssignal bei der digital-inkrementalen Wegmessung wird dadurch erzeugt, indem man das Rechtecksignal von A auf den Eingang eines D-Flip-Flops führt und das Signal B als Taktgeber benutzt. Die aufsteigende Flanke von B öffnet das Flip-Flop und überträgt das Signal A auf den Ausgang und bildet somit das Richtungssignal.

Digital-inkrementales Verfahren mit Glasmaßstab

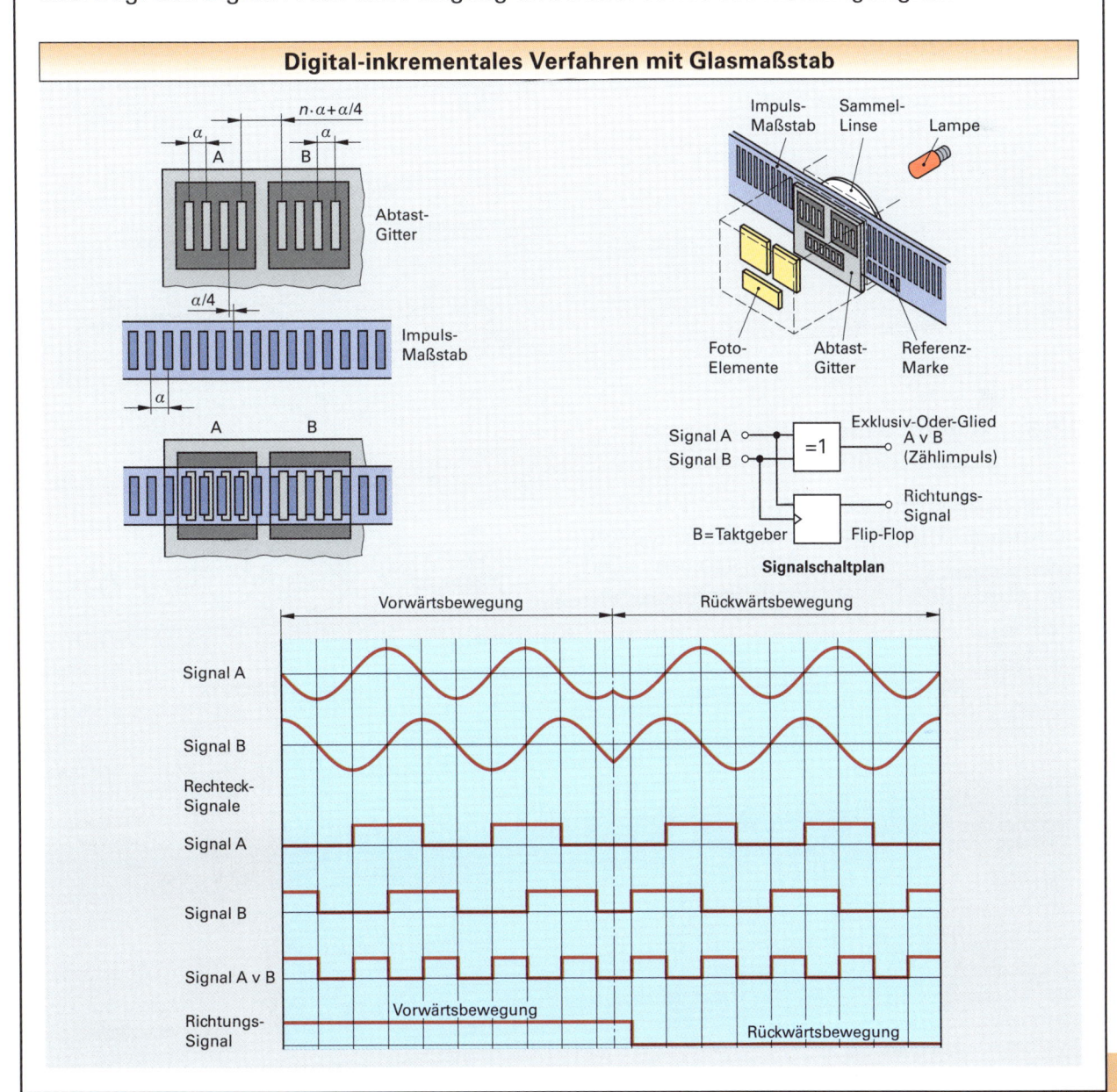

1 Aufbau von CNC-Maschinen
1.6 Werkzeuge

1.6.1 Werkzeugrevolver

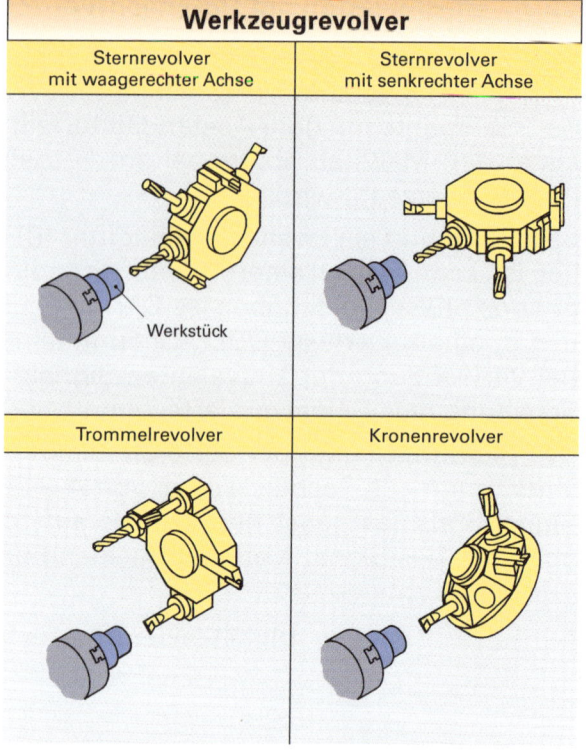

Der Sternrevolver eignet sich für größere Werkstücke und wird vorwiegend bei Bohr- und Fräsmaschinen mittlerer Baugröße eingesetzt. Die Werkzeuge befinden sich am Umfang des Revolvers.

Beim Trommelrevolver sind die Werkzeuge an der Planfläche des Revolverkopfes angeordnet.

Der Kronenrevolver ist axial und radial im Raum geneigt und vereinigt in sich die Vorteile von Trommel- und Sternrevolver.

1.6.2 Werkzeugmagazine

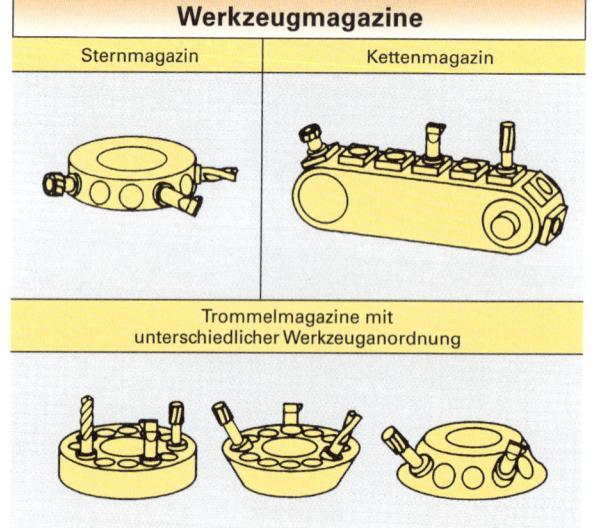

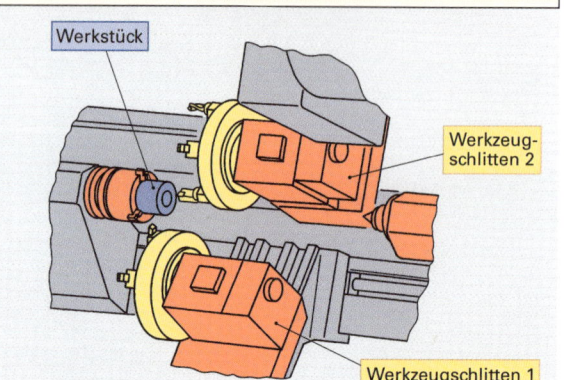

1.6.3 Angetriebene Werkzeuge und Doppelschlitten

Angetriebene Werkzeuge ermöglichen oft eine Komplettbearbeitung von Werkstücken. Eine Reduzierung der Hauptzeiten lässt sich durch den Einsatz von Doppelschlitten erzielen.

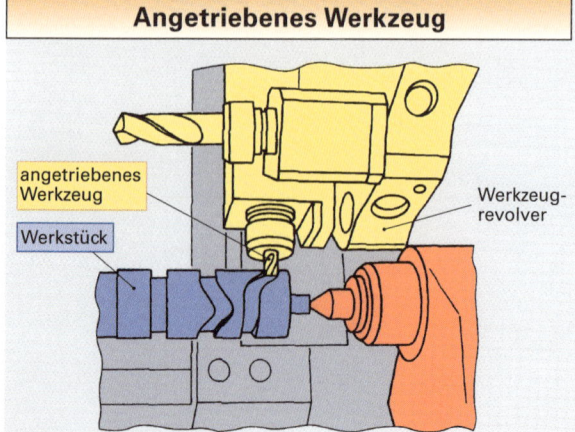

2 Flexible Fertigungssysteme
2.1 Aufbau flexibler Fertigungssysteme

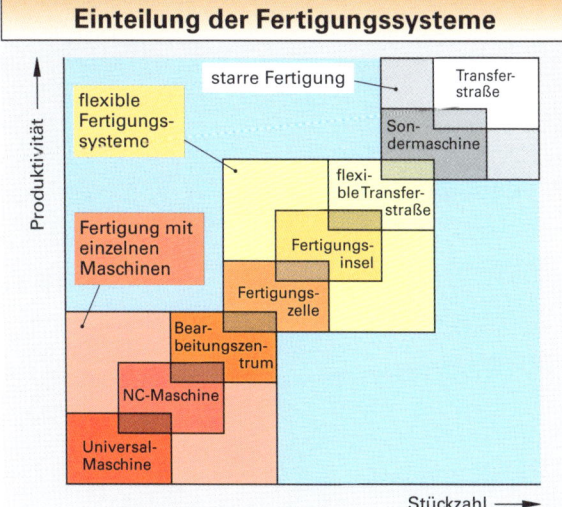

Einteilung der Fertigungssysteme

Flexible Fertigungssysteme werden eingesetzt, um verschiedene Werkstücke innerhalb einer Produktfamilie in wahlloser Reihenfolge kostengünstig zu fertigen.

Man spricht auch von einer chaotischen Fertigungsfolge. Je nach Flexibilität und Produktivität unterscheidet man:

- flexible Fertigungszellen
- flexible Fertigungsinseln
- flexible Transferstraßen

Ein flexibles Fertigungssystem besteht aus drei Hauptkomponenten:

- eine oder mehrere Bearbeitungseinheiten
- Transportsystem für Werkzeuge und Werkstücke
- DNC-Rechner als Leiteinrichtung (DNC = direct numerical control, mehrere Maschinen werden durch einen übergeordneten Rechner gesteuert)

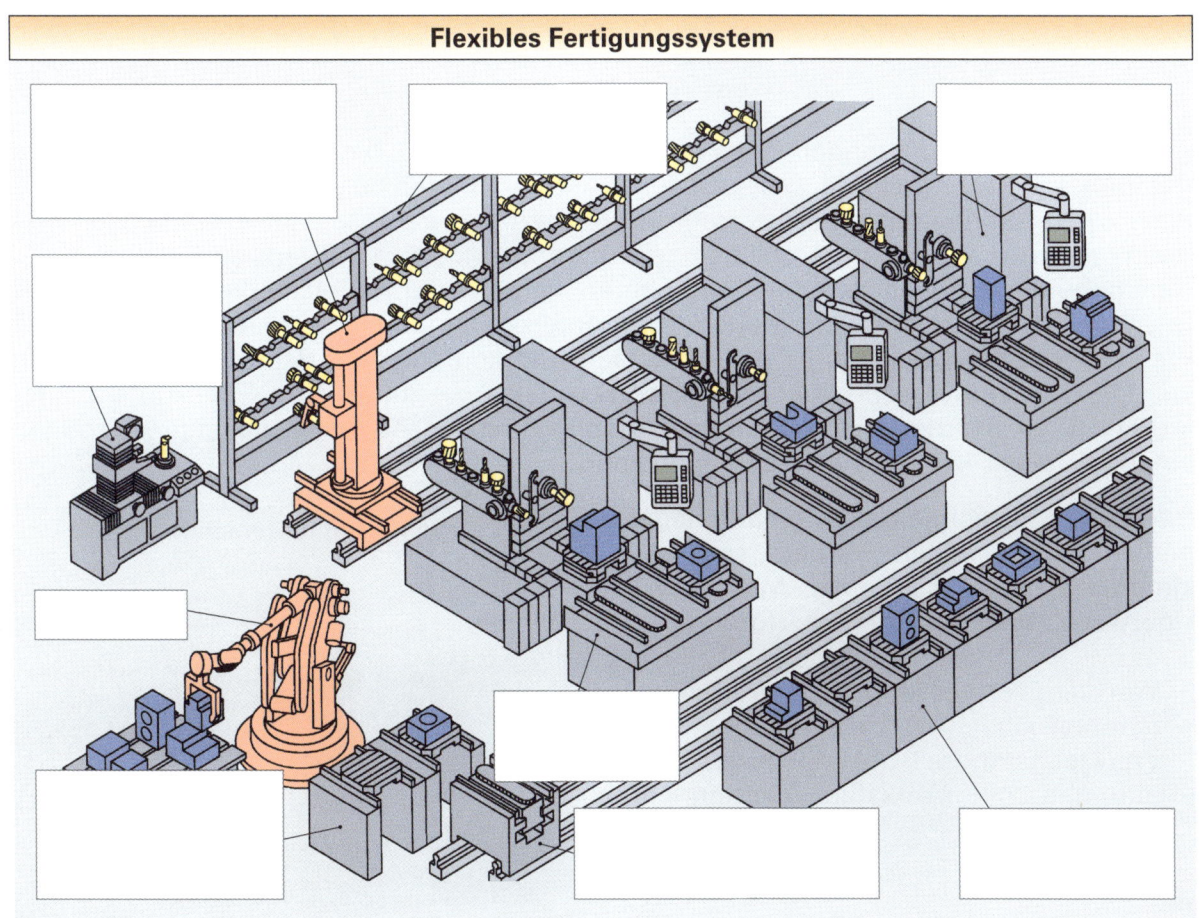

Flexibles Fertigungssystem

2 Flexible Fertigungssysteme
2.2 Flexible Fertigungszellen

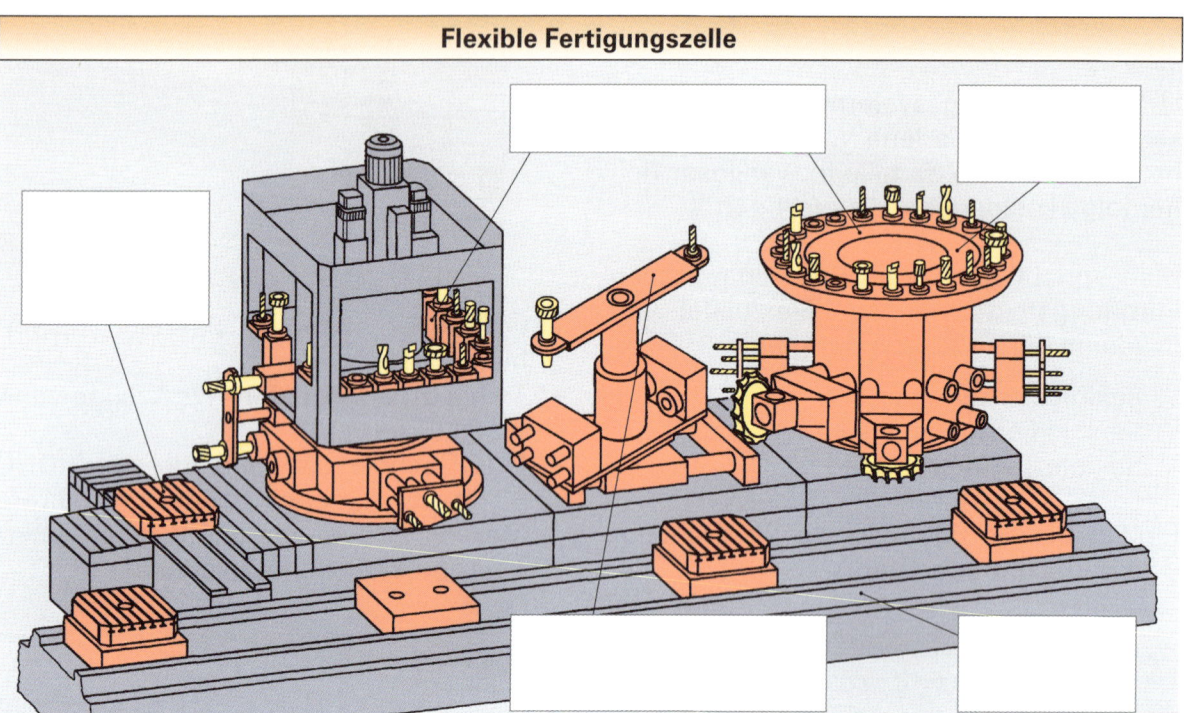

Flexible Fertigungszelle

Aus wirtschaftlichen Gründen ist es oft nicht mehr sinnvoll, die einzelne Fertigungszelle mit immer größeren Werkzeugmagazinen auszurüsten. Man belässt deshalb das vorhandene Werkzeugmagazin mit seiner geringen Kapazität an der Maschine und wechselt weitere Werkzeuge aus einem zentral gelegenen Werkzeugspeicher (Werkzeugpool) ein. Handhabungsgeräte oder Roboter entnehmen während der Hauptzeit die nicht mehr benötigten Werkzeuge aus dem Magazin und ersetzen sie durch neue aus dem zentralen Werkzeugspeicher. Bei größeren Stückzahlen und komplexeren Bearbeitungsaufgaben werden über ein Kassettenmagazin ganze Spindelstöcke und Mehrspindelköpfe ausgetauscht. Dies erfordert einen erhöhten organisatorischen Aufwand, der nur über einen autarken Zellenrechner bewältigt werden kann.

Da flexible Fertigungszellen in der Regel bedienerlos betrieben werden, sind bestimmte Automatisierungs-, Mess- und Überwachungseinrichtungen erforderlich:

– Werkzeugvermessung an der Maschine
– automatische Werkzeugbruch- und Werkzeugstandzeit-Überwachung
– automatische Werkstück-Messeinrichtungen

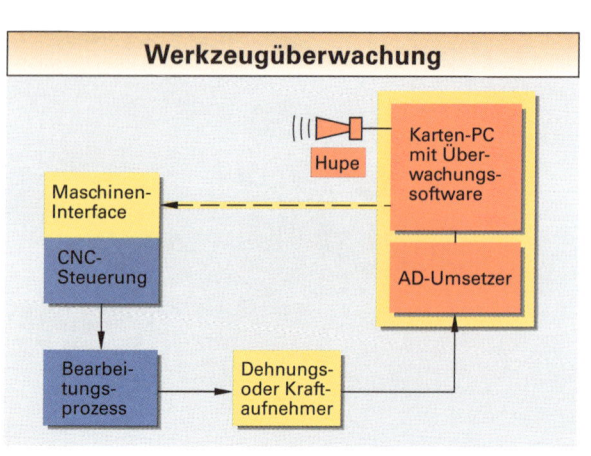

Werkzeugüberwachung

2 Flexible Fertigungssysteme
2.3 Fertigungsinseln und Transferstraßen

Flexible Drehzellen benutzen häufig ein Handhabungsgerät in Portalbauweise, um die zylindrischen Werkstücke zu greifen und zu spannen.

Da Drehteile erst am Bearbeitungsort gespannt werden und Codiersysteme für Drehteile weitgehend fehlen, kennzeichnet man die Werkstückspeicher, wie z.B. Kisten und Behälter.

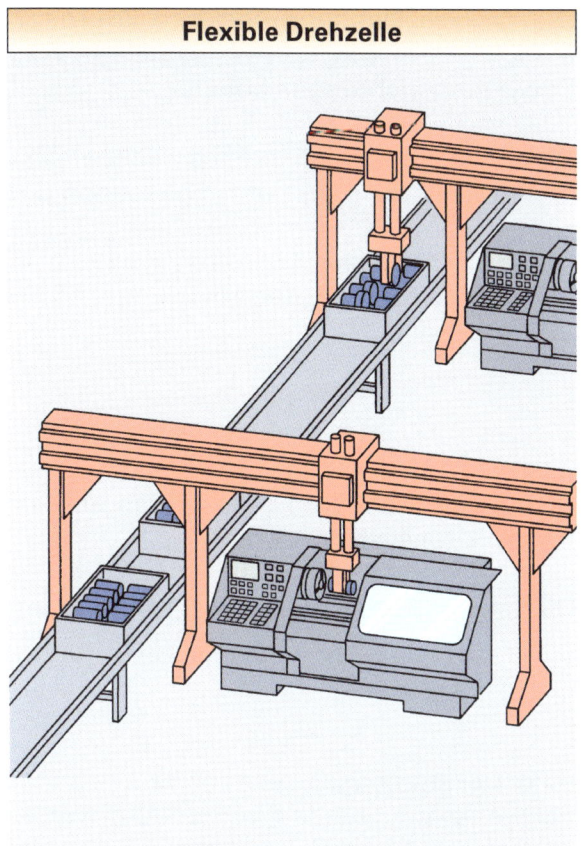

Flexible Drehzelle

Hierbei sind die einzelnen Zellen durch ein gemeinsames Steuer- und Transportsystem verknüpft. Flexible Fertigungsinseln sind in der Lage, über längere Zeitabschnitte bedienerlos bzw. bedienerarm zu fertigen (Geisterschicht).

2.3.1 Flexible Transferstraßen

Die flexible Transferstraße erreicht die höchste Stufe der Produktivität innerhalb der flexiblen Fertigungssysteme, ist jedoch durch die serielle Maschinenverkettung in ihrer Flexibilität eingeschränkt. Mehrere Maschinen sind hintereinander geschaltet und führen aufeinander folgende Bearbeitungsaufgaben an unterschiedlichen Werkstücken einer Teilefamilie aus. Die Maschinen müssen deshalb weitgehend dieser Teilefamilie angepasst sein.

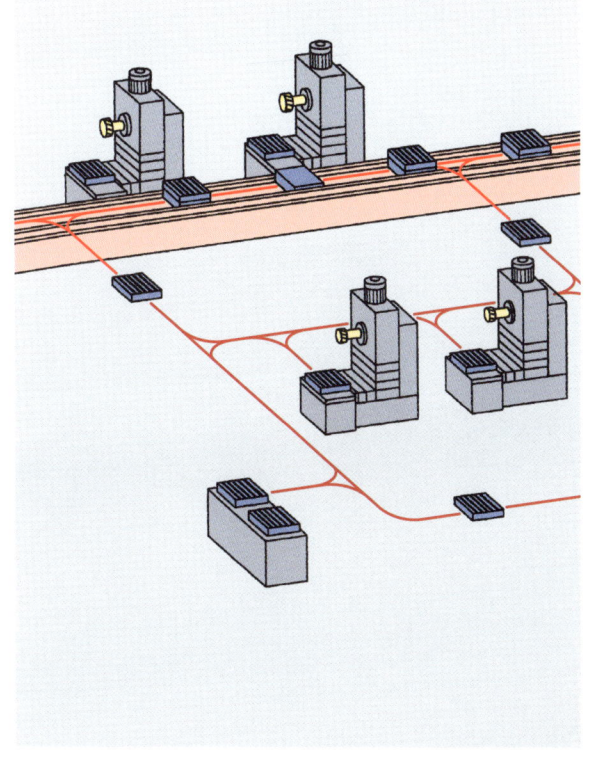

Parallel-serielle Anordnung bei flexiblen Transferstraßen

Abhilfe, jedoch zu Lasten der Produktivität, bringt die parallele, bzw. die parallel-serielle Anordnung, bei der ein Werkstück bis zu seiner Fertigbearbeitung beliebige CNC-Maschinen anlaufen kann. Bei dem Ausfall einer einzelnen Maschine wird dann die Bearbeitung von anderen Maschinen übernommen.

Ein wichtiger und kapitalintensiver Bestandteil dieser Anordnung ist das verwendete Transportsystem, das den Werkstücktransport von der Aufspannstation zu den einzelnen Bearbeitungsstationen bis zur Endstation organisiert.

15

3 Koordinatensysteme
3.1 Koordinatensystem nach DIN 66 217

Die Achsbezeichnung und ihre Zuordnung zu einem Koordinatensystem sind für NC-Maschinen in DIN 66 217 festgelegt. Aus dieser Norm lassen sich auch die einzelnen Bewegungsrichtungen ableiten.

Üblich ist ein rechtshändiges, rechtwinkliges Koordinatensystem, bei dem die Achsen X, Y, und Z auf die Hauptführungsbahnen der NC-Maschine ausgerichtet sind.

Die Zuordnung der Koordinatenachsen kann durch den Daumen (X-Achse), den Zeigefinger (Y-Achse) und den Mittelfinger (Z-Achse) der rechten Hand veranschaulicht werden.

Beim Programmieren nimmt man also immer an, dass sich das Werkzeug relativ zum Koordinatensystem bewegt.

Daraus ergibt sich für die Programmierung die einfache Programmierregel:

Sind bei numerisch gesteuerten Arbeitsmaschinen Drehachsen, z. B. Drehtische oder Schwenkeinrichtungen vorhanden, werden diese mit den Großbuchstaben A, B und C bezeichnet. Diese Drehachsen werden entsprechend den translatorischen Achsen X, Y und Z zugeordnet. Blickt man bei einer Achse in die positive Richtung, so ist die Drehung im Uhrzeigersinn eine positive Drehrichtung. Sind außer den Koordinatenachsen X, Y und Z weitere parallele Koordinatenachsen vorhanden, werden diese mit U oder P (parallel zu X), mit V oder Q (parallel zu Y) und W oder R (parallel zu Z) bezeichnet. Diese parallelen Koordinatenachsen erhalten die gleichen Richtungen wie X, Y und Z.

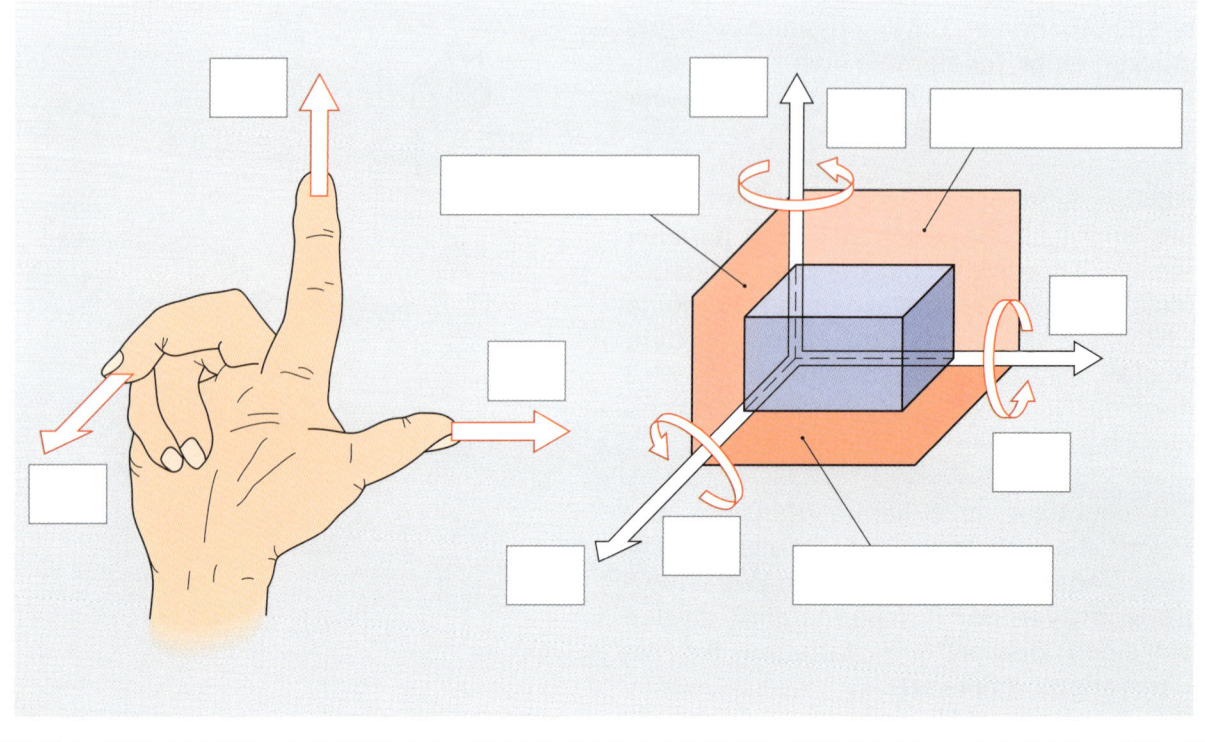

3 Koordinatensysteme
3.2 Koordinatenachsen bei Drehmaschinen

Bei Drehmaschinen ist die Arbeitsspindel der Träger des rotierenden Werkstücks. Das Drehwerkzeug, z.B. der Drehmeißel führt die translatorischen Bewegungen in X- und Z-Richtung aus.

Z-Achse

_____

_____

Die positive Richtung der Z-Achse verläuft vom Werkstück zum Drehwerkzeug. Entfernt sich das Werkzeug vom Werkstück, entsteht eine Z-Bewegung in positiver Richtung. Die Koordinatenwerte vergrößern sich.

X-Achse

_____

_____

Aufgrund dieser Festlegung resultiert auch die unterschiedliche Richtung der X-Achse bei der Drehmeißelanordnung vor oder hinter der Drehmitte.

Soll sich das Drehwerkzeug auf das Werkstück zubewegen, muss eine negative Bewegungsrichtung programmiert werden.

Entfernt sich das Drehwerkzeug vom Werkstück, entsteht eine positive Bewegungsrichtung.

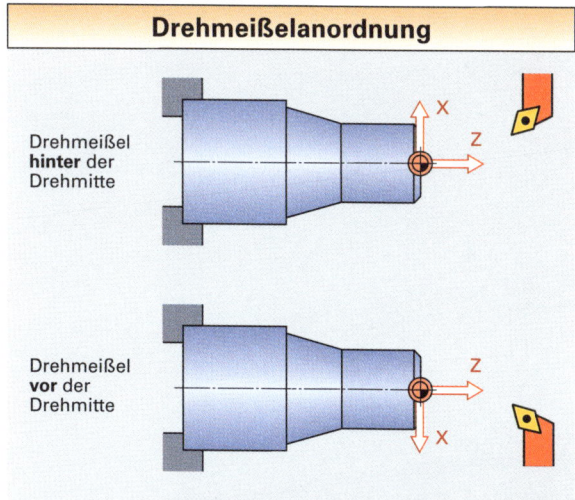

Drehmeißelanordnung

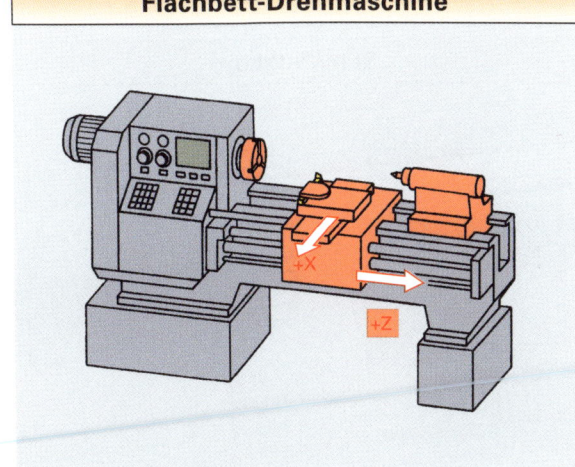

Flachbett-Drehmaschine

Schrägbett-Drehmaschine

17

3 Koordinatensysteme
3.3 Koordinatenachsen bei Fräsmaschinen

Bei Fräsmaschinen ist die Arbeitsspindel der Träger des rotierenden Werkzeugs.

Z-Achse

Der Bediener blickt in Richtung der Hauptspindel auf das Werkstück, also in Z-Richtung. Die positive Z-Achse verläuft entgegen der Blickrichtung.

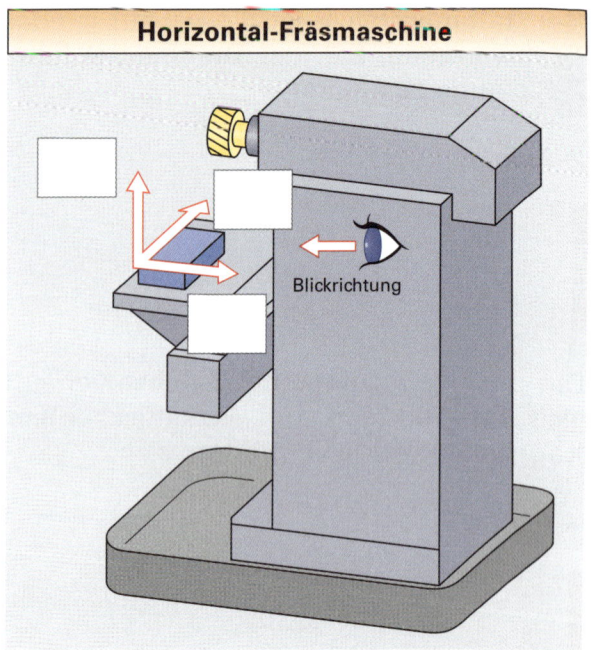

Horizontal-Fräsmaschine

Entfernt sich also das Werkzeug vom Werkstück, entsteht eine Bewegung in positiver Richtung. Bewegt sich das Werkzeug in der Z-Achse auf das Werkstück zu, entsteht eine Z-Bewegung in negativer Richtung.

X-Achse

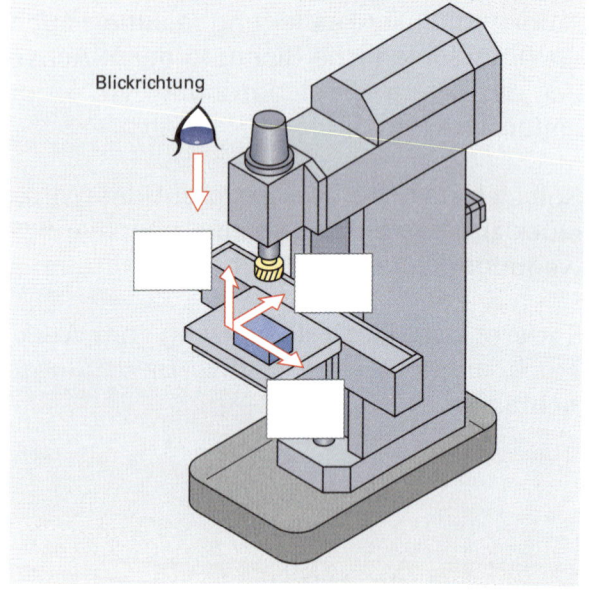

Vertikal-Fräsmaschine

Y-Achse

Durch die Lage und Richtung der X- und Z-Achse ergibt sich automatisch die Lage und Richtung der Y-Achse.

Fräsmaschinen mit Schwenkkopf

Durch den Einsatz eines schwenkbaren Werkzeugkopfes ist es möglich, die senkrecht angeordnete Arbeitsspindel aus der Z-Richtung in eine waagrechte Position zu schwenken.

Ein dreh- und schwenkbarer Arbeitstisch erlaubt eine Komplettbearbeitung von fünf Seiten.

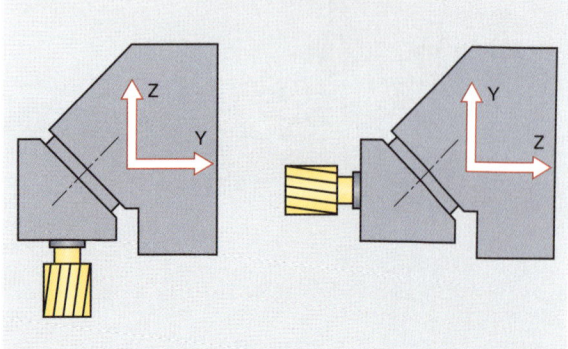

Schwenkkopf

3 Koordinatensysteme

3.4 Übungsaufgabe – Koordinatenachsen

Tragen Sie die Koordinaten- und die Rotations-Achsen mit Vorzeichen für nachfolgende CNC-Maschinen ein:

- CNC-Drehmaschine mit Doppelschlitten
- 5-Achs-Bearbeitungszentrum

CNC-Drehmaschine mit Doppelschlitten

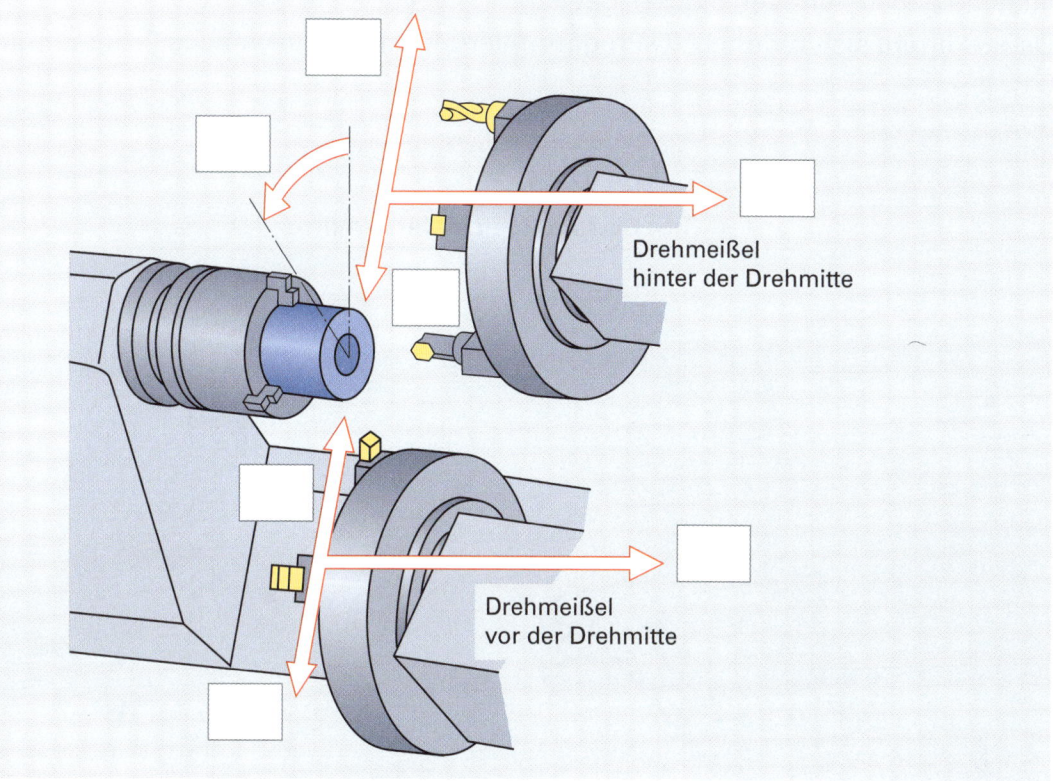

Drehmeißel
hinter der Drehmitte
Drehmeißel
vor der Drehmitte

5-Achs-Bearbeitungszentrum

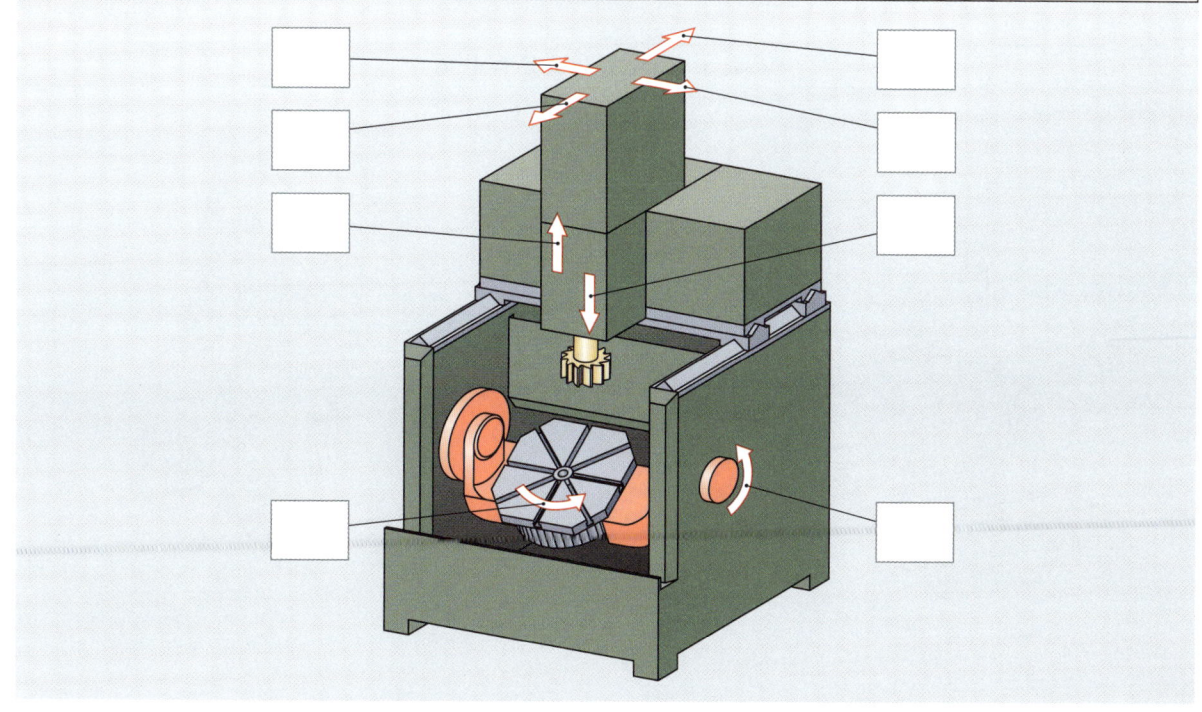

3 Koordinatensysteme
3.5 Maschinen- und Werkzeugbewegungen

Bedingt durch die Bauart der CNC-Maschine bewegt sich beim Zerspanen entweder der Arbeitstisch oder der Werkzeugträger.

Eine Tischbewegung, z.B. nach rechts, hat den gleichen Effekt wie eine Fräsbewegung nach links.

Damit gleiche Programme auf CNC-Maschinen unterschiedlicher Bauart laufen können, nimmt man immer an, dass sich das Werkzeug relativ zum Koordinatensystem des stillstehend gedachten Werkstückes bewegt.

Daraus ergibt sich für die CNC-Programmierung folgende einfache Programmierregel:

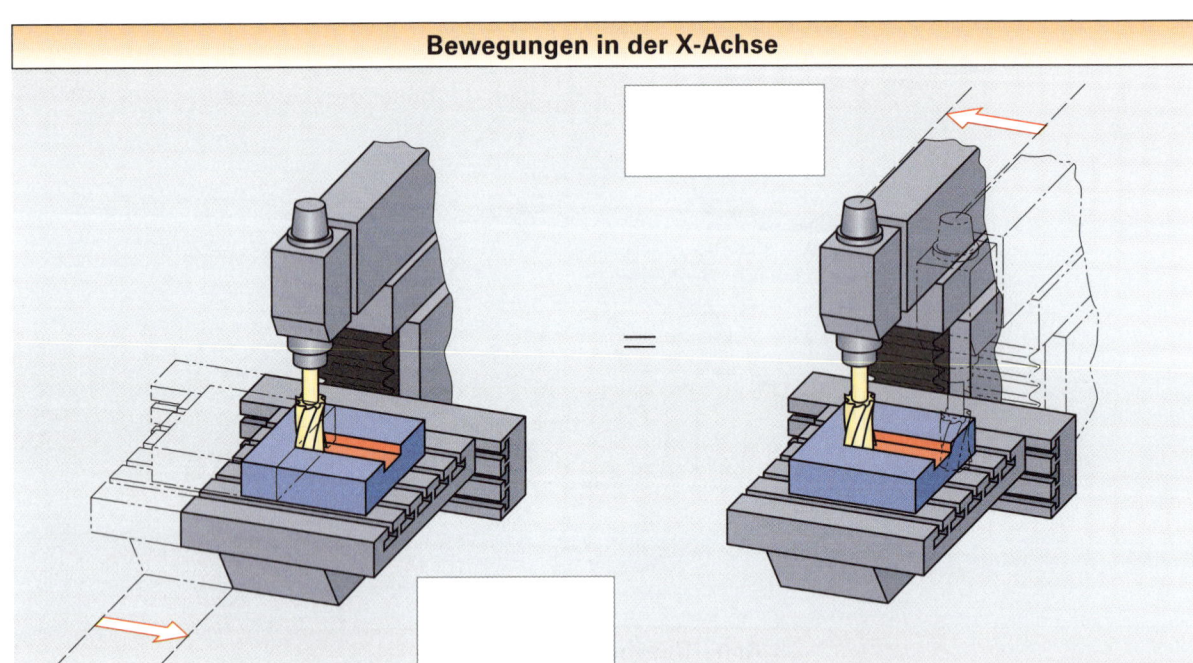

Bewegungen in der X-Achse

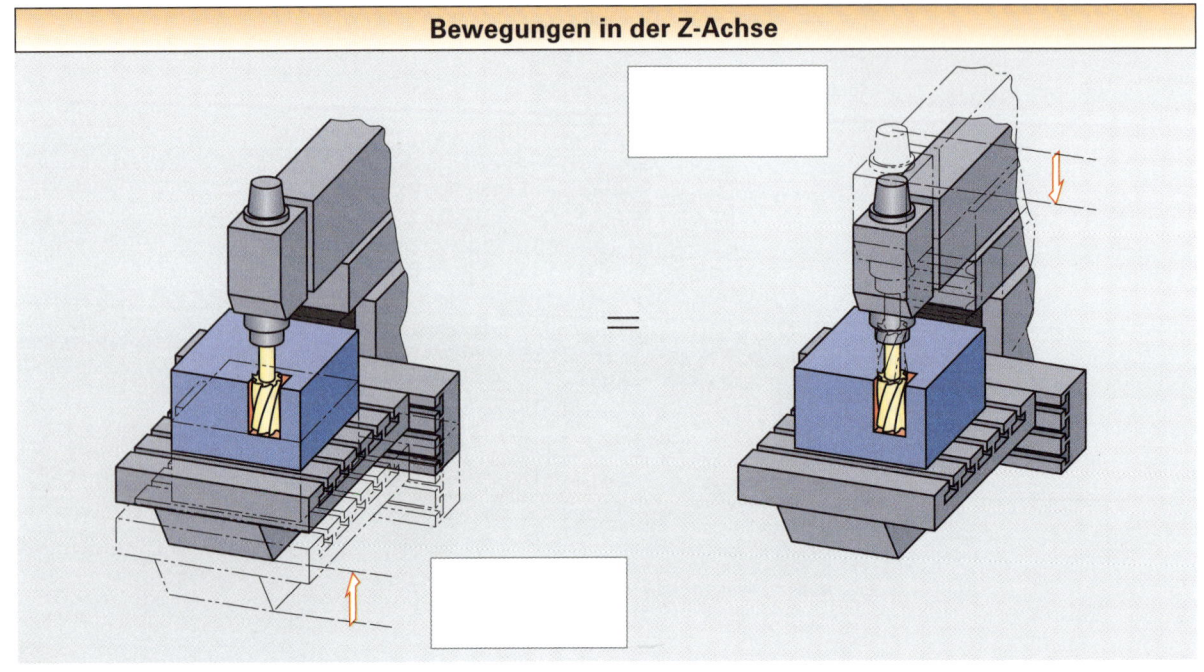

Bewegungen in der Z-Achse

4 Bezugspunkte

4.1 Maschinennullpunkt M

Die genaue Lage der in DIN 66 217 festgelegten Koordinatensysteme wird durch besondere Bezugspunkte, die Nullpunkte bestimmt.

Nullpunkte, wie Maschinennullpunkt und Werkstücknullpunkt, stellen immer den Ursprung der aufeinanderstehenden Achsen X, Y und Z dar.

4.1 Maschinennullpunkt M

Die Lage des aufgespannten Werkstückes wird auf den Maschinennullpunkt bezogen.

Bei Fräsmaschinen liegt der Maschinennullpunkt häufig am Rande des Verfahrbereiches; bei Drehmaschinen liegt er im Bereich des Futters, meist an der Anschlagfläche des Spindelflansches.

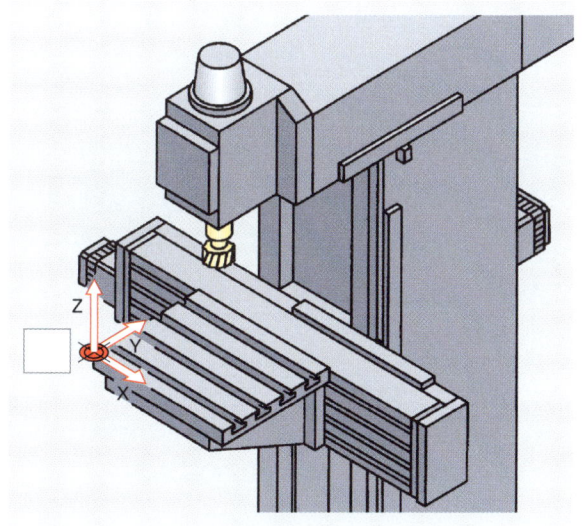

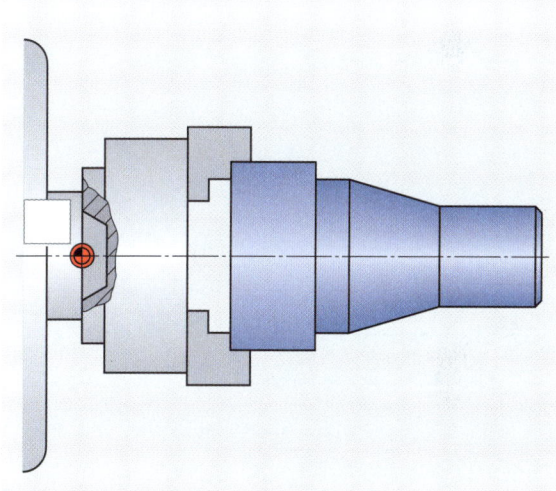

4.2 Referenzpunkt R

Bei Maschinen mit inkrementaler Wegmessung gehen die Istwerte bei einer Unterbrechung der Stromversorgung verloren.

Um das Wegmeßsystem in einem solchen Fall wieder auf einen definierten Zustand zu bringen, müsste der Maschinennullpunkt mit allen Maschinenachsen überfahren werden.

Oft ist dies nicht möglich, da das aufgespannte Werkstück oder die Werkzeugaufnahme dies nicht zulassen.

Dieser Referenzpunkt hat einen festen Abstand zum Maschinennullpunkt M und wird durch Markierungen an den Strichmaßstäben realisiert.

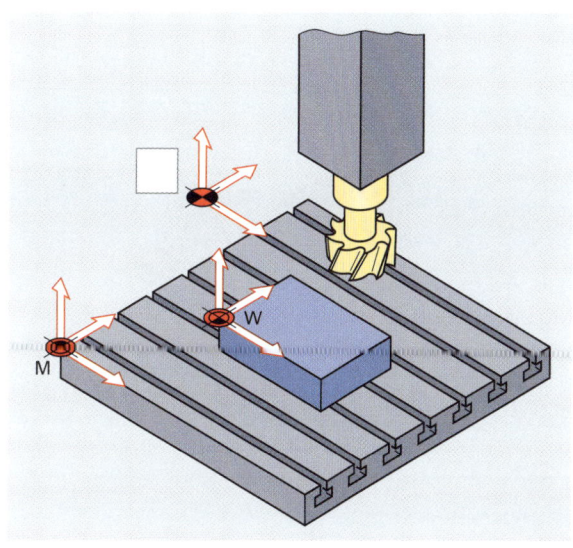

4 Bezugspunkte
4.3 Werkstücknullpunkt W

Seine Lage kann vom Programmierer frei gewählt und festgelegt werden. Es ist jedoch sinnvoll, ihn so zu legen, dass möglichst viele Maße der Fertigteilzeichnung direkt als Koordinatenangaben in das NC-Programm übernommen werden können.

Zweckmäßigerweise legt man bei Frästeilen den Werkstücknullpunkt an einen äußeren Eckpunkt der Werkstückkontur.

Bei symmetrischen Teilen werden die Symmetrieachsen bevorzugt.

Je nach Art der Bemaßung legt man den Nullpunkt bei Drehteilen auf die Spindelachse am linken oder rechten Rand der Fertigteilkontur.

Frästeil	symmetrisches Frästeil
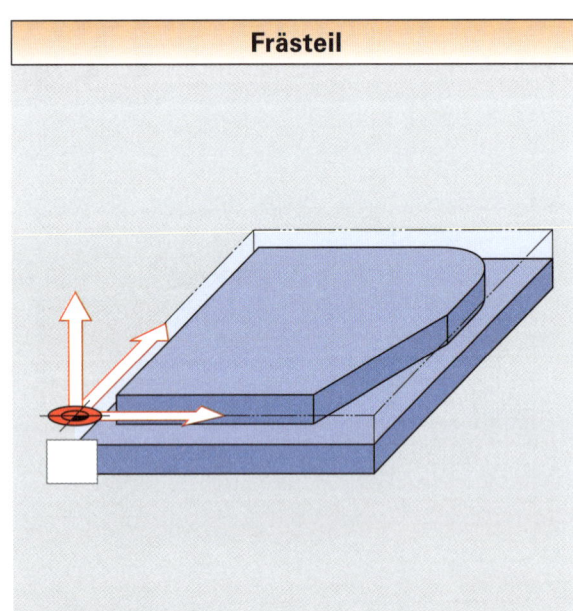	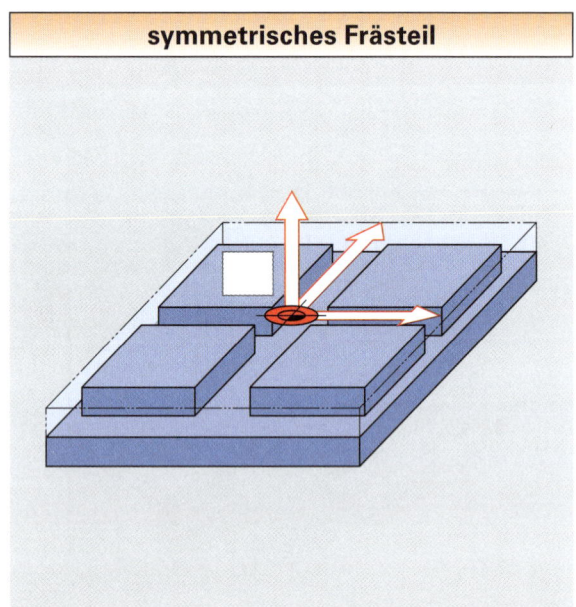
Werkstücknullpunkt am rechten Rand der Fertigteilkontur	**Werkstücknullpunkt am Backenfutter**
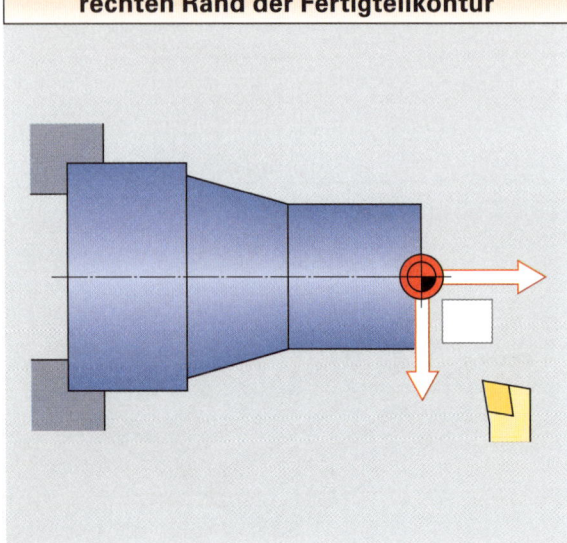	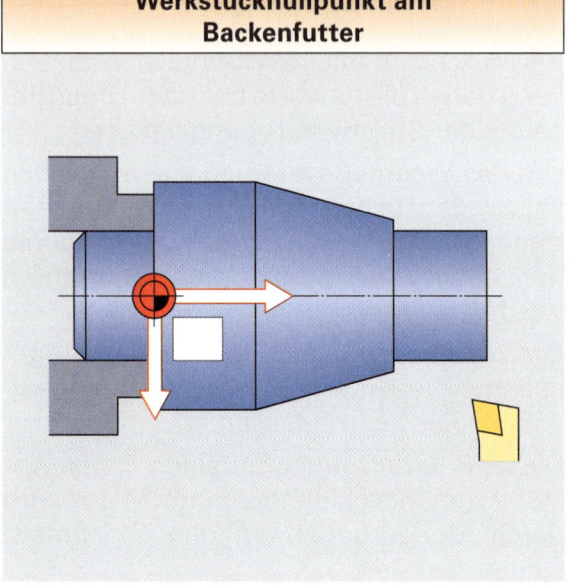

4 Bezugspunkte
4.4 Bestimmung des Werkstücknullpunktes

Der vom Programmierer festgelegte Werkstücknullpunkt W stimmt in der Regel nicht mit dem Maschinennullpunkt M überein.

Über das Einrichteblatt (Spannskizze) wird die Lage des Werkstücknullpunktes dem Maschinenbediener vermittelt.

Der Programmierer bestimmt die Lage des Werkstückes nach folgenden Kriterien:

- leichtes Be- und Entladen des Werkstückes,
- unkompliziertes Anfahren des Werkstücknullpunktes,
- leichte Handhabung von Messmitteln beim Prüfen von Fertigungsmaßen,
- genügend Platz für Vorrichtungen und Spannmittel,
- Berücksichtigung der konstruktiven Merkmale der CNC-Maschine, wie z.B. auskragende Frästische und Arbeitsspindeln.

Nach dem Aufspannen muss also der Steuerung mitgeteilt werden, wo sich der Werkstücknullpunkt im Arbeitsraum der Maschine befindet.

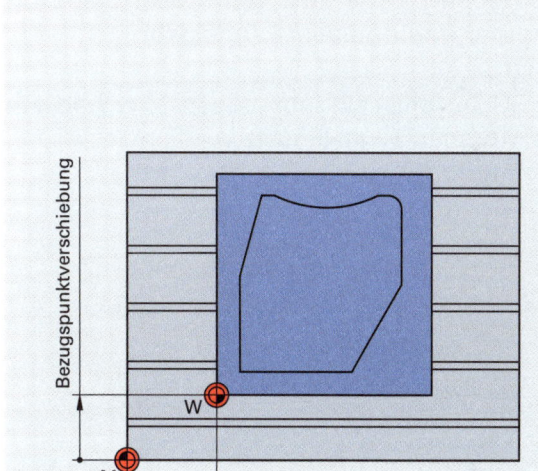

Unbestimmte Lage des Werkstücks

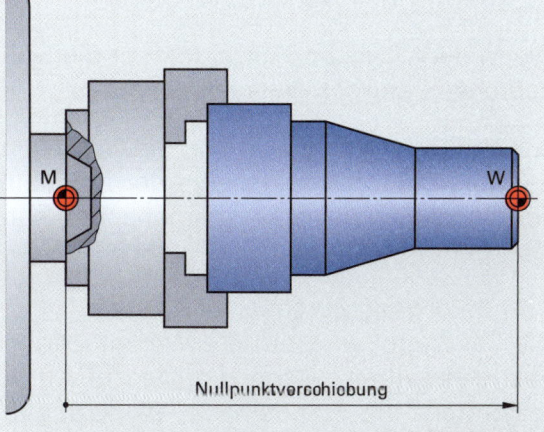

4 Bezugspunkte
4.4 Bestimmung des Werkstücknullpunktes

Für die Bestimmung der Werkstücklage wird ein Kantentaster oder ein 3D-Taster verwendet. Die Taster ermitteln das Differenzmaß zwischen Maschinennullpunkt und Werkstücknullpunkt.

Ein Kantentaster besteht aus zwei beweglichen Hohlzylindern, die durch eine Feder miteinander verbunden sind.

Beim Weiterbewegen im 0,001-mm-Bereich bricht der Kantentaster plötzlich aus seiner zentrischen Lage aus. Bei dieser Stellung wird der Positionswert abgelesen.

Der 3D-Taster ist ein sehr präzises und vielseitiges Messgerät zum Einsatz in Fräsmaschinen.

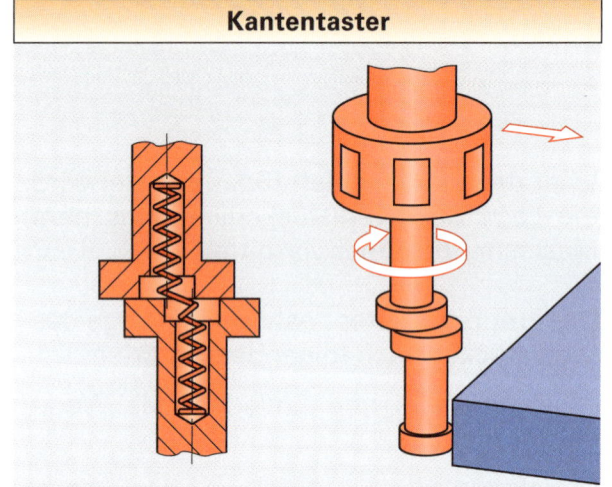

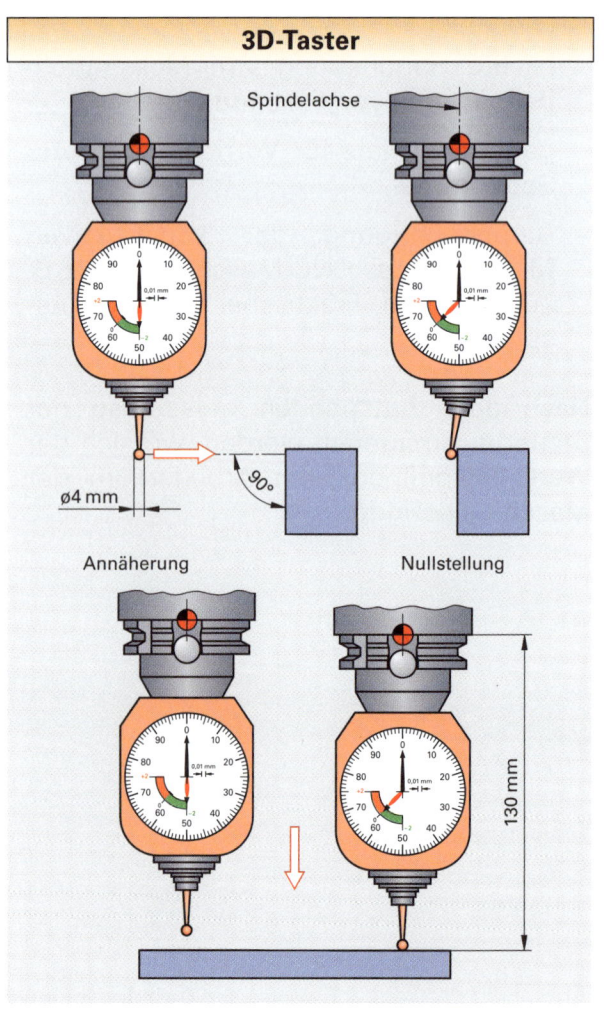

Antastvorgang X-; Y-Achse
Die Tastkugel wird an das Werkstück gefahren. Sobald die Tastkugel das Werkstück berührt, befindet sich die Spindelachse 2 mm*) vor der Werkstückkante.

Wenn die Messuhr 0 anzeigt steht die Spindelachse über der Werkstückkante.

Anschließen kann der Abstand zum Maschinennullpunkt in der Anzeige der Maschine abgelesen, oder die Maschinenachse kann jetzt genullt werden.

Antastvorgang Z-Achse
Die Tastkugel wird auf die Werkstückoberfläche gefahren. Wenn die Messuhr 0 anzeigt steht die Spindelnase (Werkzeugaufnahmepunkt) im Abstand von 130 mm*) zum Werkstücknullpunkt.

*) Abhängig vom 3D-Taster

4 Bezugspunkte
4.4 Bestimmung des Werkstücknullpunktes

Infrarot 3D-Messtaster

Die Bezugspunkte können mit einem Infrarot-Messtaster an der Maschine sehr schnell aufgenommen werden. Die Daten werden direkt in die Steuerung übertragen.

Um die Programmierung und Bedienung zu erleichtern, haben die Steuerungshersteller eigene Zyklen entwickelt.

Es gibt folgende Möglichkeiten:

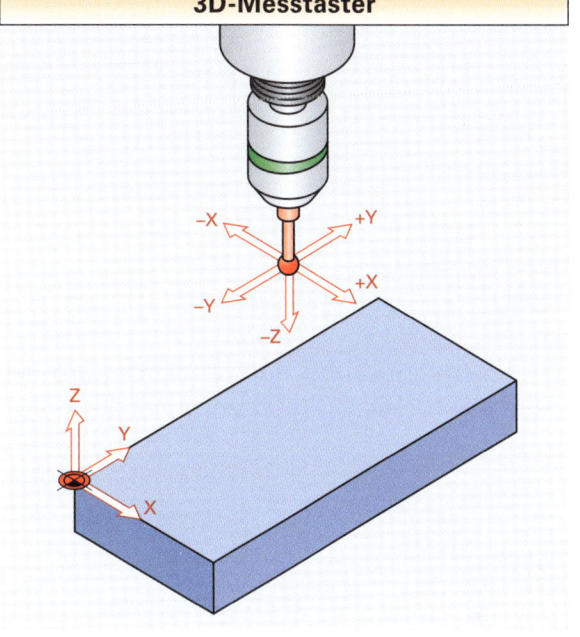

Funktionsprinzip Sensor
Ein Lichtstrom wird durch ein Linsensystem geleitet und gebündelt und fällt auf ein Differential-Photoelement. Durch das Berühren des Taststifts an einem Werkstück wird dieser ausgelenkt. Der gebündelte Lichtstrahl trifft nun auf eine andere Stelle am Differential-Photoelement und erzeugt ein Schaltsignal. Der Sensor arbeitet aufgrund des berührungslosen optischen Schalters verschleißfrei.

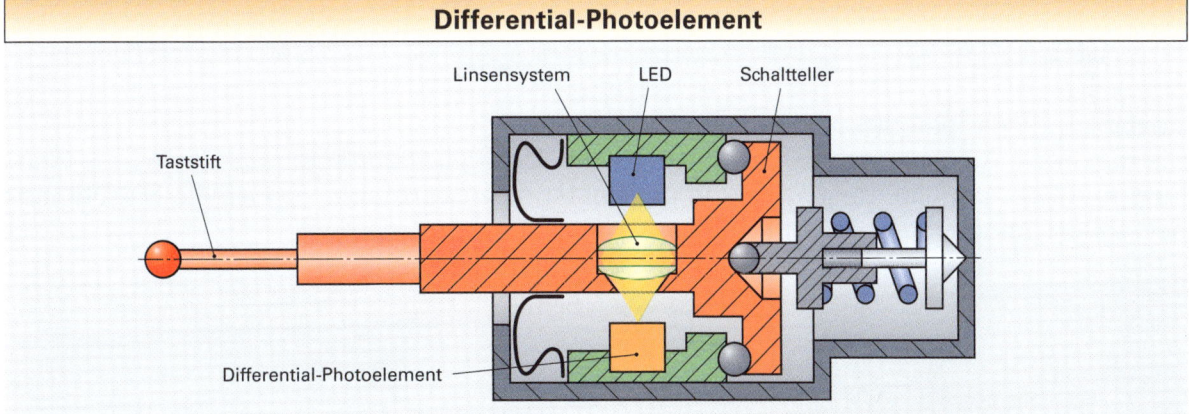

Die Signalübertragung erfolgt mit Senderdioden, die gleichmäßig am Umfang verteilt sind.
Die Signale werden an den Infrarotempfänger übertragen, der am Spindelkopf sitzt.

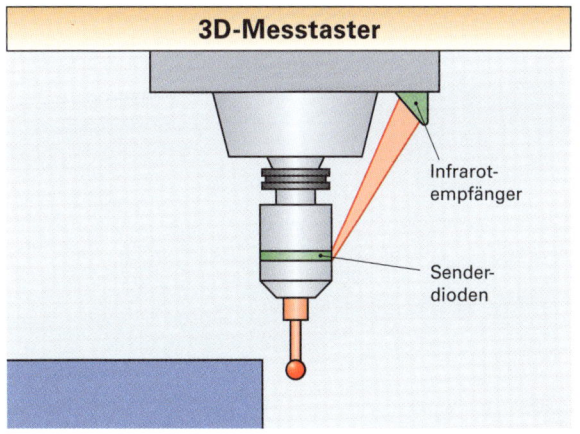

4 Bezugspunkte
4.4 Bestimmung des Werkstücknullpunktes

Bei den Messtastern müssen die Schaltrichtungen kalibriert sein, bevor sie eingesetzt werden.

Ablauf des Messvorgangs
Die Startposition für den Messvorgang ist die Position P0, vor der vorgegebenen, erwarteten Kontur. Das Signal wird auf der Wegstrecke P0 ⟶ P1 erwartet.

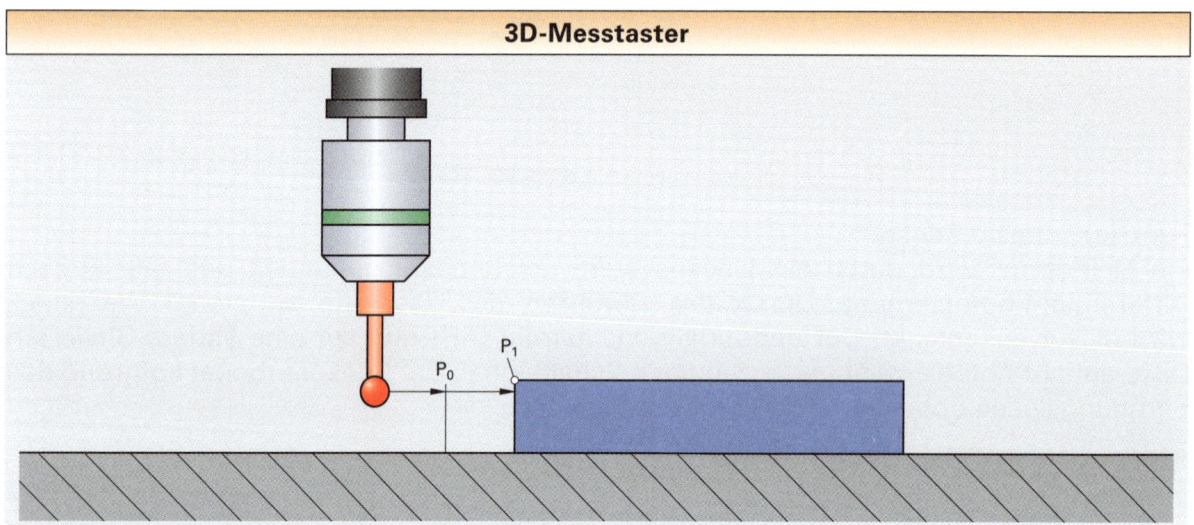

Auslenkung des Taststifts
Die maximale Auslenkung des Taststifts ist vom Messgerät abhängig und ist in jede Richtung möglich. Um eine Beschädigung des Taststifts zu vermeiden, muss die Maschinenbewegung innerhalb der maximalen Auslenkung gestoppt werden.

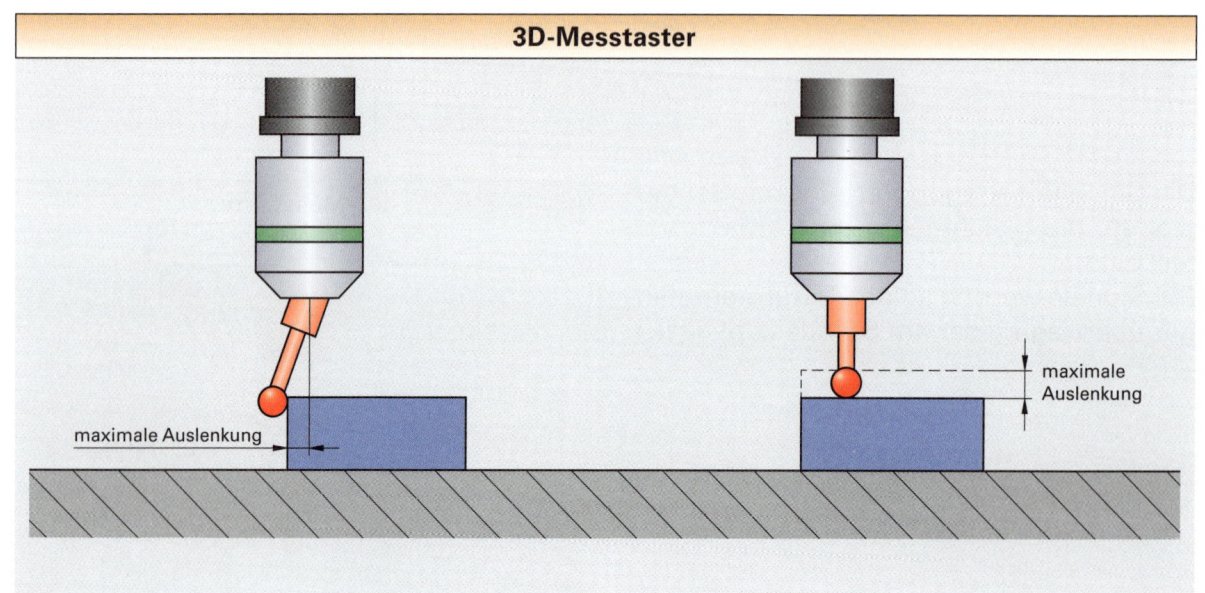

4 Bezugspunkte
4.5 Programmstartpunkt P0

4.5 Programmstartpunkt P0

Der Programmstartpunkt P0 gibt den Punkt an, an dem sich das Werkzeug zu Beginn der Bearbeitung befindet.

4.6 Anschlagpunkt A

Der Anschlagpunkt A ist der Punkt, in dem die Drehachse die Anschlagfläche durchdringt. Bei Drehmaschinen liegt die Anschlagfläche direkt am Backenfutter oder an den Spannbacken.

4.7 Werkzeugwechselpunkt Ww

4.8 Werkzeugeinstellpunkt E

Die Werkzeugmaße werden in einem Voreinstellgerät ermittelt und als Werkzeugkorrekturen in die Steuerung eingegeben.

4.9 Werkzeugaufnahmepunkt N

Bei Fräsmaschinen liegt der Werkzeugaufnahmepunkt N an der Spindelnase, bei Drehmaschinen an der Revolverfläche.

Ist das Werkzeug in den Werkzeugträger eingesetzt, fallen Werkzeugaufnahmepunkt N und der Werkzeugeinstellpunkt E zusammen.

4.10 Werkzeugschneidenpunkt P

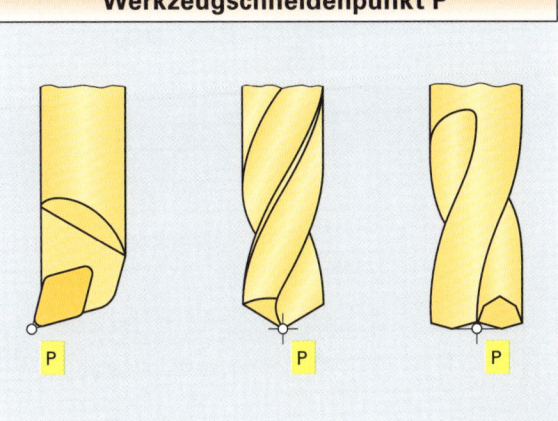

4 Bezugspunkte
4.11 Übungsaufgabe – Bezugspunkte bei Drehmaschinen

1. Versehen Sie die verschiedenen Bezugspunkte in der Zeichnung mit ihren Kurzzeichen.
2. Tragen Sie die Kurzzeichen für die Bezugspunkte in untenstehende Tabelle ein.

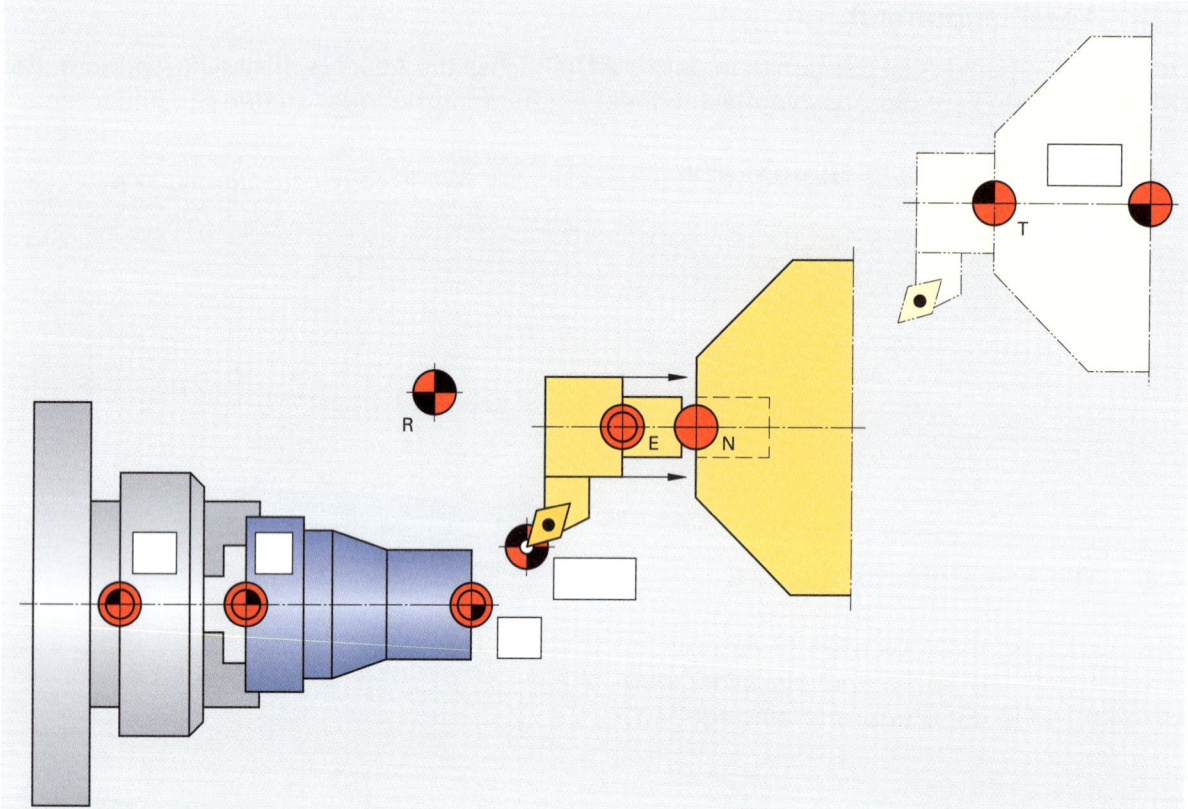

Kurz-zeichen	Symbol	Bedeutung	Festlegung durch
	⊕		Hersteller
	⊕		Programmierer
	⊕		Programmierer
R	⊕	Maschinen-Referenzpunkt	Hersteller
	⊕		Masch.-Einrichter
	⊕		Programmierer
E	⊕	Werkzeug-Einstellpunkt	Hersteller
N	⊕	Werkzeug-Aufnahmepunkt	Hersteller
	○		Wz.-Einsteller
T	⊕	Werkzeugkoordinaten-Nullpunkt	Hersteller

4 Bezugspunkte
4.12 Übungsaufgabe – Bezugspunkte bei Fräsmaschinen

1. Versehen Sie die verschiedenen Bezugspunkte in der Zeichnung mit ihren Kurzzeichen.
2. Tragen Sie die Kurzzeichen für die Bezugspunkte in untenstehende Tabelle ein.
3. Ermitteln Sie, durch wen (Hersteller, Programmierer, Maschineneinrichter, Werkzeugeinsteller) die Bezugspunkte festgelegt werden.

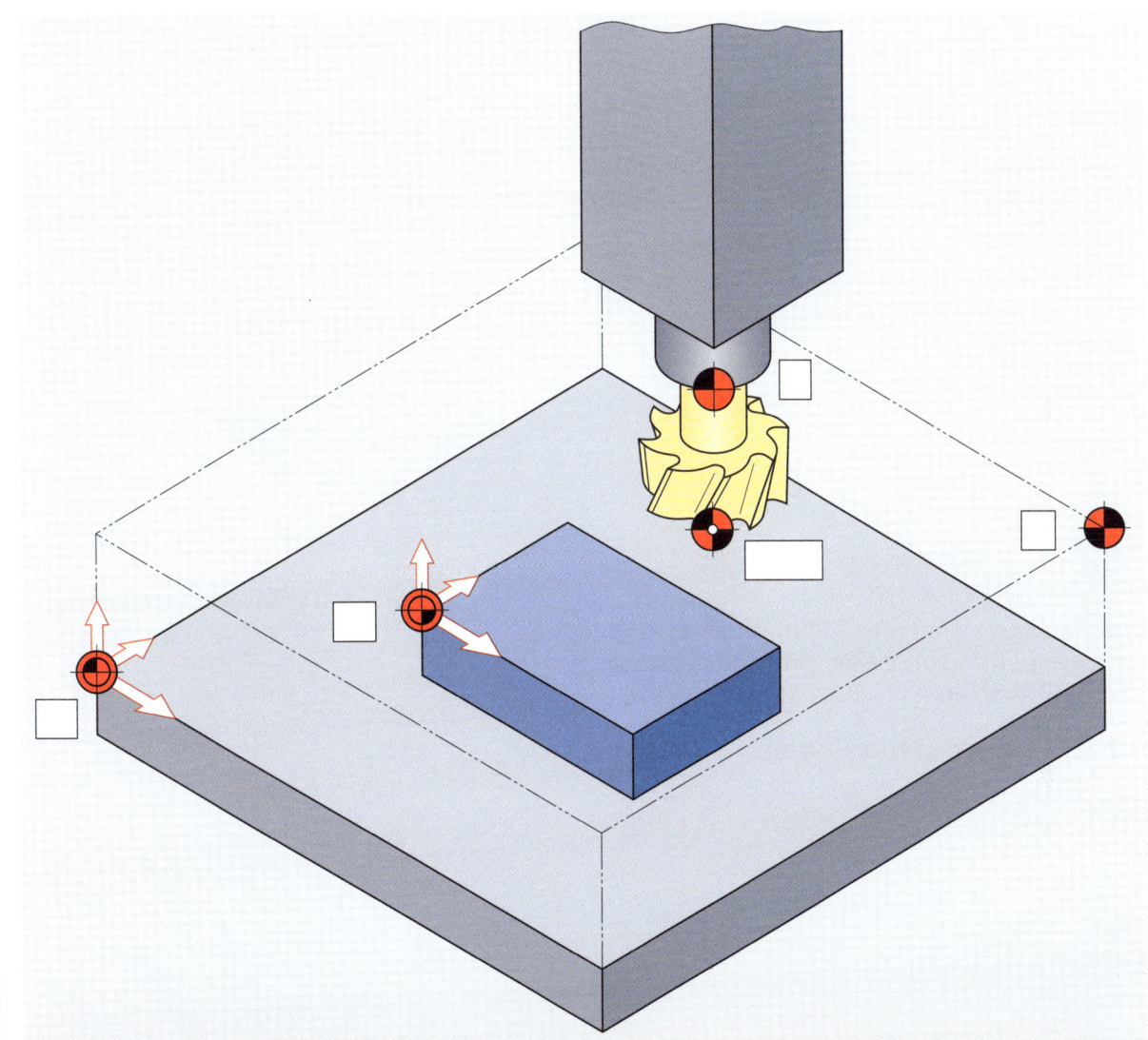

Kurzzeichen	Symbol	Bedeutung	Festlegung durch
	⊕		
	⊕		
	◉		
	○		
	◉		
	◉		

5 Steuerungsarten

5.1 Steuerungen allgemein

Durch die Steuerungsanweisungen im CNC-Programm sind bei numerisch gesteuerten Arbeitsmaschinen die Verfahrwege der Werkzeuge bzw. der Werkstücke genau vorgegeben.

5.2 Punktsteuerungen

Die Punktsteuerung wird bei einfachen Positionieraufgaben eingesetzt.

Anwendung: Koordinatenbohrmaschinen, Punktschweißmaschinen, einfache Handhabungsgeräte, Stanzmaschinen und einfache Roboter.

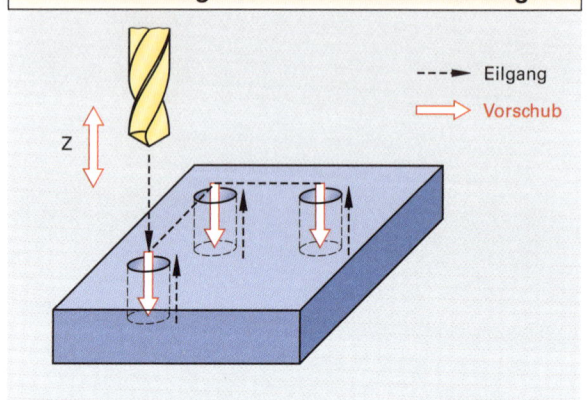

Erst nach Erreichen des Zielpunktes erfolgt die Bearbeitung mit den programmierten Vorschubwerten.

5.3 Streckensteuerungen

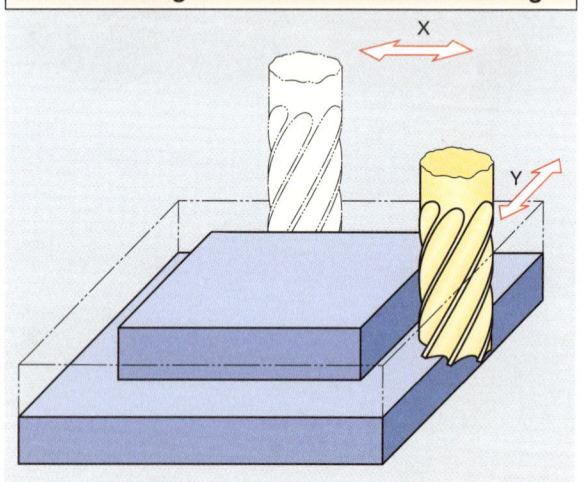

Anwendungen: Nachrüstungen von Fräs- und Drehmaschinen, Handhabungsgeräte, Brennschneid- und Montageanlagen.

5.4 Bahnsteuerungen

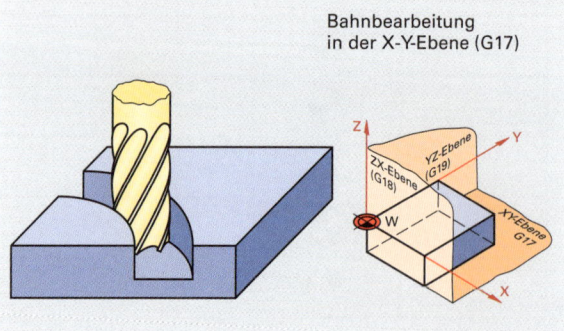

Dies geschieht durch die gleichzeitige Bewegung der Maschinenschlitten in zwei oder mehr Achsen, wobei zwischen den Achsen ein Funktionszusammenhang besteht.

5 Steuerungsarten
5.4 Bahnsteuerungen

Um diese beliebigen Bahnen zu erzeugen, besitzt die Steuerung einen Interpolator. Dieser Interpolator besteht entweder aus einem Hardware-Baustein oder einem Rechenprogramm. Er berechnet für die programmierten Wegabschnitte die erforderlichen Zwischenpunkte und koordiniert die Bewegungen der einzelnen Achsen.

Je nach Anzahl der gleichzeitig gesteuerten Achsen werden Bahnsteuerungen weiter unterteilt:
- 2D-Steuerungen
- 2½D-Steuerungen
- 3D-Steuerungen

5.4.1 2D- und 2½D-Steuerungen

5.4.2 3D-Steuerungen

Dabei werden alle drei CNC-Achsen gleichzeitig und aufeinander abgestimmt bewegt. Der Interpolator berechnet alle Bahnpunkte im Raum und regelt das Geschwindigkeitsverhältnis aller beteiligten Achsen so, dass sie gleichzeitig den programmierten Endpunkt erreichen.

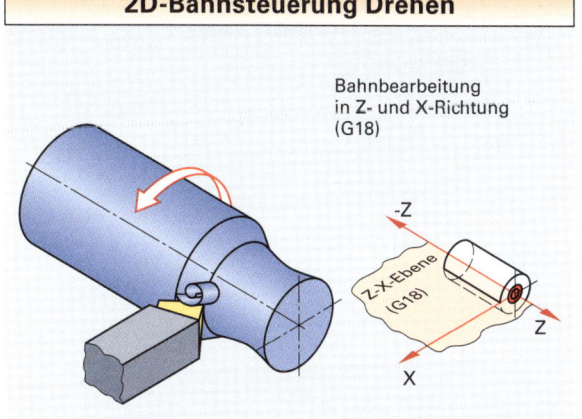

2D-Bahnsteuerung Drehen

Bahnbearbeitung in Z- und X-Richtung (G18)

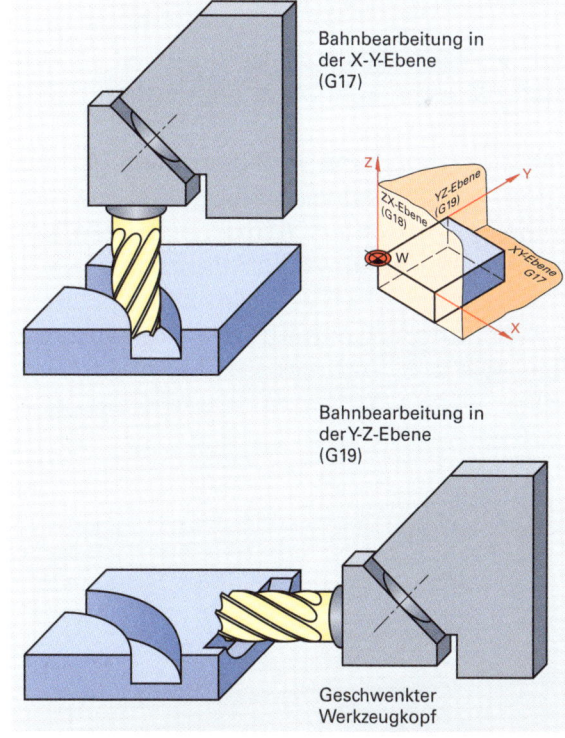

2½D-Bahnsteuerung Fräsen

Bahnbearbeitung in der X-Y-Ebene (G17)

Bahnbearbeitung in der Y-Z-Ebene (G19)

Geschwenkter Werkzeugkopf

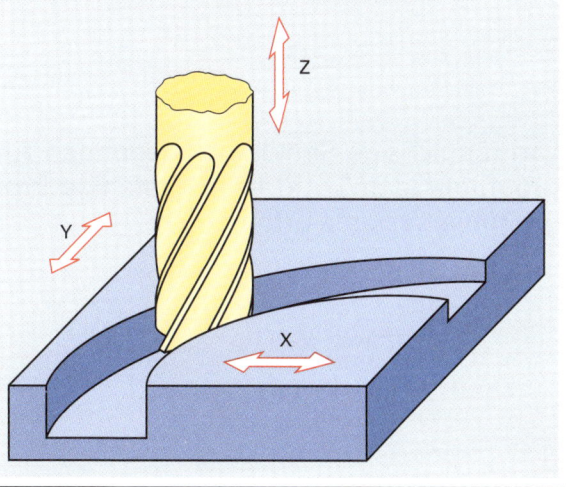

3D-Bahnsteuerung dreiachsig

5 Steuerungsarten
5.4 Bahnsteuerungen

5.4.3 3D-Steuerungen vier- und fünfachsig

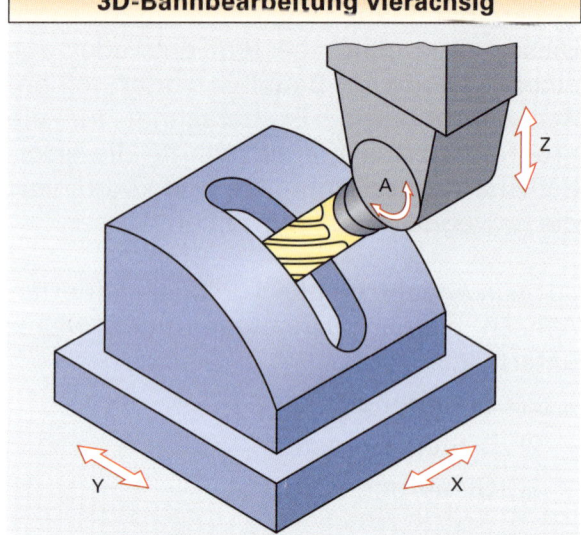

3D-Bahnbearbeitung vierachsig

Maschinen mit fünfachsiger Simultanbearbeitung werden als Fünf-Achs-Bearbeitungszentrum bezeichnet.

Der Verkauf dieser Maschinen ist in den letzten Jahren sehr stark gestiegen.

Das Werkzeug kann an jeder beliebigen Position am Werkstück positioniert werden, jeden gewünschten Winkel einhalten und auf der Oberfläche entlangfahren.

Anwendung: Geometrisch komplizierte Teile wie z. B. Turbinenschaufeln und Propeller.

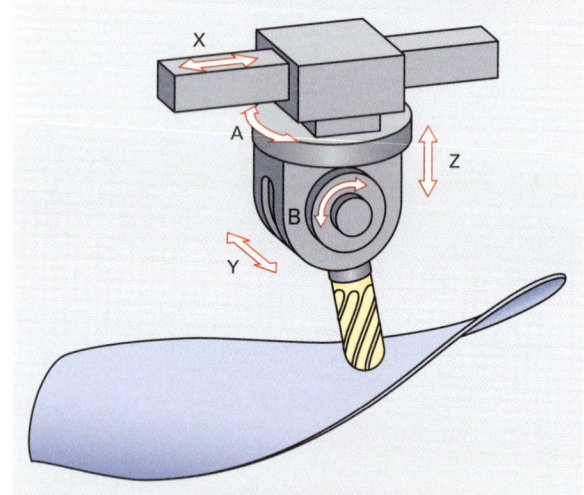

3D-Bahnbearbeitung fünfachsig

3D-Fräsmaschine fünfachsig

Um fünfachsige Simultanbewegungen zur programmieren, sind leistungsfähige Programmiersysteme erforderlich.

6 Programmierung

6.1 AV-Programmierung

Der wirtschaftliche Einsatz von CNC-Maschinen wird unter anderem von der Art der Programmierung bestimmt. Bei der Programmierung in der Arbeitsvorbereitung (AV-Programmierung) wird das Programm, ausgehend von den CAD-Daten in der Arbeitsvorbereitung erstellt. Dies geschieht häufig mit der Software eines CAD-Systems. Oft wird auch eine spezielle CNC-Software verwendet. Der Programmaufbau ist in DIN 66025 festgelegt.

6.2 Werkstattprogrammierung

Für die Werkstattprogrammierung entscheidet man sich, wenn man bestehende Organisationsstrukturen im Fertigungsbereich und in der Arbeitsvorbereitung beibehalten möchte. Die Werkstattprogrammierung erfordert in der Steuerung ein Programmiersystem, das es dem Facharbeiter ermöglicht, ohne Stützpunktberechnungen die Werkstückmaße direkt einzugeben. Dieses Programmiersystem ist ein wesentliches Merkmal dieser Programmierart, wobei nicht mehr nach DIN 66 025, sondern im Dialogbetrieb mit Bedienerführung programmiert wird.

6.3 Werkstattorientierte Produktionsunterstützung (WOP)

Neuere Entwicklungen gehen dahin, ein System ohne Programmierung nach DIN 66 025 zu benutzen, bei dem Arbeitsvorbereitung und Fertigung das gleiche Maschinen- und steuerungsneutrale Quellenprogramm benutzen.

Grundprinzip ist die verantwortliche Einbindung des Facharbeiters, da er Fertigungsabläufe und Maschinenzustände aufgrund seines Wissens und seiner Erfahrungen am besten beurteilen kann. Notwendig ist dazu ein interaktives Programmiersystem (IPS) mit einer facharbeitergerecht ausgelegten Bedienerführung.

Der Datenaustausch erfolgt in leicht verständlichem Dialog zwischen Werkstatt, Meisterbüro, Planungs-, Programmier- und CAD-Abteilung.

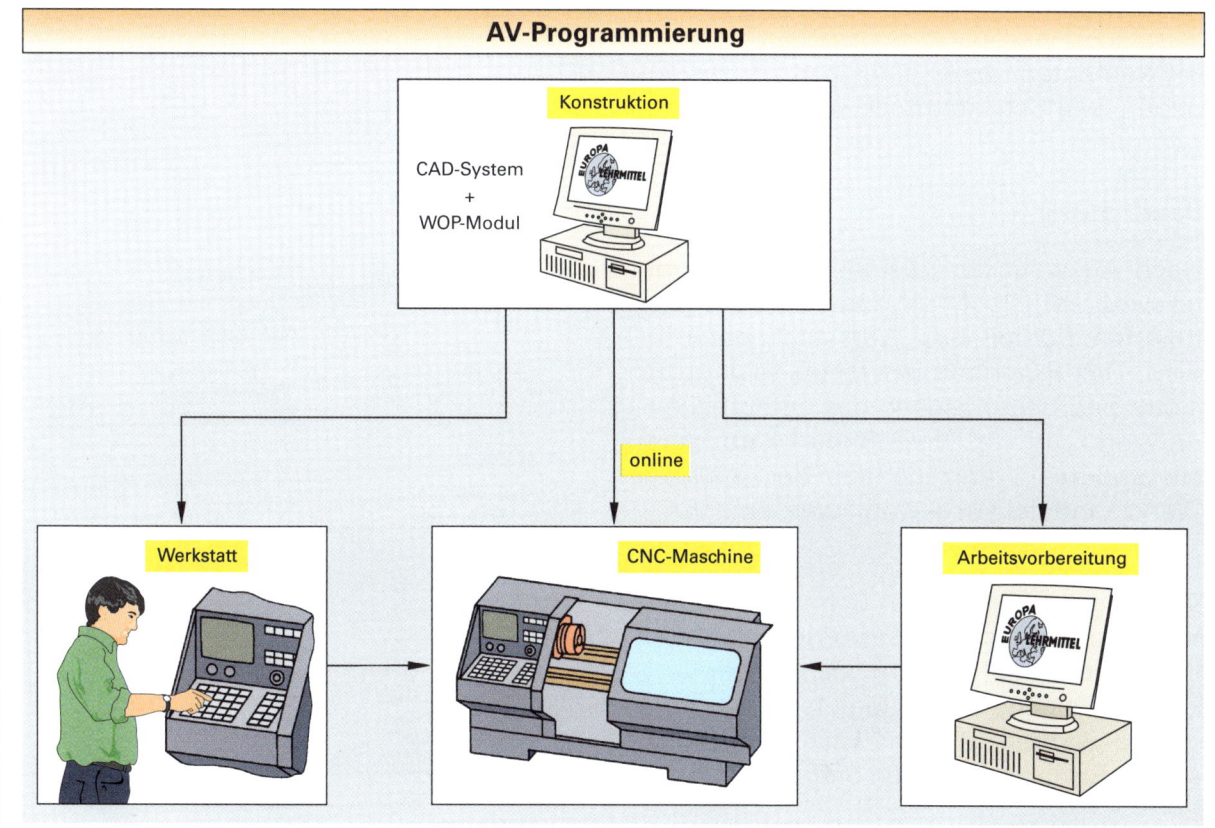

6 Programmierung
6.3 Werkstattorientierte Produktionsunterstützung

Hauptmerkmale der werkstattorientierten Produktionsunterstützung sind:

- Programmiermethode mit einheitlichem Dialog
- grafisch-interaktive Eingabe
- Editieren von Programmen in gleicher Weise wie Neuprogrammierung
- Verwaltung und Übertragung von Daten für Werkzeuge, Spannmittel und Programme
- einheitliche Programmierung für Werkstatt und Arbeitsvorbereitung

Die Programmerstellung für den Facharbeiter ist denkbar einfach, da zur Beschreibung der Fertigungsabläufe einfache Bildsymbole benutzt werden. Die Programmerstellung erfolgt in zwei Schritten: Festlegung der Geometrie und Festlegung der Bearbeitung.

Geometrie

Sofern die Geometrie nicht vom CAD-System abrufbar ist, beschreibt der Facharbeiter im Geometrie-Modus das Rohteil, das Fertigteil und den Werkstoff. Ein Geometrieprozessor erlaubt die Eingabe in Form von gerichteter Geometrie.

Zusätzlich werden den einzelnen Geometrieelementen technologische Zusatzangaben, wie Schleifaufmaß und Rauheit zugeordnet.

Bearbeitung

Nach Auswahl der geeigneten Spannmittel wird festgelegt, wie aus dem zuvor definierten Rohteil das Werkstück gefertigt wird. Das Programmiersystem schlägt für jeden Bearbeitungsgang das entsprechende Werkzeug vor. Nach Bedarf kann auch ein anderes Werkzeug aus der internen Werkzeugdatei ausgewählt werden.

Ein Schnittdatenprozessor stellt zu jedem Arbeitsgang geeignete Schnittwerte zur Verfügung. Werden diese vorgeschlagenen Daten vom Facharbeiter nicht akzeptiert, kann auf eigene Technologietabellen zugegriffen werden, die der Facharbeiter mit seinen Erfahrungswerten erstellt hat.

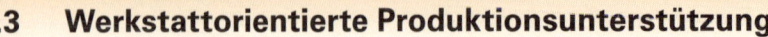

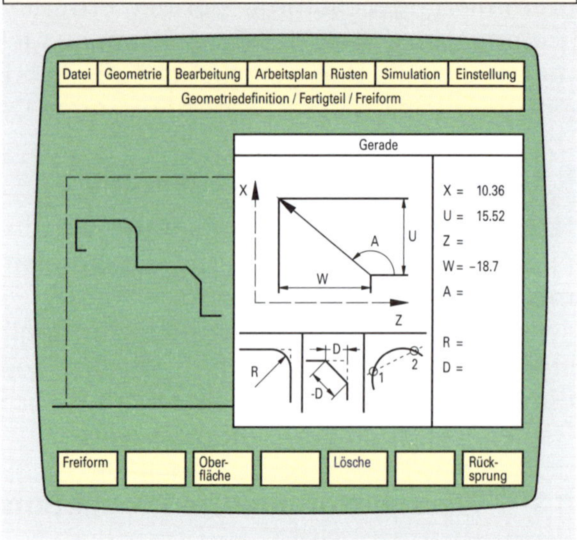

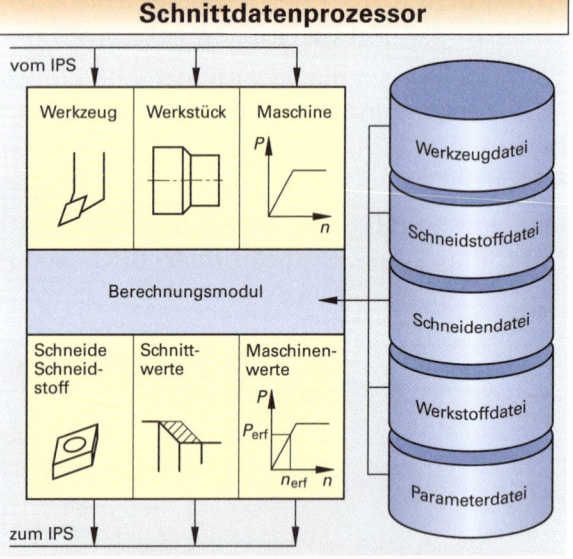

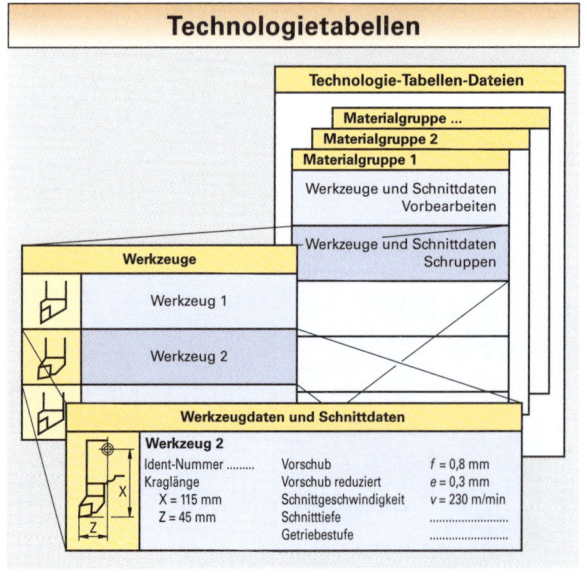

7 Programmaufbau

7.1 Entstehung eines CNC-Programms (Frästeil)

Arbeitsablauf	Anweisung an die CNC-Steuerung	Wort
Programmstartpunkt P0: X−30, Y0, Z+100; Vorschubgeschwindigkeit: 100 mm/min; Spindeldrehzahl 1200 1/min		
Arbeitsgang 1		
Arbeitsgang 2		
Arbeitsgang 3 und 4		

CNC-Programm in tabellarischer Schreibweise

	Weginformationen				Schaltinformationen			
Satz-Nr.	Weg-bedingung	Koordinaten			Vorschub	Drehzahl	Werkzeug	Zusatz-funktion
N	G	X	Y	Z	F	S	T	M

7 Programmaufbau
7.2 Entstehung eines CNC-Programms (Drehteil)

Arbeitsablauf	Anweisung an die CNC-Steuerung	Wort

CNC-Programm in tabellarischer Schreibweise

	Weginformationen			Schaltinformationen			
Satz-Nr.	Wegbedingung	Koordinaten		Vorschub	Drehzahl	Werkzeug	Zusatz-funktion
N	G	X	Z	F	S	T	M

7 Programmaufbau
7.3 Formaler Programmaufbau

7.3.1 Aufbau eines Programms

Um ein Werkstück fertigen zu können, benötigt die Steuerung eine bestimmte Anzahl von Informationen. Die Summe dieser Informationen wird als Programm bezeichnet.

Ein CNC-Programm besteht aus dem Zeichen % für den Programmanfang und einer Folge von Sätzen, die den Fertigungsablauf am Werkstück beschreiben.

Alle Daten, die vor dem %-Zeichen stehen, werden ignoriert und nur als Kommentar gedeutet.

Der letzte Satz muss die Funktion für das Programmende (M30) beinhalten.

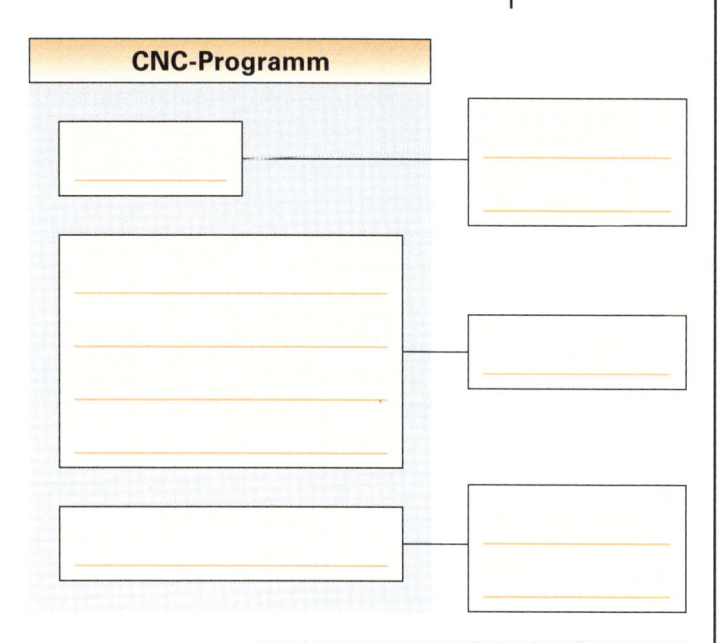

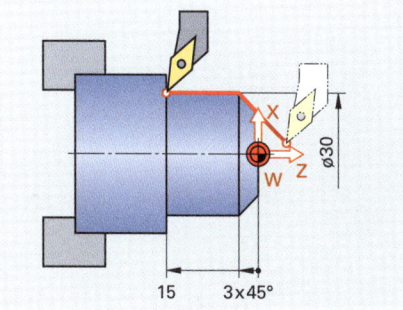

CNC-Programm

Beispiel für ein CNC-Programm

Fertigbearbeitung, 1 mm Aufmaß

% 1070

(Zapfen 911.23)

N10	G90			T0102	M04
N20	G96	F0.2		S180	
N30	G00	X20	Z2		
N40	G01	X30	Z-3		
N50			Z-15		
N60	G00	X200	Z200		

N70		M30

7 Programmaufbau
7.3 Formaler Programmaufbau

7.3.2 Aufbau eines Satzes

Zur Ausführung eines Bearbeitungsschrittes benötigt die CNC-Steuerung eine Anzahl von Informationen. Die Summe dieser Informationen wird als Satz bezeichnet. Ein Satz besteht aus einem oder mehreren Wörtern, die Weginformationen, technologische Anweisungen und Zusatzfunktionen enthalten.

Jeder CNC-Satz beginnt mit dem Wort für die Satznummer. Diese Satznummer dient der Nummerierung des aktuellen Bearbeitungsschrittes. Sie hat keinen Einfluss auf die Reihenfolge bei der Abarbeitung der Sätze.

Um bei nachträglichen Programmänderungen ohne Probleme zusätzliche Sätze einschieben zu können, werden in der Praxis die Satznummern häufig in 10er-Sprüngen angegeben. DIN 66 025 schreibt für das Satzformat eine bestimmte Reihenfolge der Wörter vor.

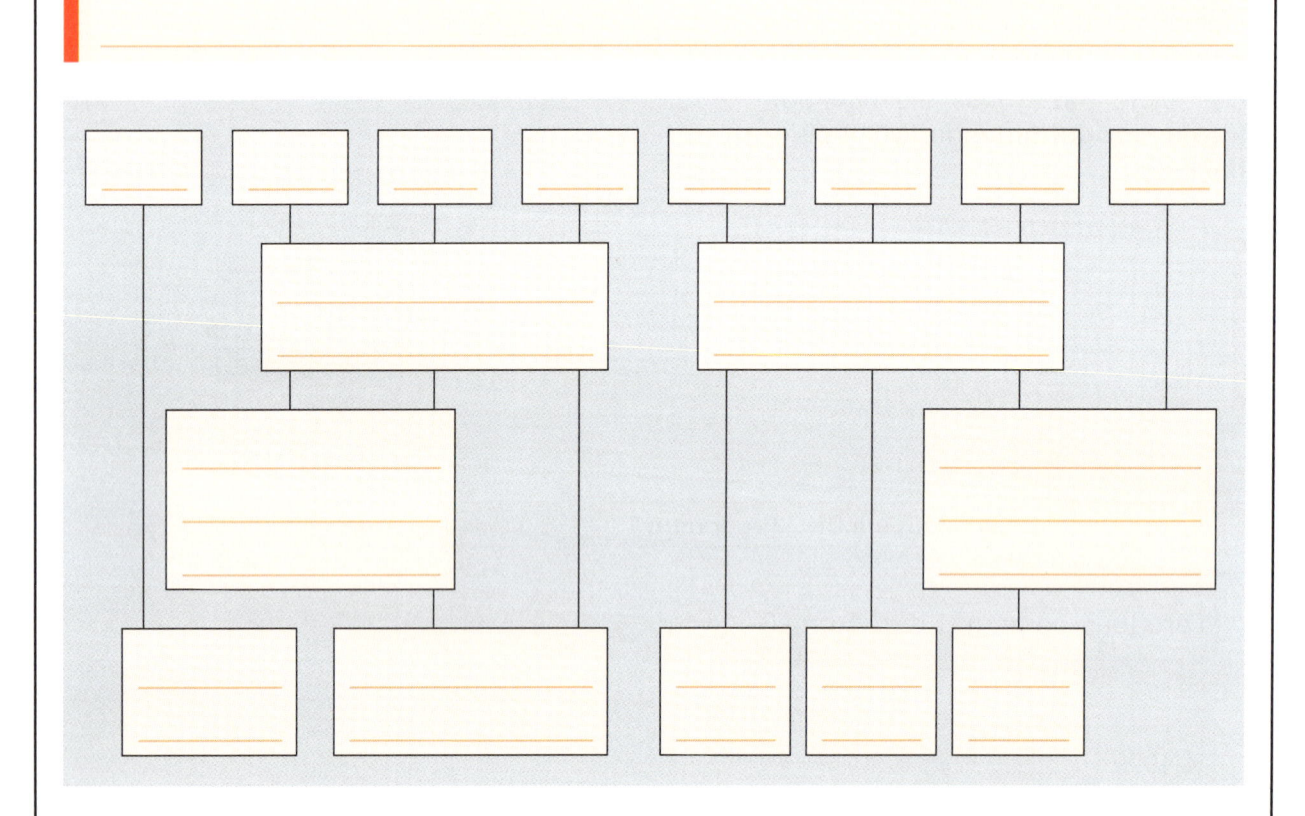

7.3.3 Aufbau eines Wortes

Ein Wort besteht aus einem Adressbuchstaben und einer Ziffernfolge mit oder ohne einem Vorzeichen. Das Vorzeichen steht zwischen dem Adressbuchstaben und der Ziffernfolge und kann bei einem positiven Wert auch weggelassen werden.

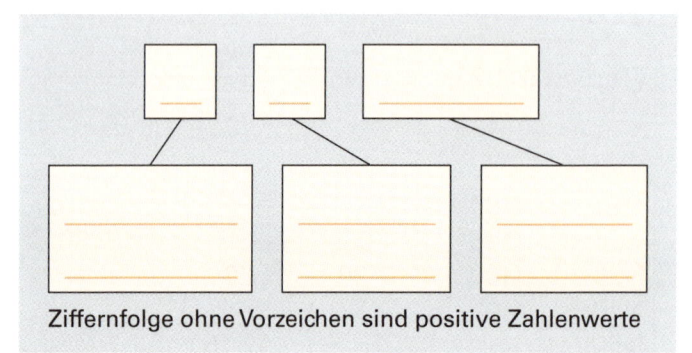

Ziffernfolge ohne Vorzeichen sind positive Zahlenwerte

7 Programmaufbau
7.3 Formaler Programmaufbau

7.3.4 Adressbuchstaben und Sonderzeichen nach DIN 66 025

Adressbuchstaben			
Adressbuchstabe	Bedeutung	Adressbuchstabe	Bedeutung
A	Drehbewegung um die X-Achse	N	Satznummer
B	Drehbewegung um die Y-Achse	O	frei verfügbar
C	Drehbewegung um die Z-Achse	P[1)][2)]	Dritte Bewegung parallel zur X-Achse
D[1)]	Werkzeugkorrekturspeicher	Q[1)][2)]	Dritte Bewegung parallel zur Y-Achse
E[2)]	Zweiter Vorschub	R[1)][2)]	Dritte Bewegung parallel zur Z-Achse
F	Vorschubgeschwindigkeit	S	Spindeldrehzahl
G	Wegbedingung	T	Werkzeug
H	frei verfügbar	U[1)]	Zweite Bewegung parallel zur X-Achse
I	Interpolationsparameter X-Achse	V[1)]	Zweite Bewegung parallel zur Y-Achse
J	Interpolationsparameter Y-Achse	W[1)]	Zweite Bewegung parallel zur Z-Achse
K	Interpolationsparameter Z-Achse	X	Bewegung in Richtung der X-Achse
L	frei verfügbar	Y	Bewegung in Richtung der Y-Achse
M	Zusatzfunktion	Z	Bewegung in Richtung der Z-Achse
Sonderzeichen			
%	Programmanfang, unbedingter Stop beim Programm-Rücksetzen	,	Komma
		.	Dezimalpunkt
(	Anmerkungsbeginn	/	Satzunterdrückung
)	Anmerkungsende		
+	plus	:	Hauptsatz
–	minus		

[1)] Die Bedeutung dieser Adressbuchstaben kann für einen speziellen Anwendungsfall geändert werden.

[2)] Diese Adressbuchstaben können als Parameter für spezielle Berechnungen verwendet werden, z. B. für den Radius bei der Programmierung mit konstanter Schnittgeschwindigkeit.

7 Programmaufbau
7.3 Formaler Programmaufbau

7.3.5 Weginformationen

Die Weginformation besteht aus der Wegbedingung oder G-Funktionen (G = geometric function) und den einzelnen Koordinatenwerten und steuert Schlittenbewegungen, Drehtische und Schwenkeinrichtungen.

Das Wort für die Wegbedingung besteht aus dem Adressbuchstaben G und einer zweistelligen Schlüsselzahl.

Wegbedingungen nach DIN 66 025 (Auswahl)			
Wegbedingung	Bedeutung	Wegbedingung	Bedeutung
G00	Positionieren im Eilgang	G53	Aufheben der Nullpunktverschiebung
G01	Vorschub, Geradeninterpolation	G54...G59	Nullpunktverschiebungen, vom Steuerungshersteller in ihrer Wirkungsweise frei belegbar
G02	Kreisinterpolation im Uhrzeigersinn	G74[1]	Referenzpunkt anfahren
G03	Kreisinterpolation im Gegenuhrzeigersinn	G80	Arbeitszyklus aufheben
G04[1]	Verweilzeit	G81...G89	Arbeitszyklus 1 ... ... Arbeitszyklus 9
G09[1]	Genauigkeit	G90	Absolutprogrammierung
G17	Ebenenauswahl XY	G91	Inkrementalprogrammierung, Kettenmaßprogrammierung
G18	Ebenenauswahl ZX	G92[1]	Speicher setzen, z. B.
G19	Ebenenauswahl YZ	G94	Vorschub in mm/min
G33	Gewindeschneiden, Steigung konstant	G95	Vorschub in mm
G40	Aufhebung der Werkzeugbahnkorrektur	G96	Konstante Schnittgeschwindigkeit
G41	Werkzeugbahnkorrektur, Werkzeug links	G97	Spindeldrehzahl in 1/min
G42	Werkzeugbahnkorrektur, Werkzeug rechts	G98	vorläufig frei verfügbar

[1]) Wegbedingungen, die nur in dem Satz wirksam sind, in dem sie programmiert sind.

Alle anderen Wegbedingungen bleiben so lange wirksam, bis sie durch eine artgleiche Bedingung überschrieben werden. Man spricht hierbei von modal wirkenden G-Funktionen.

7 Programmaufbau
7.3 Formaler Programmaufbau

7.3.6 Technologische Anweisungen

Sie beinhalten die Wörter für den Vorschub F (F = feed), die Hauptspindel-Drehzahl S (S = speed) und das Werkzeug T (T = tool).

Vorschub F

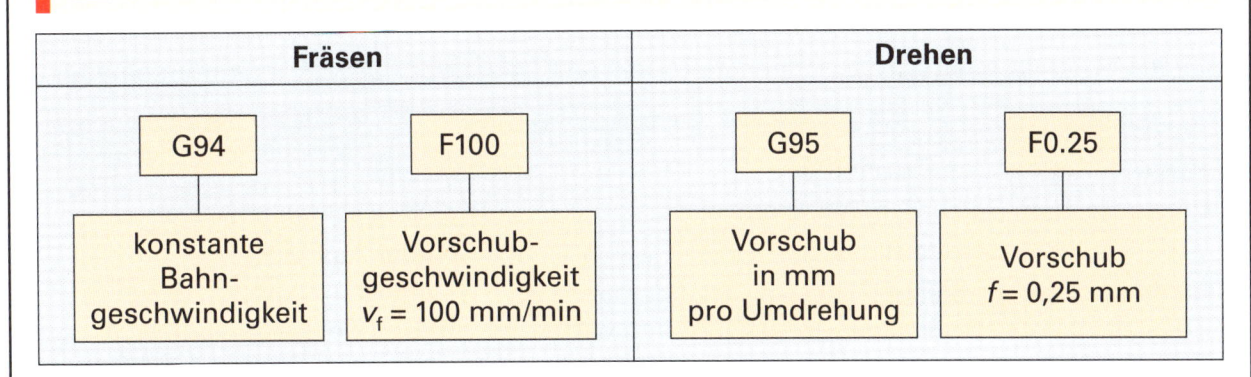

Fräsen		Drehen	
G94	F100	G95	F0.25
konstante Bahngeschwindigkeit	Vorschubgeschwindigkeit $v_f = 100$ mm/min	Vorschub in mm pro Umdrehung	Vorschub $f = 0{,}25$ mm

Spindeldrehzahl S

Um eine gleichmäßige Oberflächengüte zu erreichen wird beim Plan- oder Formdrehen mit G96 die Drehzahl der Hauptspindel so geregelt, dass eine konstante Schnittgeschwindigkeit vc erreicht wird.

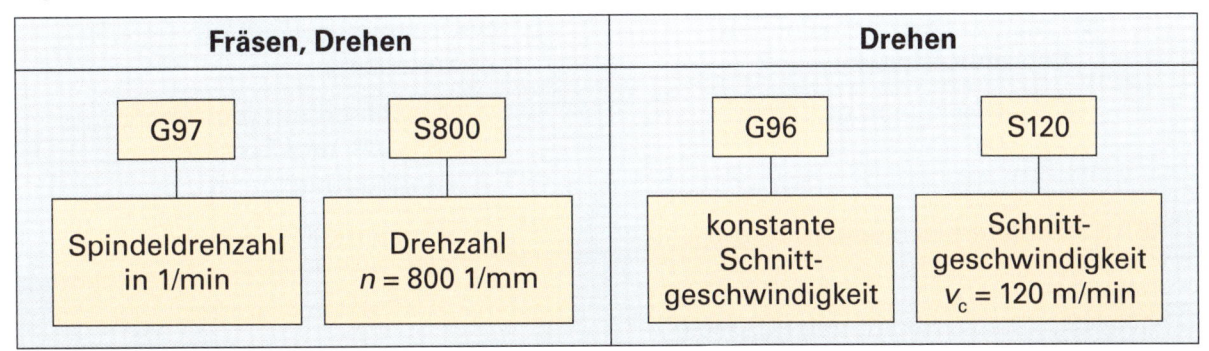

Fräsen, Drehen		Drehen	
G97	S800	G96	S120
Spindeldrehzahl in 1/min	Drehzahl $n = 800$ 1/mm	konstante Schnittgeschwindigkeit	Schnittgeschwindigkeit $v_c = 120$ m/min

Werkzeug T

Die zweite Zahlengruppe steht für den Werkzeug-Korrekturspeicher, in dem die Kenndaten des betreffenden Werkzeugs, z.B. Werkzeuglage in X- und Z-Richtung, Schneidenradius und Lagekennnummer abgespeichert sind.

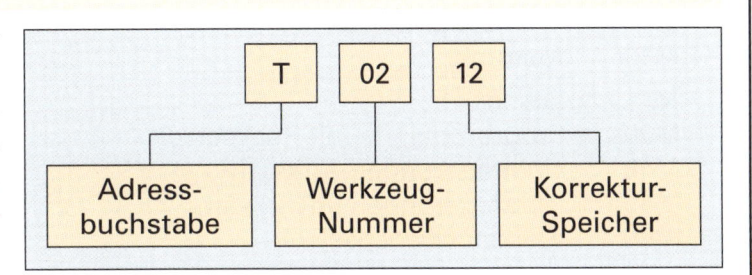

T 02 12
- T: Adressbuchstabe
- 02: Werkzeug-Nummer
- 12: Korrektur-Speicher

7 Programmaufbau
7.3 Formaler Programmaufbau

7.3.7 Zusatzfunktionen

Sie bestehen aus den Zusatz- oder M-Funktionen (engl.: miscellaneous functions = verschiedene Funktionen), auch oft Schaltfunktionen genannt und den Angaben für Zyklen und deren Parameter.

Zusatzfunktion M

_____

_____

Bei den M-Funktionen wird zwischen Zeitpunkt und Dauer der Auswirkung unterschieden.

Beispiel für Zeitpunkt und Dauer von Zusatzfunktionen	
Auswirkung der Zusatzfunktion	Beispiel
wird sofort am Satzanfang wirksam	Spindelrechtslauf M03
wird erst am Satzende wirksam	Spindel Aus M05
bleibt solange gespeichert, bis sie von einer anderen Zusatzfunktion der gleichen Art aufgehoben wird	Spindel Aus mit M05 wird von Spindel Rechtslauf M03 aufgehoben
ist nur in dem programmierten Satz wirksam	Werkzeugwechsel M06

DIN 66 025 klassifiziert die Zusatzfunktionen nach ihrem Anwendungsbereich

Klassifizierung der M-Funktionen nach Anwendungsbereich			
Klasse	Anwendungsbereich	Klasse	Anwendungsbereich
0	Universelle Zusatzfunktionen	4	Maschinen zum Brenn- und Laserschneiden, Drahterodieren
1	Fräs- und Bohrmaschinen, Lehrenbohrwerke	5	Optimierung, adaptive Steuerung
2	Drehmaschinen und Bearb.-Zentren	6	Maschinen mit mehreren Spindeln und Schlitten, Handhabungsgerät
3	Schleifmaschinen, Messmaschinen	7	Stanz- und Nibbelmaschinen

Universelle Zusatzfunktionen (Klasse 0)					
Zusatz-Funktion	Bedeutung	Wirksamkeit			
		sofort	später	gespeichert	satzweise
M00	Programmierter Halt		x		x
M01	Wahlweiser Halt		x		x
M02	Programmende		x		x
M06	Werkzeugwechsel				x
M10	Klemmen			x	
M11	Lösen			x	
M30	Programmende mit Rücksetzen		x		x
M48	Überlagerungen wirksam		x	x	
M49	Überlagerungen unwirksam	x		x	
M60	Werkstückwechsel		x		x

7 Programmaufbau
7.3 Formaler Programmaufbau

Zusatzfunktionen nach ihrem Anwendungsgebiet					
Zusatz-Funktion	Bedeutung	Wirksamkeit			
		sofort	später	gespeichert	satzweise
Klasse 1: Fräs- und Bohrmaschinen, Lehrenbohrwerke, Bearbeitungszentren					
M00	Programmierter Halt		x		x
M03	Spindel im Uhrzeigersinn	x		x	
M04	Spindel im Gegenuhrzeigersinn	x		x	
M05	Spindel Halt		x	x	
M07, M8	Kühlschmiermittel Ein Nr. 2, Nr. 1	x		x	
M09	Kühlschmiermittel Aus		x	x	
M19	Spindelhalt mit definierter Stellung		x	x	
M34, M35	Spanndruck normal, reduziert	x		x	
M40	Automatische Getriebeschaltung	x		x	
M41.. M45	Getriebestufe 1 bis 5	x		x	
M50, M51	Kühlschmiermittel Ein Nr. 3, Nr. 4	x		x	
M71.. M78	Indexposition des Drehtisches	x		x	
Klasse 2: Drehmaschinen und Dreh-Bearbeitungszentren					
M03	Spindel im Uhrzeigersinn	x		x	
M04	Spindel im Gegenuhrzeigersinn	x		x	
M05	Spindel Halt		x	x	
M07, M08	Kühlschmiermittel Ein Nr. 2, Nr. 1	x	x	x	
M09	Kühlschmiermittel Aus		x	x	
M19	Spindelhalt mit definierter Stellung		x	x	
M34, M35	Spanndruck normal, reduziert	x		x	
M40	Automatische Getriebeschaltung	x		x	
M41.. M45	Getriebestufe 1 bis 5	x		x	
M50, M51	Kühlschmiermittel Ein Nr. 3, Nr. 4	x		x	
M54, M55	Reitstockpinole zurück, vor	x		x	
M56, M57	Reitstock mitschleppen Ein, Aus	x		x	
M58, M59	Konstante Spindeldrehzahl Ein, Aus	x		x	
M80, M81	Lünette 1 öffnen, schließen	x		x	
M82, M83	Lünette 2 öffnen, schließen	x		x	
M84, M85	Lünette mitschleppen, Aus, Ein	x		x	
Klasse 6: Maschinen mit mehreren Schlitten, Spindeln und Handhabungsausrüstung					
M12	Synchronisation		x		
M70	Unbedingter Start aller Systeme	x			x
M71.. M72	Unbedingter Start von System 1.. 9	x			x
M87	Status-Anzeige „Bearbeitung"	x			x
M88	Status-Anzeige „Ruhestellung"		x		x
M89	Statusanzeige „Ruhestellung" für alle Systeme		x		x

7 Programmaufbau
7.3 Formaler Programmaufbau

7.3.8 Übungsaufgabe

Ein Drehteil mit D = 80 mm wird auf einer Schrägbett-Drehmaschine, Drehmeißel hinter der Drehmitte, nach untenstehendem CNC-Programm bearbeitet.

a) Tragen Sie die Bewegungen im Eilgang (gestrichelte Linien) und im Vorschub (Voll-Linie) sowie die Punkte P0 bis P5 ein.

b) Erläutern Sie die einzelnen Arbeitsschritte

Satz-Nr.	Weg-bedingung	Koordinaten			Vorschub	Drehzahl	Werkzeug	Zusatz-funktion
N	G	X	Y	Z	F	S	T	M
N1	G90 G00	X150		Z100			T0101	
N2	G92					S3000		
N3	G96				F0.2	S240		
N4	G00	X0		Z2				M04
N5	G01			Z0				M08
N6		X78						
N7				Z-20				
N8		X84						M09
N9	G00	X150		Z100				M30

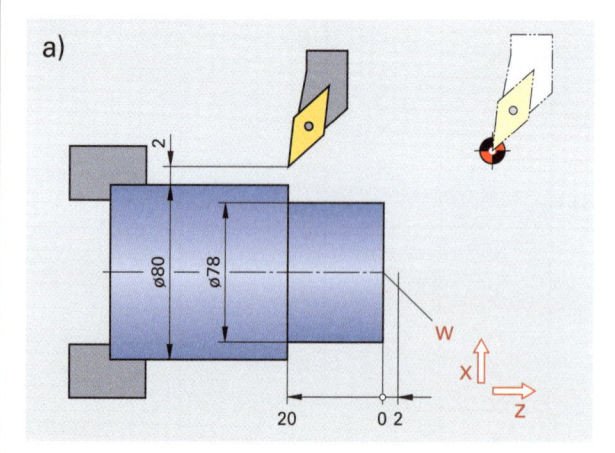

a)

Einrichtblatt

Spannskizze — Das Werkstück wird auf einer Schrägbett-Drehmaschine bearbeitet. Der Drehmeißel ist hinter der Drehmitte.

Startpunkt P0: X 150, Z 100

Werkstoff: S235JR

Werkzeug	
Werkzeug-Nr.	T0101
Schneidenradius	0,4
Schnittgeschwindigkeit	240 m/min
Schnitttiefe a_p = max.	0,5 mm
Schneidstoff	P25
Vorschub je Umdrehung	0,2 mm
Steigung	–
Außen-Drehmeißel linksschneidend	

b)

CNC-Programm mit vereinfachter Programmstruktur	Erläuterung
N1 G90 G00 X150 Z100 T0101	
N2 G92 S3000	
N3 G96 F0.2 S240	
N4 G00 X0 Z2 M04	
N5 G01 Z0 M08	
N6 X78	
N7 Z-20	
N8 X84 M09	
N9 G00 X150 Z100 M30	

8 Programmierverfahren
8.1 Absolutprogrammierung

Bei der Absolutprogrammierung auch Bezugsprogrammierung genannt, beziehen sich alle programmierten Werte auf den Werkstücknullpunkt W (Kap. 4.3).

G90 Fräsen

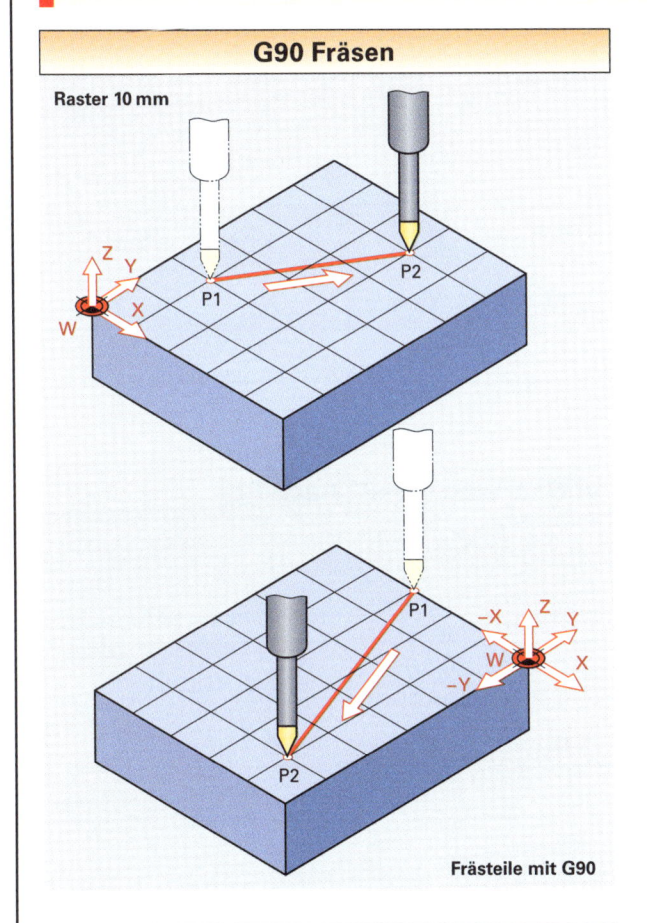

Raster 10 mm

Koordinatenwerte	X	Y
P1		
P2		

Satz-Nr.	Weg-bedingung	Koordinaten	
N	G	X	Y

Koordinatenwerte	X	Y
P1		
P2		

Satz-Nr.	Weg-bedingung	Koordinaten	
N	G	X	Y

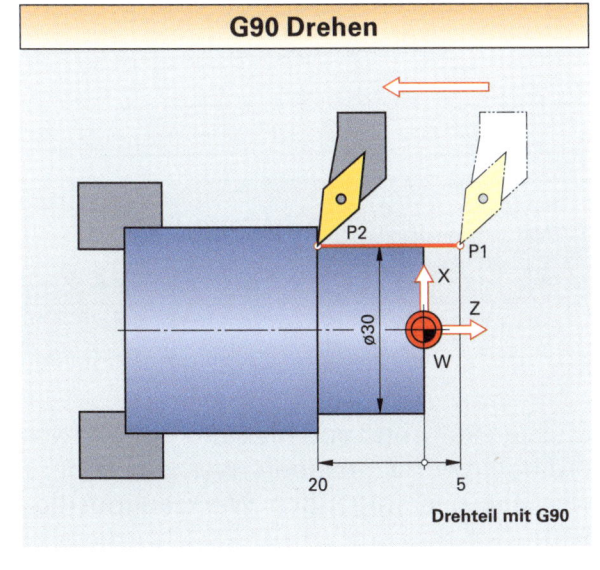

Frästeile mit G90

G90 Drehen

Koordinatenwerte	X	Z
P1		
P2		

Satz-Nr.	Weg-bedingung	Koordinaten	
N	G	X	Z

Drehteil mit G90

Müssen aufgrund von Maßänderungen Koordinatenwerte geändert werden, hat dies keinen Einfluss auf die nachfolgenden Werkzeugpositionen.

8 Programmierverfahren
8.2 Relativprogrammierung

Bei der Relativprogrammierung, auch Kettenmaßprogrammierung genannt, bezieht sich der Zielpunkt immer auf die vorangegangene Werkzeugposition.

G91 Fräsen
Raster 10 mm

Bewegungsrichtungen

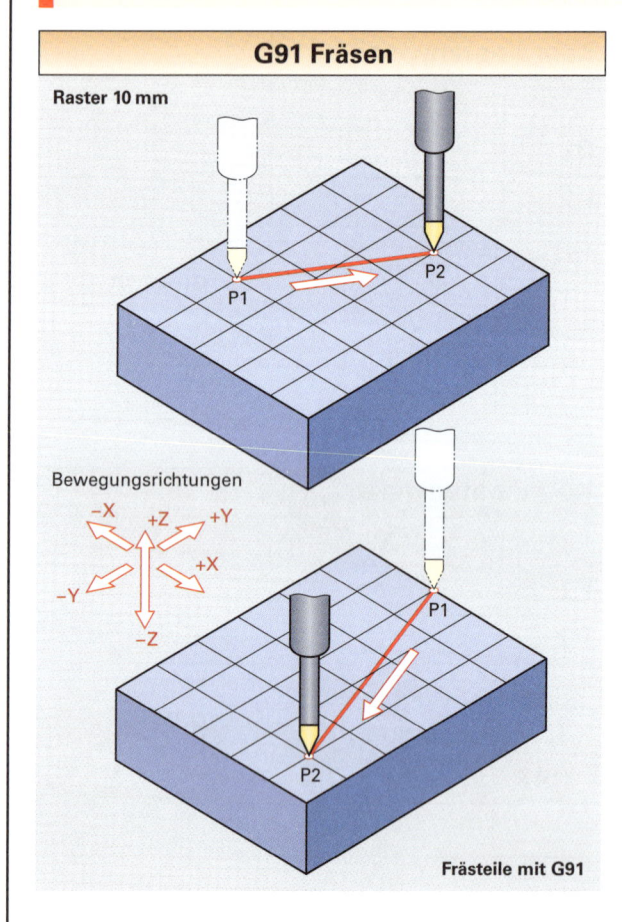

Frästeile mit G91

Verfahrweg von P1 nach P2	
X	Y

Satz-Nr.	Weg-bedingung	Koordinaten	
N	G	X	Y

Verfahrweg von P1 nach P2	
X	Y

Satz-Nr.	Weg-bedingung	Koordinaten	
N	G	X	Y

G91 Drehen
Bewegungsrichtungen

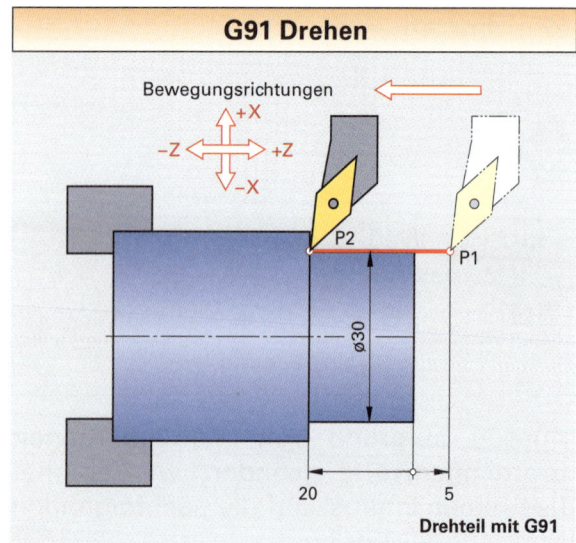

Drehteil mit G91

Verfahrweg von P1 nach P2	
X	Z

Satz-Nr.	Weg-bedingung	Koordinaten	
N	G	X	Z

Müssen aufgrund von Maßänderungen Koordinatenwerte geändert werden, ändern sich alle nachfolgenden Werkzeugpositionen.

8 Programmierverfahren
8.3 Übungsaufgabe Fräsen

Das Werkzeug befindet sich in der Position P1.
a) Bestimmen Sie die Koordinaten der Punkte P1 bis P8.
b) Übertragen Sie die Koordinaten in die Tabelle.

Absolutprogrammierung
Raster 10 mm 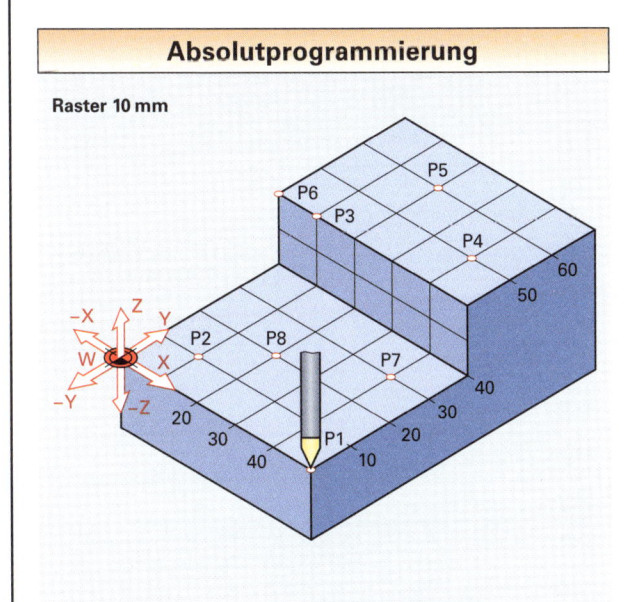

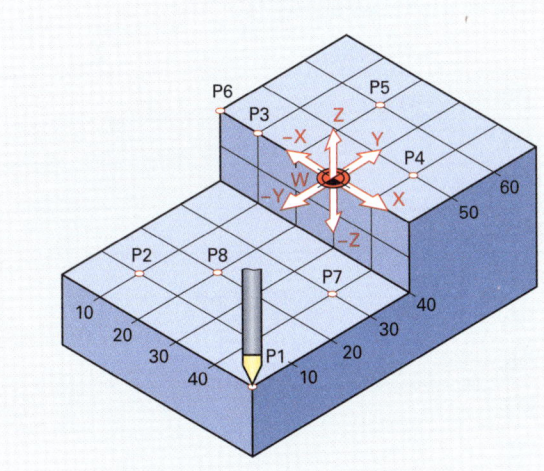

Koordinatenwerte			
	X	Y	Z
P1			
P2			
P3			
P4			
P5			
P6			
P7			
P8			
P1			

Koordinatenwerte			
	X	Y	Z
P1			
P2			
P3			
P4			
P5			
P6			
P7			
P8			
P1			

Relativprogrammierung
Bewegungsrichtungen 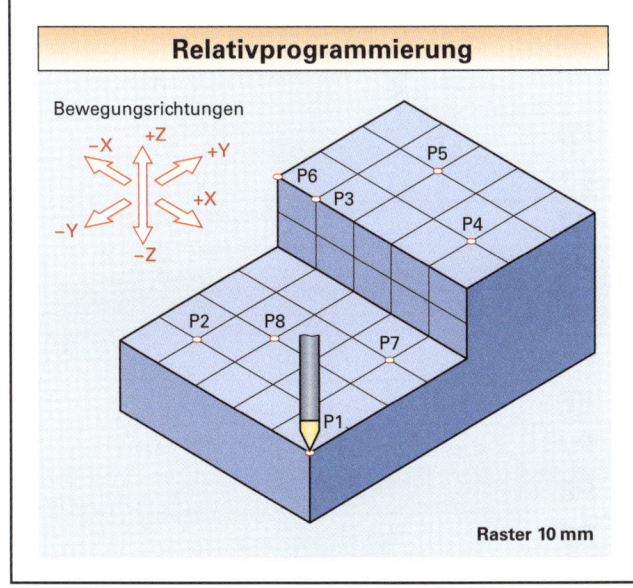

Raster 10 mm

Koordinatenwerte			
	X	Y	Z
P1			
P2			
P3			
P4			
P5			
P6			
P7			
P8			
P1			

8 Programmierverfahren
8.4 Übungsaufgabe Drehen

Das Werkzeug befindet sich in der Startposition P0 (X = 50, Z = 100).
a) Bestimmen Sie die Koordinaten der Punkte P1 bis P9.
b) Übertragen Sie die Koordinaten in die Tabelle.

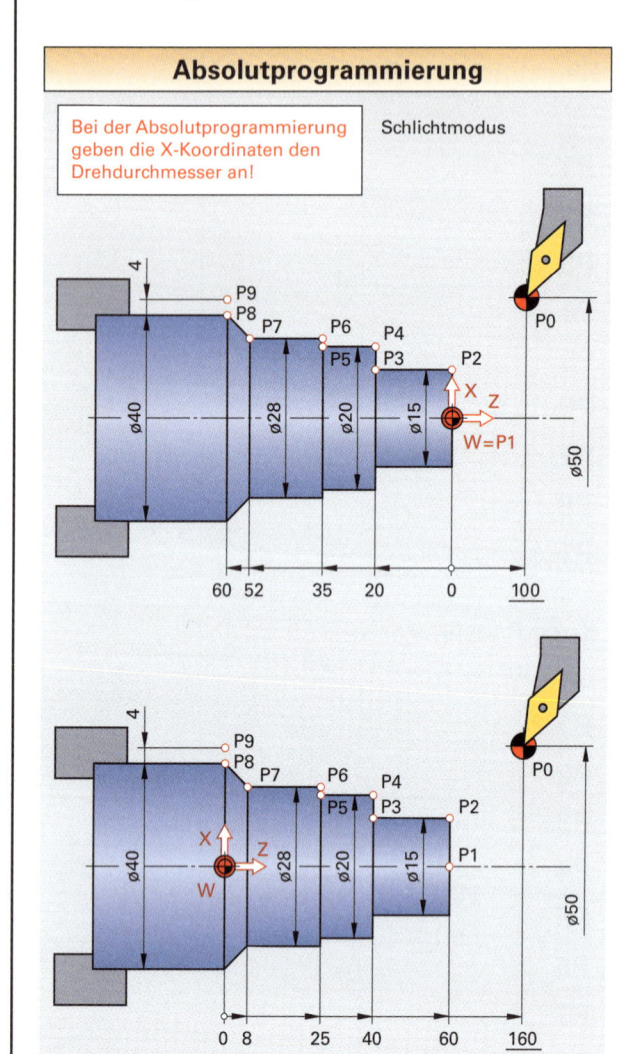

Absolutprogrammierung

Bei der Absolutprogrammierung geben die X-Koordinaten den Drehdurchmesser an!

Schlichtmodus

Koordinatenwerte	X	Z
P0	50	100
P1	0	0
P2	15	0
P3	15	-20
P4	20	-20
P5	20	-35
P6	28	-35
P7	28	-52
P8	40	-60
P9	48	-60

Koordinatenwerte	X	Z
P0	50	160
P1	0	60
P2	15	60
P3	15	40
P4	20	40
P5	20	25
P6	28	25
P7	28	8
P8	40	0
P9	48	0

Relativprogrammierung

Bei der Relativprogrammierung geben die X-Koordinaten den Radius**unterschied** an!

Schlichtmodus
P0: X0, Z0

Bewegungsrichtungen

Koordinatenwerte	X	Z
P0	0	0
P1	-25	-100
P2	7,5	0
P3	0	-20
P4	2,5	0
P5	0	-15
P6	4	0
P7	0	-17
P8	6	-8
P9	4	0

9 Arbeitsbewegungen
9.1 Geraden-Interpolation G01-Fräsen

Zusätzlich zur Angabe, ob absolut (G90) oder inkremental (G91) programmiert wird, benötigt die CNC-Steuerung weitere Informationen, ob der Weg zum Zielpunkt in einer linearen oder kreisförmigen Vorschubbewegung erreicht wird.

G90 G01 X... Y... Z...

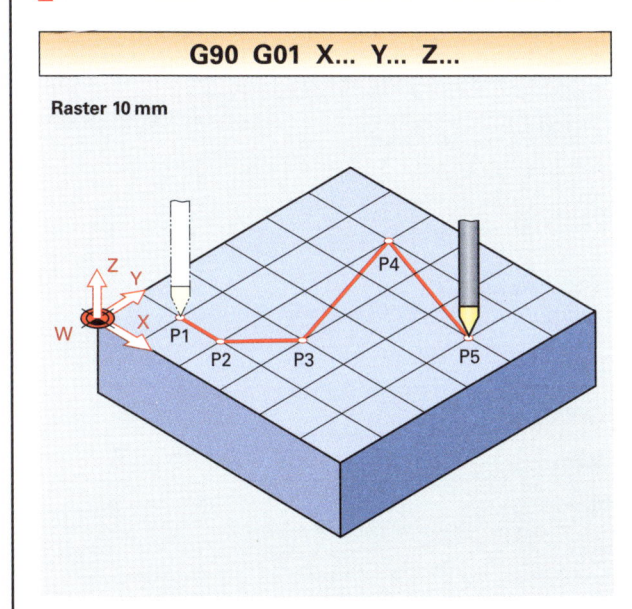

Koordinatenwerte	X	Y
P1		
P2		
P3		
P4		
P5		

Satz-Nr. N	Wegbedingung G	Koordinaten	
		X	Y

9.1.1 Übungsaufgabe

Der Gravierstichel befindet sich in der Position P1. Auf die Angabe der technologischen Anweisungen (F, S, T) und der Zusatzfunktionen (M) werden in diesem Übungsteil verzichtet.
a) Bestimmen Sie die Koordinatenwerte für P1 bis P4.
b) Übertragen Sie die Koordinatenwerte in das CNC-Programm.

Gravurplatte 1

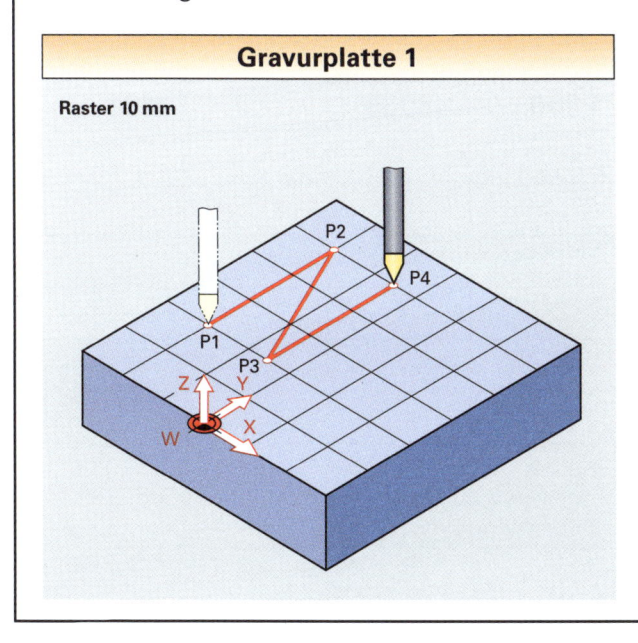

Koordinatenwerte	X	Y
P1		
P2		
P3		
P4		

Satz-Nr. N	Wegbedingung G	Koordinaten	
		X	Y

9 Arbeitsbewegungen
9.1 Geraden-Interpolation G01-Fräsen

9.1.2 Übungsaufgaben

Der Gravierstichel befindet sich am Startpunkt P0.

a) Bestimmen Sie die Koordinatenwerte für P1 bis P7. Der Sicherheitsabstand beim Anfahren beträgt 2 mm, die Frästiefe 0,5 mm
b) Ergänzen Sie das CNC-Programm.

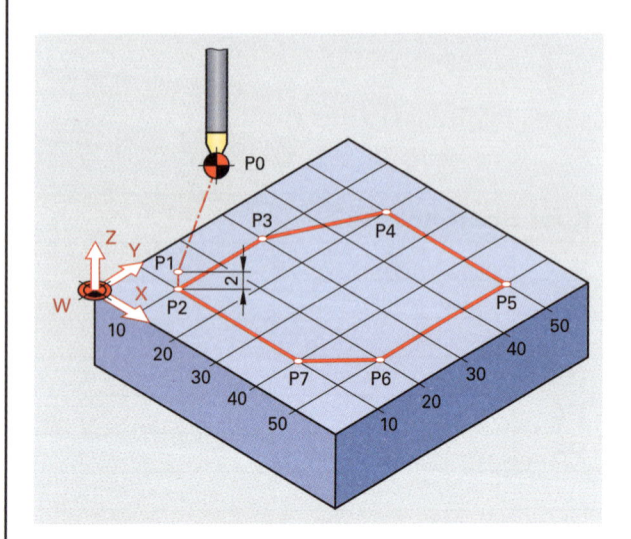

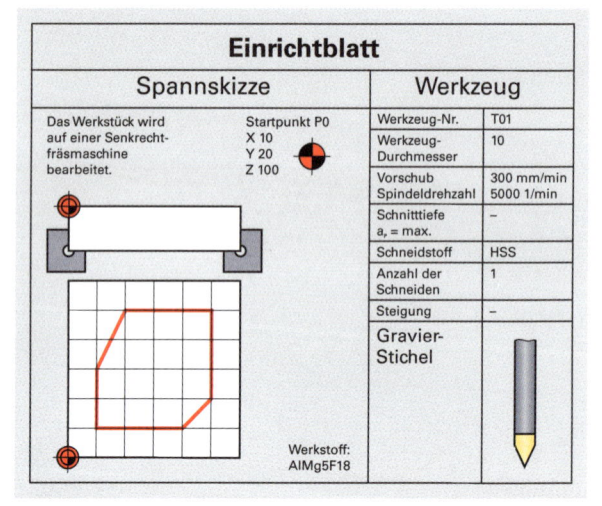

Einrichtblatt

Spannskizze		Werkzeug	
Das Werkstück wird auf einer Senkrechtfräsmaschine bearbeitet.	Startpunkt P0 X 10 Y 20 Z 100	Werkzeug-Nr.	T01
		Werkzeug-Durchmesser	10
		Vorschub	300 mm/min
		Spindeldrehzahl	5000 1/min
		Schnitttiefe a_e = max.	–
		Schneidstoff	HSS
		Anzahl der Schneiden	1
		Steigung	–
		Gravier-Stichel	
Werkstoff: AlMg5F18			

Koordinatenwerte

Pkt.	X	Y	Z	Pkt.	X	Y	Z
P0				P4			
P1				P5			
P2				P6			
P3				P7			

Satz-Nr.	Weginformationen				Schaltinformationen			
	Wegbedingung	Koordinaten			Vorschub	Drehzahl	Werkzeug	Zusatzfunktion
N	G	X	Y	Z	F	S	T	M
N1	G90 G00	X10	Y20	Z100			T01	
N2		X10	Y10	Z2	F300	S5000		M03

9 Arbeitsbewegungen
9.1 Geraden-Interpolation G01-Fräsen

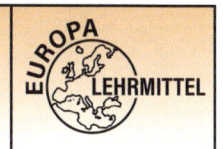

Der Gravierstichel befindet sich am Startpunkt P0.

a) Bestimmen Sie aus dem CNC-Programm die Koordinatenwerte für P0 bis P9.
b) Tragen Sie die Punkte sowie die Bewegungen im Eilgang (gestrichelte Linie) und im Vorschub (Volllinie) ein.

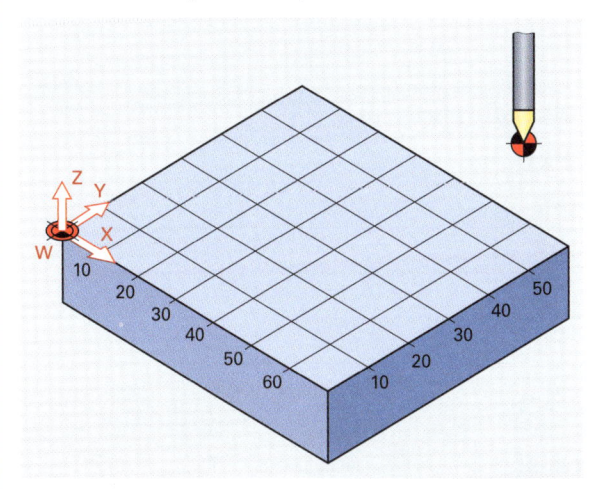

Einrichtblatt

Spannskizze		Werkzeug	
Das Werkstück wird auf einer Senkrechtfräsmaschine bearbeitet.	Startpunkt P0 X 60 Y 60 Z 80	Werkzeug-Nr.	T01
		Werkzeug-Durchmesser	10
		Vorschub	300 mm/min
		Spindeldrehzahl	5000 1/min
		Schnitttiefe a_e = max.	–
		Schneidstoff	HSS
		Anzahl der Schneiden	1
		Steigung	–
		Gravier-Stichel	
Werkstoff: AlMg5F18			

Koordinatenwerte

	X	Y	Z		X	Y	Z
P0	60	60	80	P5	30	30	-0,5
P1	10	10	2	P6	40	30	-0,5
P2	10	10	-0,5	P7	50	50	-0,5
P3	10	50	-0,5	P8	60	50	-0,5
P4	20	50	-0,5	P9	60	10	-0,5

	Weginformationen				Schaltinformationen			
Satz-Nr.	Weg-bedingung	Koordinaten			Vorschub	Drehzahl	Werkzeug	Zusatz-funktion
N	G	X	Y	Z	F	S	T	M
N1	G90 G00	X60	Y60	Z80			T01	
N2		X10	Y10	Z2	F300	S5000		M03
N3	G01			Z-0.5				
N4			Y50					
N5		X20						
N6		X30	Y30					
N7		X40						
N8		X50	Y50					
N9		X60						
N10			Y10					
N11		X10						
N12				Z2				
N13	G00	X60	Y60	Z80				M30

9 Arbeitsbewegungen
9.2 Geraden-Interpolation G01-Drehen

Bei Drehmaschinen ist zu beachten, dass bei der Programmierung der X-Achse nicht die Position des Werkzeugs, sondern der Durchmesser des Drehteils angegeben wird.

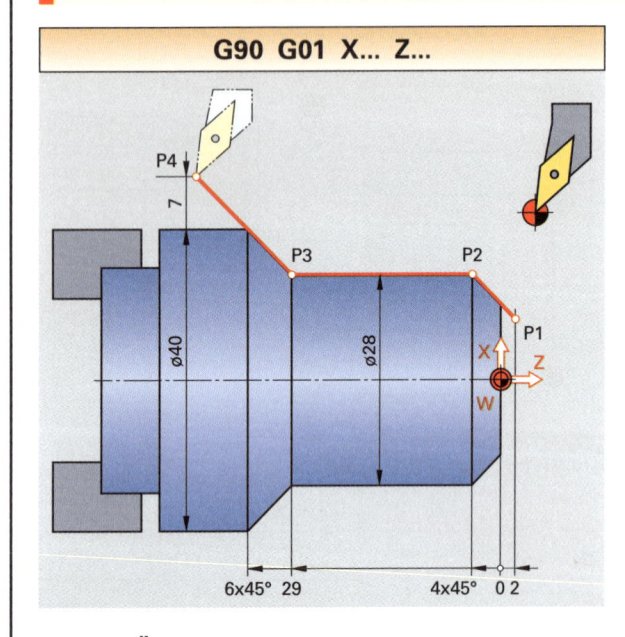

G90 G01 X... Z...

Koordinatenwerte		
Pkt.	X	Z
P1		
P2		
P3		
P4		

Satz-Nr.	Weg-bedingung	Koordinaten	
N	G	X	Z

9.2.1 Übungsaufgabe

Der Drehmeißel befindet sich in der Position P1. Auf die Angaben der technologischen Anweisungen (F, S, T) und der Zusatzfunktionen wird in diesem Übungsteil verzichtet.

a) Bestimmen Sie die Koordinatenwerte für P1 bis P7.
b) Übertragen Sie die Koordinatenwerte in das CNC-Programm.

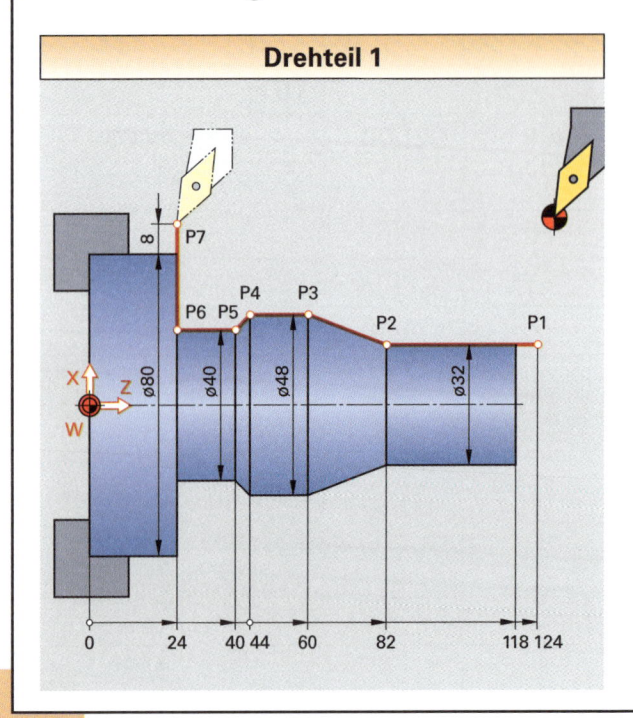

Drehteil 1

Koordinatenwerte		
Pkt.	X	Z
P1		
P2		
P3		
P4		
P5		
P6		
P7		

Satz-Nr.	Weg-bedingung	Koordinaten	
N	G	X	Z

52

9 Arbeitsbewegungen
9.2 Geraden-Interpolation G01-Drehen

9.2.2 Übungsaufgabe

Der Drehmeißel befindet sich am Startpunkt P0.

a) Bestimmen Sie die Koordinatenwerte für P1 bis P9.
b) Ergänzen Sie das CNC-Programm.

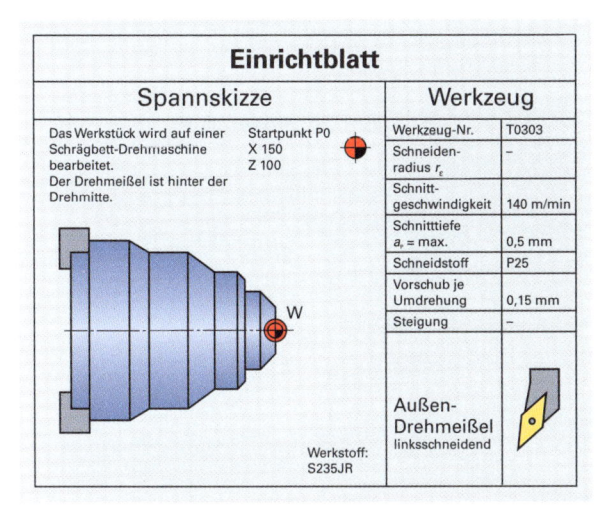

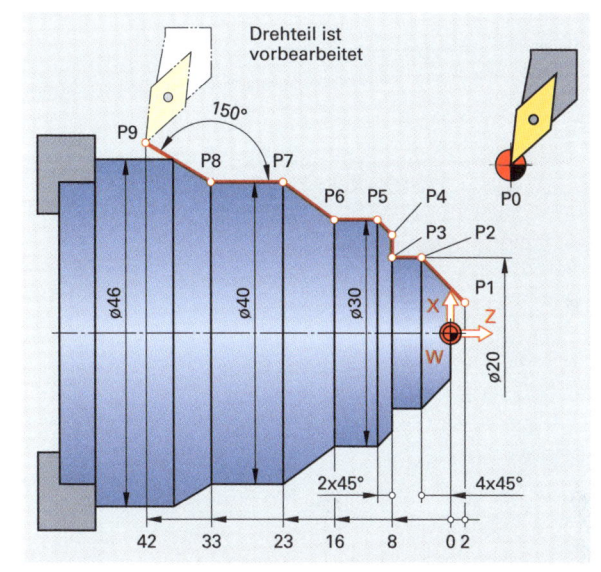

Einrichtblatt

Spannskizze	Werkzeug	
Das Werkstück wird auf einer Schrägbett-Drehmaschine bearbeitet. Der Drehmeißel ist hinter der Drehmitte.	Startpunkt P0 X 150 Z 100	
	Werkzeug-Nr.	T0303
	Schneidenradius r_ε	–
	Schnittgeschwindigkeit	140 m/min
	Schnitttiefe a_p = max.	0,5 mm
	Schneidstoff	P25
	Vorschub je Umdrehung	0,15 mm
	Steigung	–
Werkstoff: S235JR	Außen-Drehmeißel linksschneidend	

Drehteil ist vorbearbeitet

Koordinatenwerte

	X	Z		X	Z		X	Z
P0			P4			P8		
P1		2	P5			P9		
P2			P6			P0		
P3			P7					

Satz-Nr.	Weginformationen		Schaltinformationen			
	Wegbedingung	Koordinaten	Vorschub	Drehzahl	Werkzeug	Zusatz-funktion
N	G	X	Z	F	S	T	M
N10	G90 G00	X150	Z100			T0303	
N15	G96			F0.15	S140		M04

9 Arbeitsbewegungen
9.3 Kreis-Interpolation G02-Fräsen

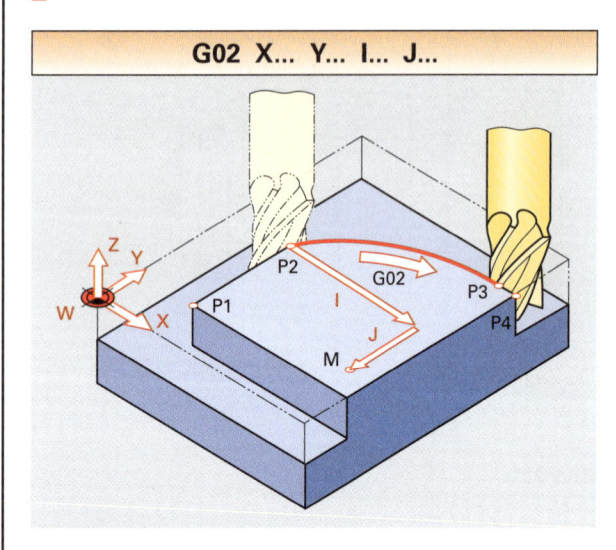

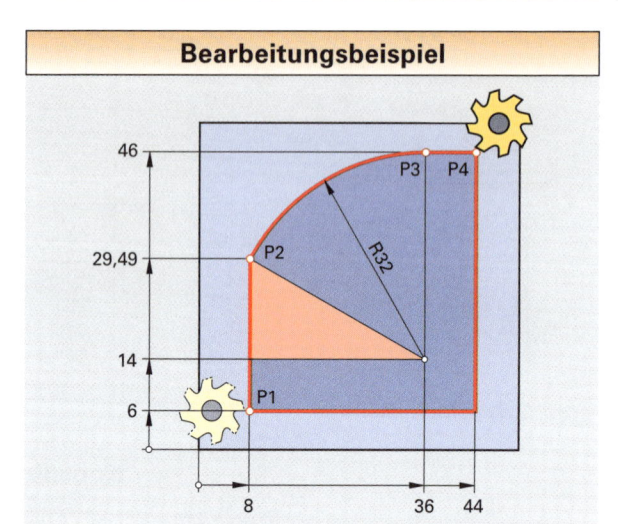

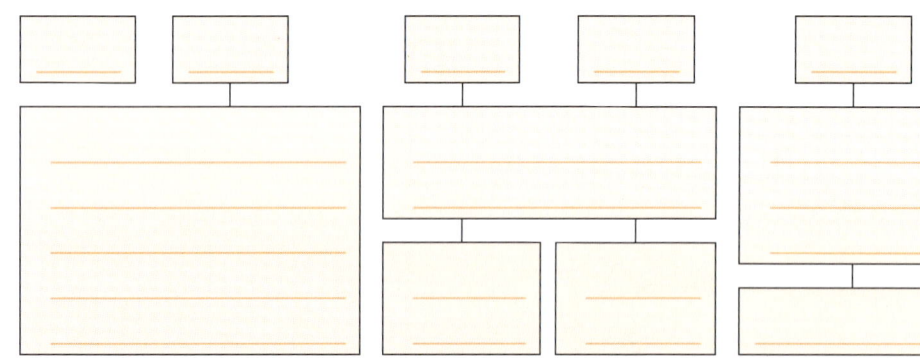

G02 X... Y... I... J...

Bearbeitungsbeispiel

9.3.1 Übungsaufgabe Bearbeitungsbeispiel

Satz-Nr.	Weg-bedingung	Koordinaten			Interpolations-parameter	Werkzeug	Zusatz-funktion
N	G	X	Y	Z	I, J, K		F, S, T, M
N..							
N10	G41*)						

*) G41 = Fräserradiuskorrektur links von der Kontur (S. 63)

9 Arbeitsbewegungen
9.4 Kreis-Interpolation G03-Fräsen

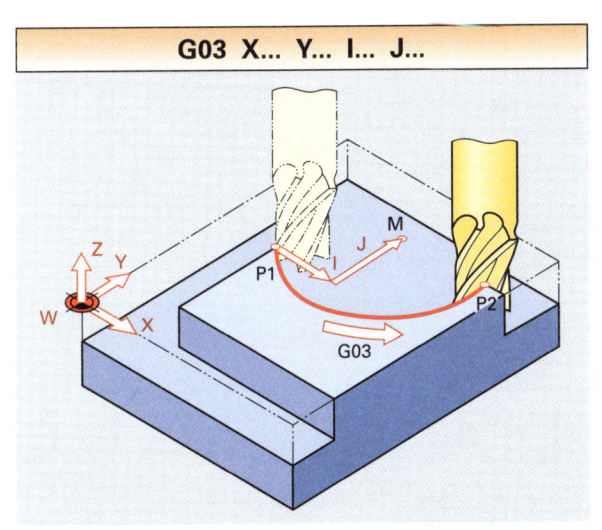

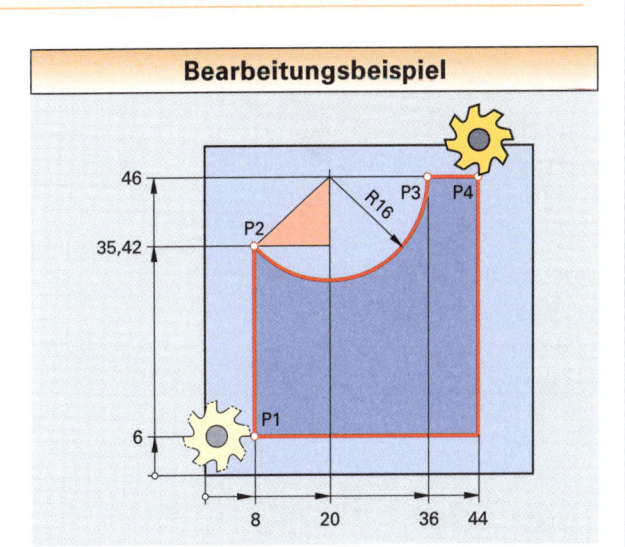

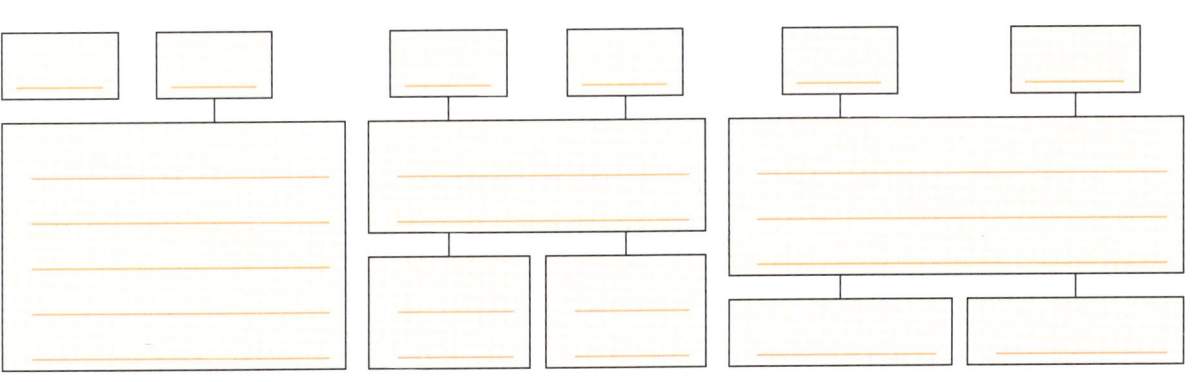

9.4.1 Übungsaufgabe Bearbeitungsbeispiel

Satz-Nr.	Weg-bedingung	Koordinaten			Interpolations-parameter	Werkzeug	Zusatz-funktion
N	G	X	Y	Z	I, J, K	F, S, T, M	
N..							
N10	G41*)						

*) G41 = Fräserradiuskorrektur links von der Kontur (S. 63)

9 Arbeitsbewegungen
9.5 Übungsaufgaben

Der Gravierstichel befindet sich in der Position P1. Auf die Angabe der technologischen Anweisungen (F, S, T) und der Zusatzfunktionen (M) werden in diesem Übungsteil verzichtet.

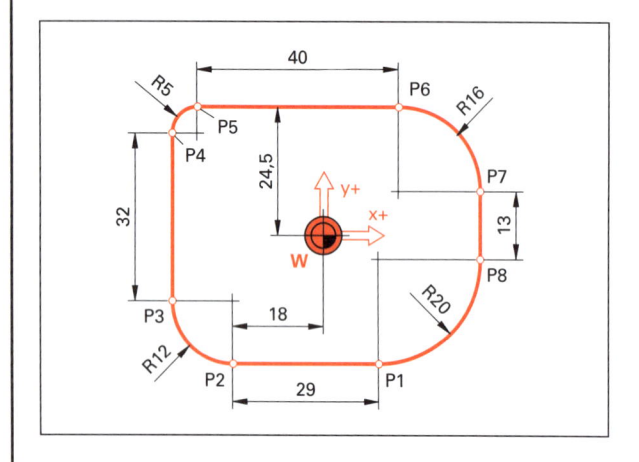

N	G	X	Y	I	J

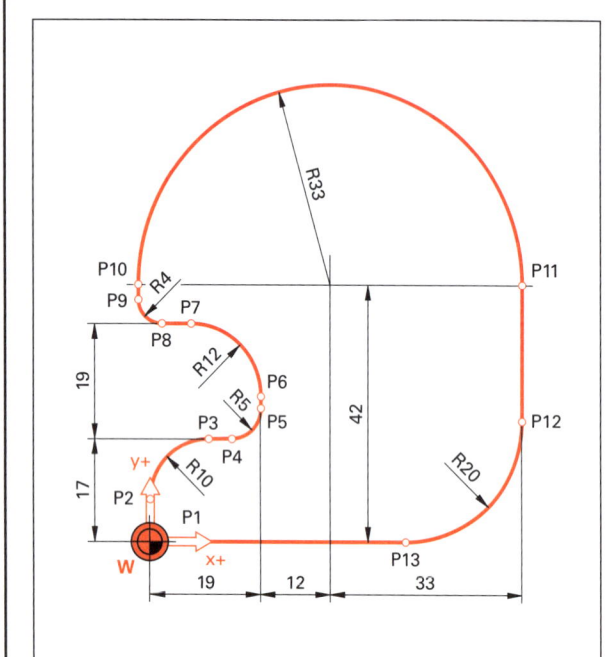

N	G	X	Y	I	J

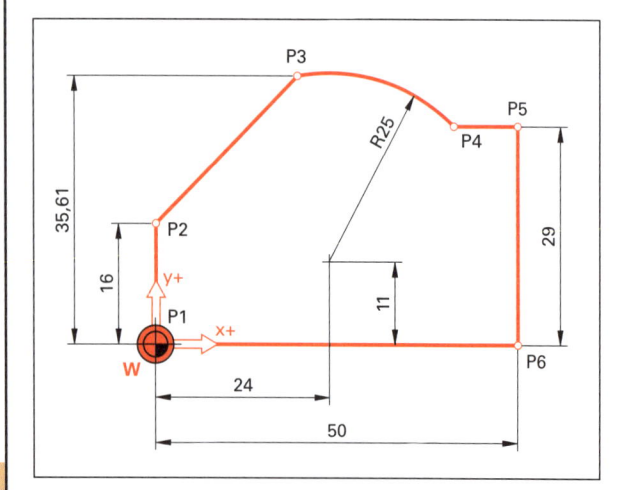

N	G	X	Y	I	J

9 Arbeitsbewegungen
9.5 Übungsaufgaben

Der Gravierstichel befindet sich in der Startposition P0.
Erstellen Sie das CNC-Programm für die Kontur P1–P12.

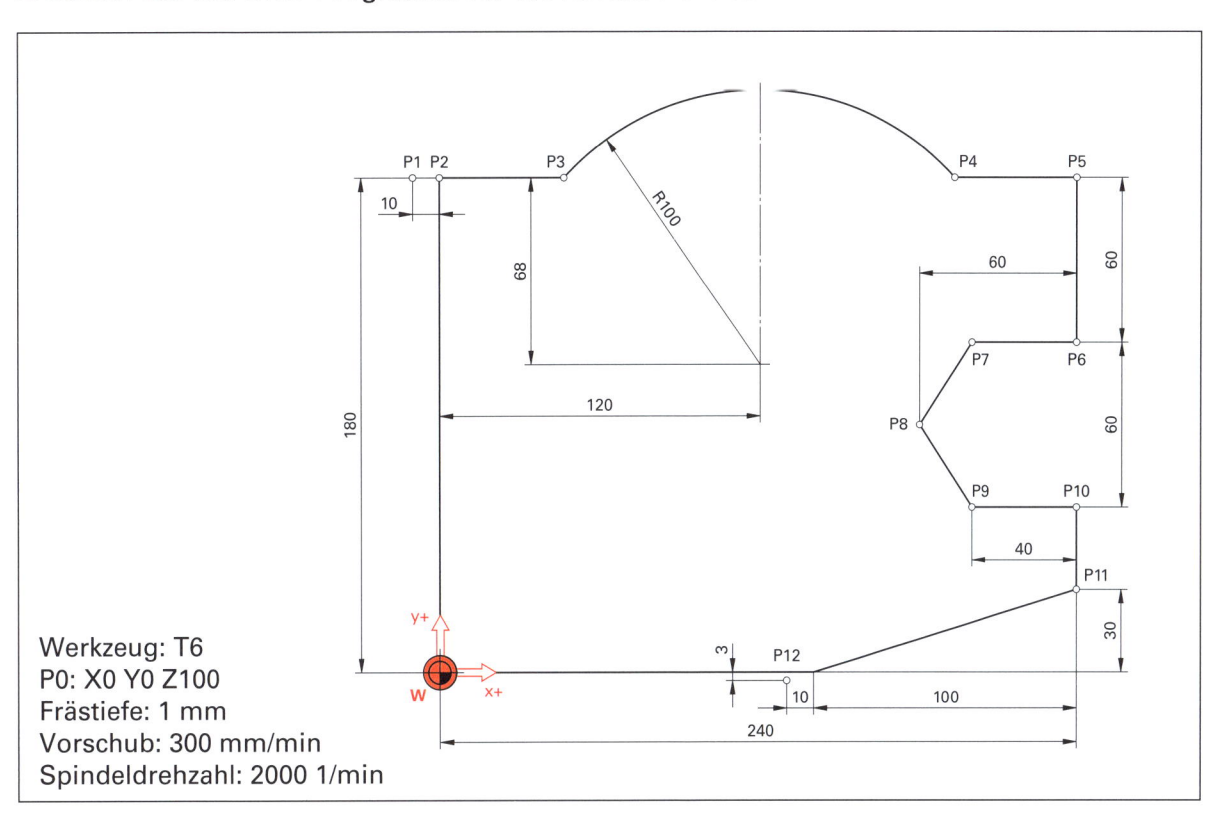

Werkzeug: T6
P0: X0 Y0 Z100
Frästiefe: 1 mm
Vorschub: 300 mm/min
Spindeldrehzahl: 2000 1/min

Berechnung P3 und P4:

N1 G54*)	
N2 G90 G00 X-10 Y180 Z100	
N3 T6 S2000 F300	

*) G54 = Gespeicherte Nullpunktverschiebung (S. 76)

9 Arbeitsbewegungen
9.6 Kreis-Interpolation G02-Drehen

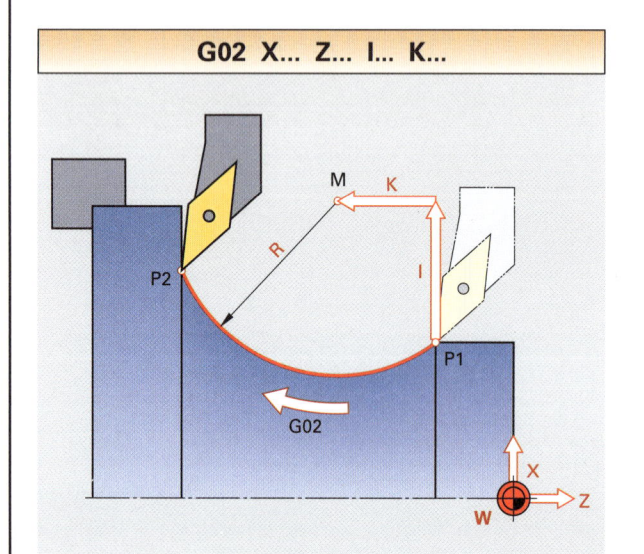

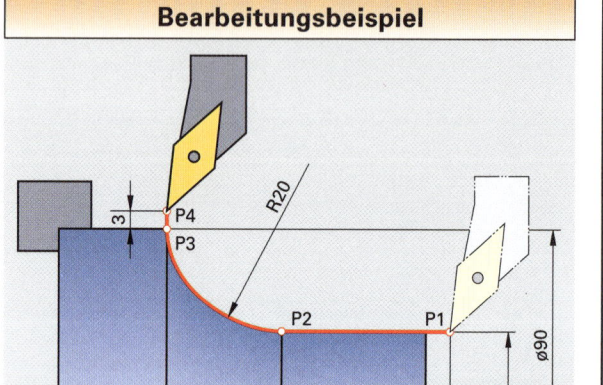

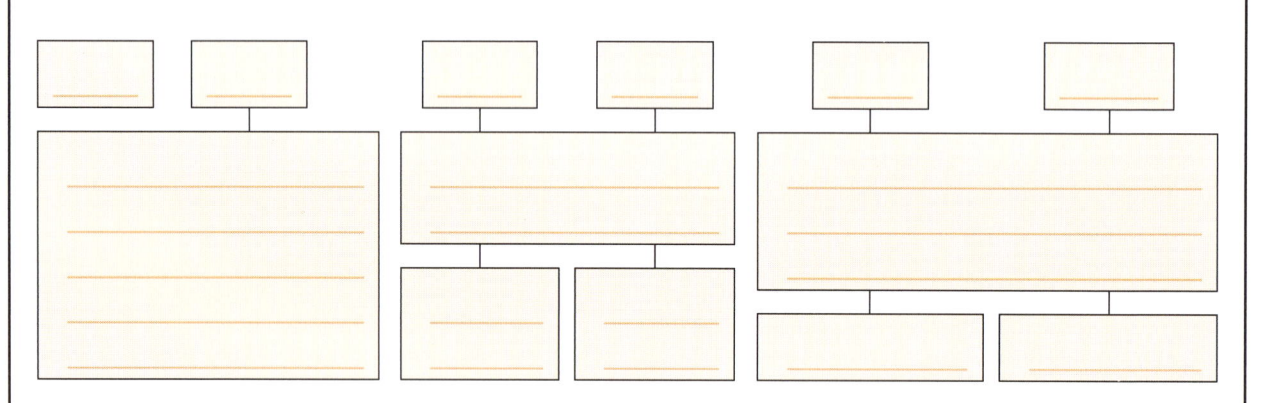

9.6.1 Übungsaufgabe Bearbeitungsbeispiel

Satz-Nr.	Weg-bedingung	Koordinaten		Interpolations-parameter	Werkzeug und Zusatzfunktionen
N	G	X	Z	I, K	F, S, T, M
N....					

9 Arbeitsbewegungen
9.7 Kreis-Interpolation G03-Drehen

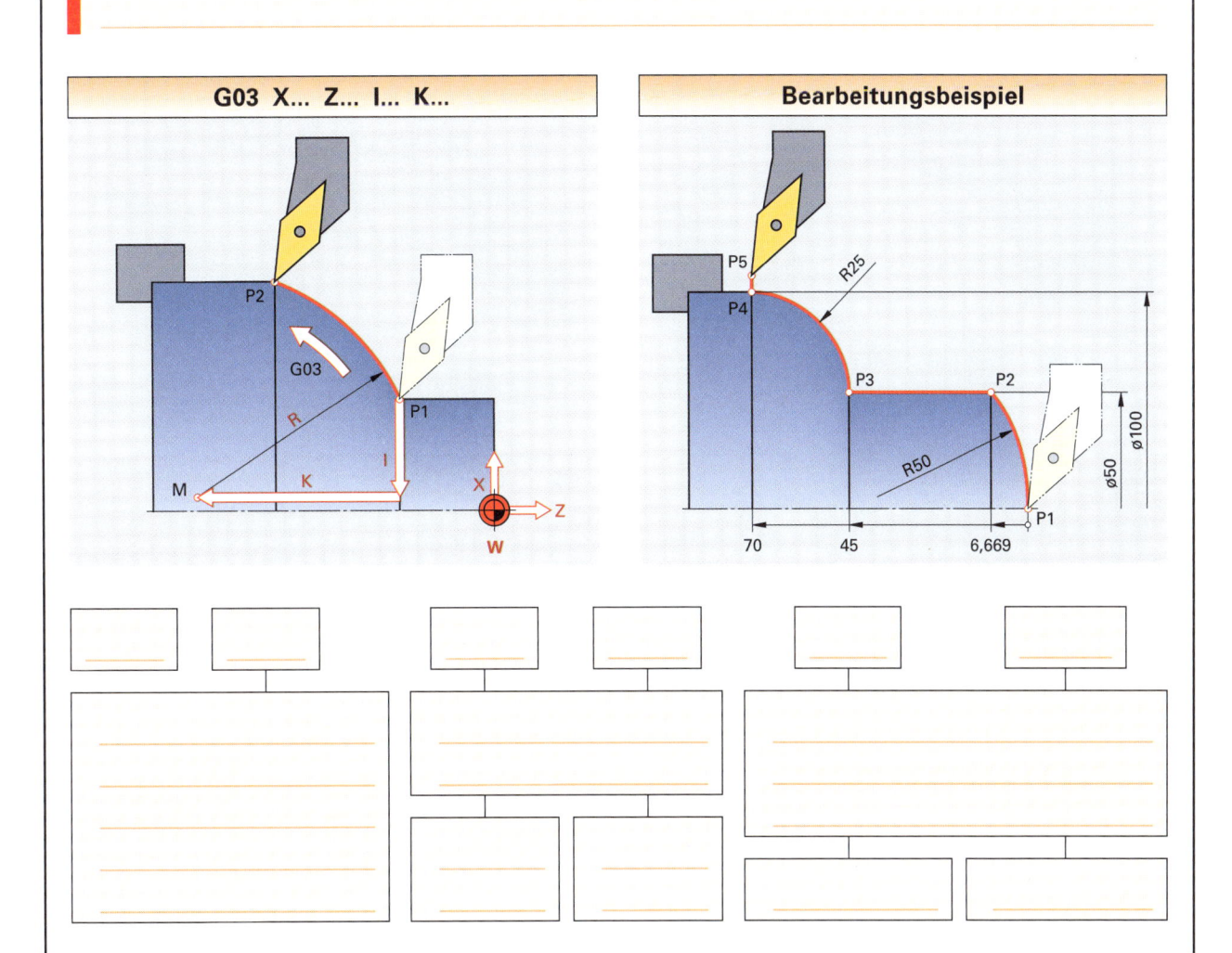

G03 X... Z... I... K...

Bearbeitungsbeispiel

9.7.1 Übungsaufgabe Bearbeitungsbeispiel (ohne technologische Anweisungen und Zusatzfunktionen)

Satz-Nr.	Weg-bedingung	Koordinaten		Interpolations-parameter	Werkzeug und Zusatzfunktionen
N	G	X	Z	I, K	F, S, T, M
N....					

9 Arbeitsbewegungen
9.8 Drehen vor der Drehmitte

Bei der Anordnung des Drehmeißels vor der Spindelachse ergibt sich nach DIN 66 217: Bedingt durch die andere Betrachtung der X-Z-Ebene kehrt sich für den Anwender, der von oben auf das Werkstück schaut, für die Programmierung die Drehrichtung der Kreisbewegung um.

G02 X... Z... I... K...

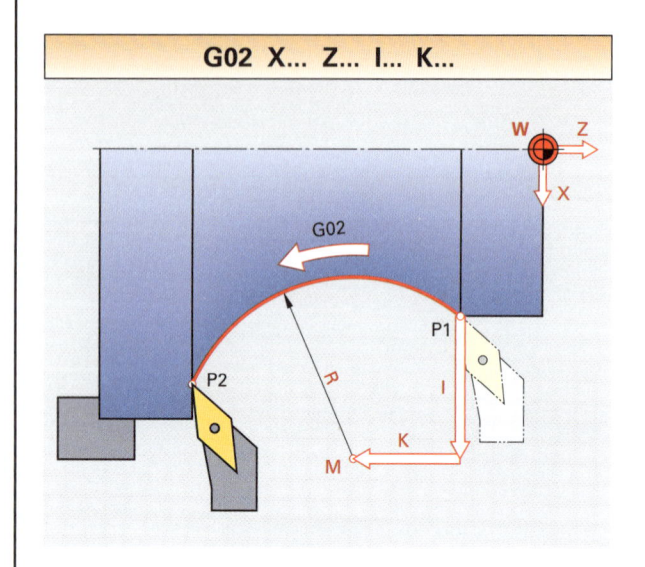

G03 X... Z... I... K...

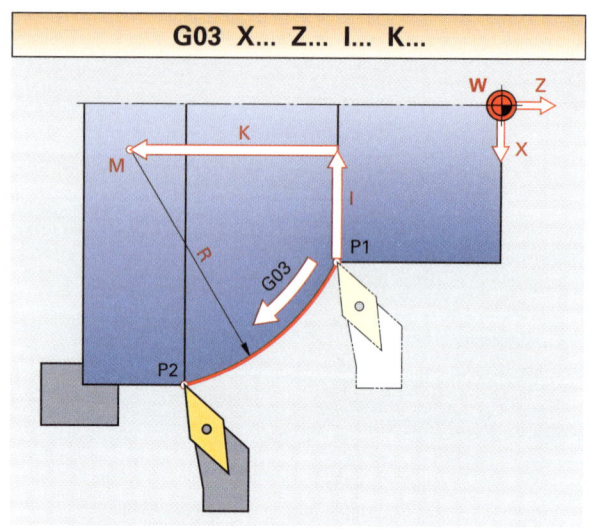

Bearbeitungsbeispiel

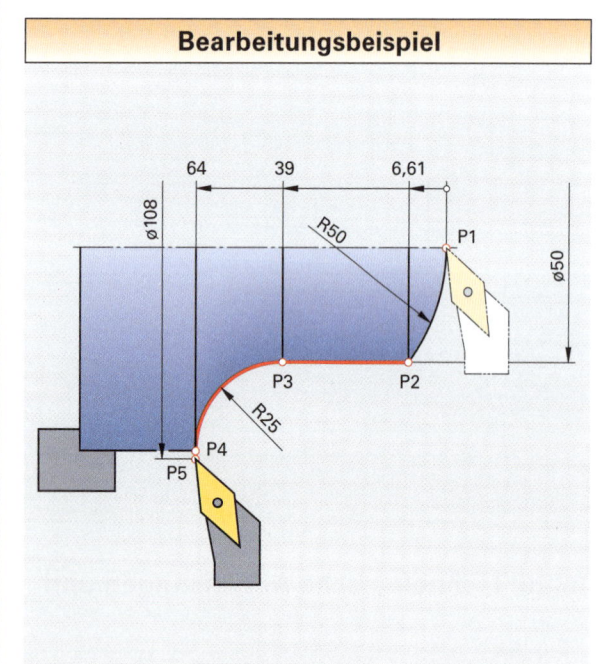

N	G	X	Z	I	K
N....					

Mehrschlitten-Drehmaschine

Die Anordnung des Drehmeißels vor der Spindelachse findet man vorwiegend bei einfachen Drehmaschinen.

Bei Mehrschlitten-Drehmaschinen werden beide Schlitten getrennt gesteuert, wobei jeder Schlitten sein eigenes Koordinatensystem und deshalb auch seine eigenen Drehrichtungen hat.

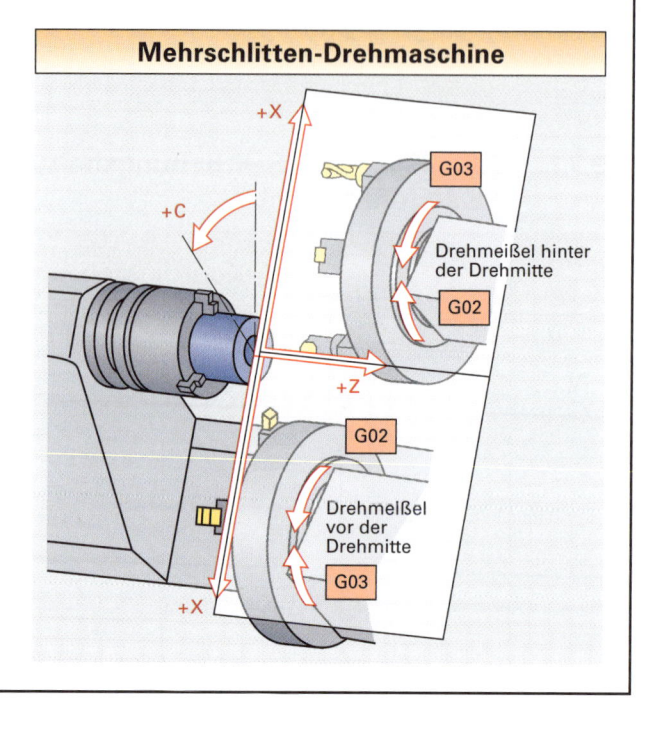

9 Arbeitsbewegungen
9.9 Übungsaufgabe Außen- und Innenkontur

Erstellen Sie das CNC-Programm für das Außendrehteil und das Innendrehteil.
Auf die Angaben der technologischen Anweisungen und der Zusatzfunktionen wird in diesem Übungsteil verzichtet.

Außendrehteil

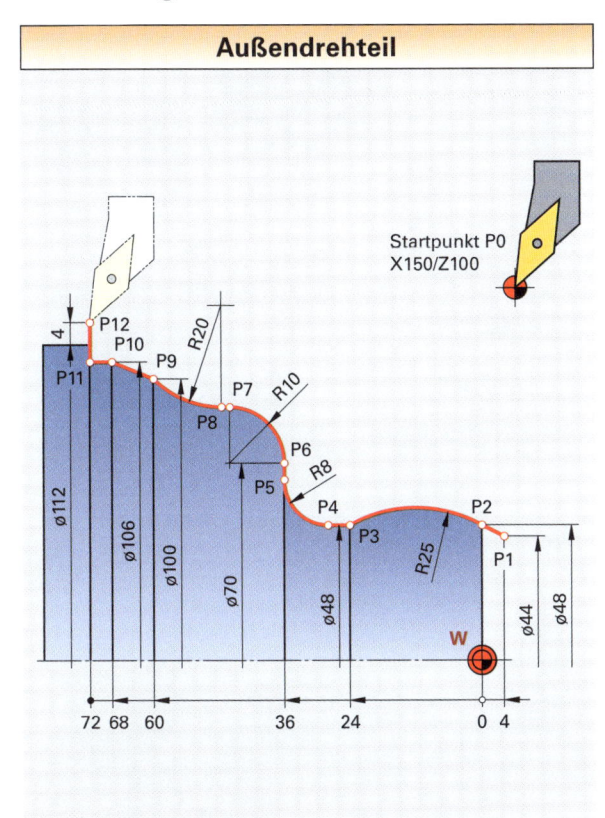

N	G	X	Z	I	K
N....					

Innendrehteil

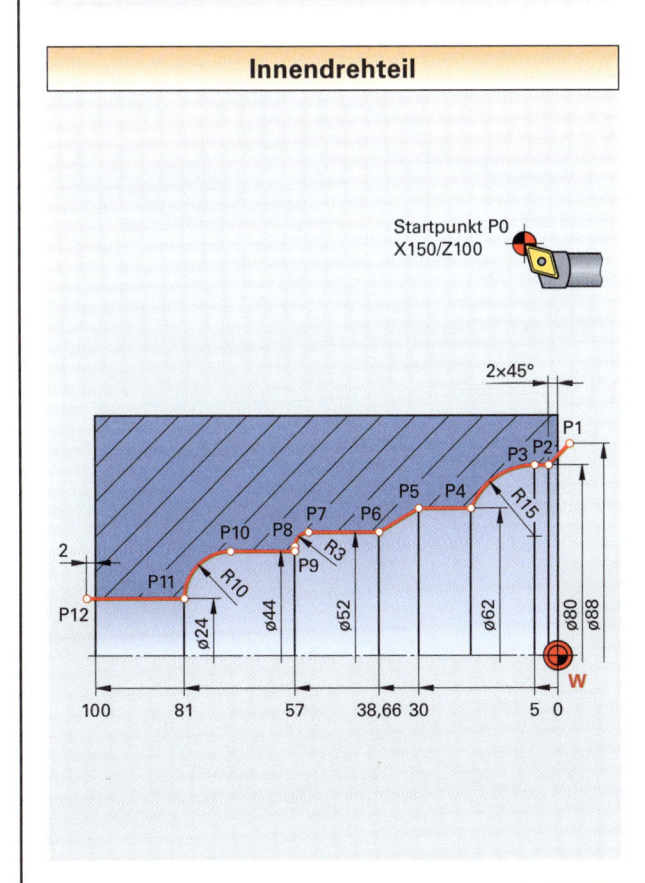

N	G	X	Z	I	K
N....					

10 Werkzeug- und Bahnkorrekturen

10.1 Werkzeugkorrekturen beim Fräsen

Bei der Programmerstellung sind die Länge und der Durchmesser des Werkzeugs in der Regel nicht bekannt. Deshalb nimmt der Programmierer diese Werkzeugmaße als Null an.

Nach dem Zusammenstellen des Werkzeugs und dessen Vermessung im Werkzeug-Voreinstellgerät werden die Werkzeugmaße als Korrekturwerte in einem Korrekturspeicher der CNC-Steuerung abgelegt und bei der Bearbeitung berücksichtigt.

Die Anwahl des Korrekturspeichers erfolgt über die letzte Zifferngruppe des T-Wortes, z. B. T0303 für das Werkzeug 03 und den Korrekturspeicher 03.

Werkzeugmaß-Korrektur

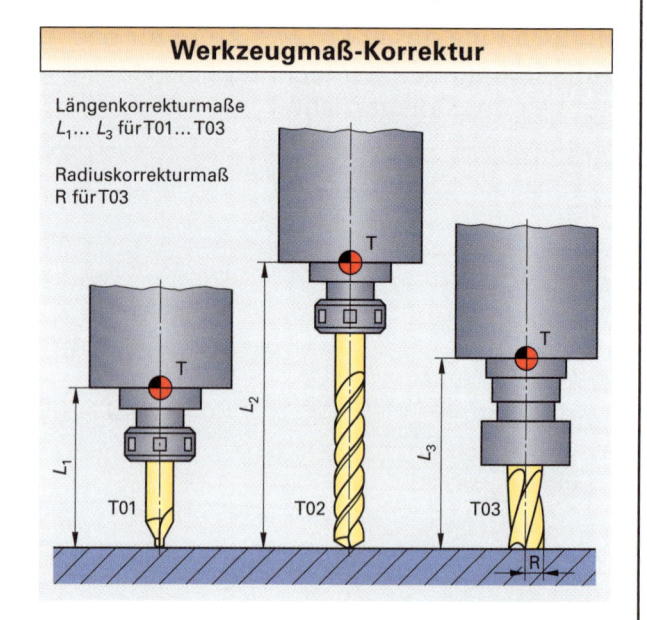

Längenkorrekturmaße $L_1 \ldots L_3$ für T01 ... T03

Radiuskorrekturmaß R für T03

Berücksichtigung der Werkzeugmaße

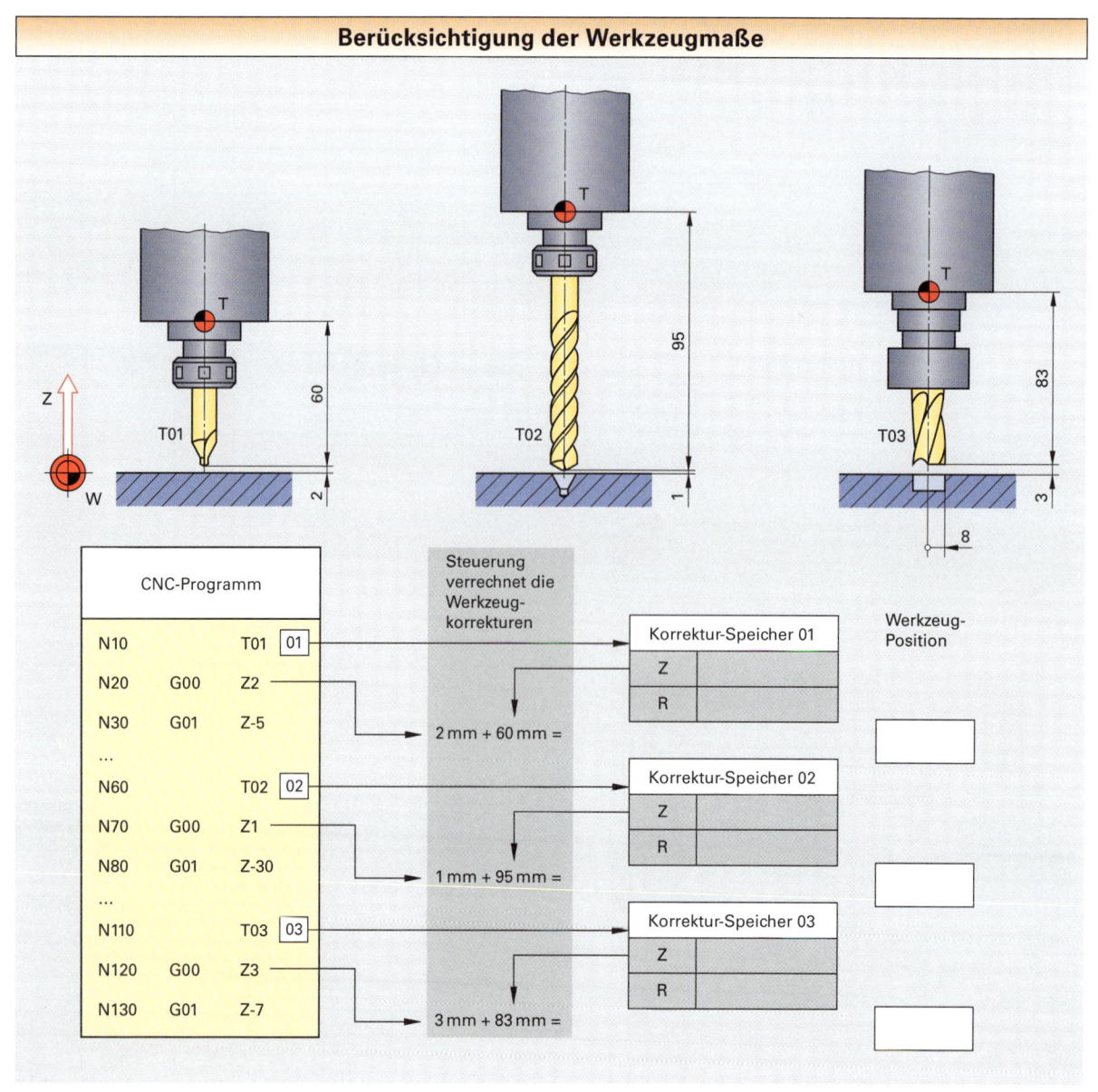

CNC-Programm

N10	T01	01
N20	G00	Z2
N30	G01	Z-5
...		
N60	T02	02
N70	G00	Z1
N80	G01	Z-30
...		
N110	T03	03
N120	G00	Z3
N130	G01	Z-7

Steuerung verrechnet die Werkzeugkorrekturen

2 mm + 60 mm =
1 mm + 95 mm =
3 mm + 83 mm =

Korrektur-Speicher 01 (Z, R)
Korrektur-Speicher 02 (Z, R)
Korrektur-Speicher 03 (Z, R)

Werkzeug-Position

10 Werkzeug- und Bahnkorrekturen
10.1 Werkzeugkorrekturen beim Fräsen

10.1.1 Fräserradiuskorrektur (FRK)

Der Programmierer nimmt den Durchmesser des Werkzeugs als Null an und programmiert nur den Konturzug.

Die Steuerung benötigt nur die einmalige Angabe, ob sich das Werkzeug links (G41) oder rechts (G42) von der programmierten Kontur befindet. Die Angabe „rechts" oder „links" bezieht sich dabei immer auf die Relativbewegung des Werkzeugs, bezogen auf die Werkstückkontur. Zusätzlich zu der Angabe des Fräserversatzes mit G41 und G42 muss noch der entsprechende Korrekturspeicher angewählt werden. Die Anwahl des Korrekturspeichers erfolgt über die letzte Zifferngruppe des T-Wortes, z. B. T0305 für das Werkzeug 03 und den Korrekturspeicher 05 oder die direkte Anwahl über das D-Wort, z. B. mit D05.

Bahnkorrektur

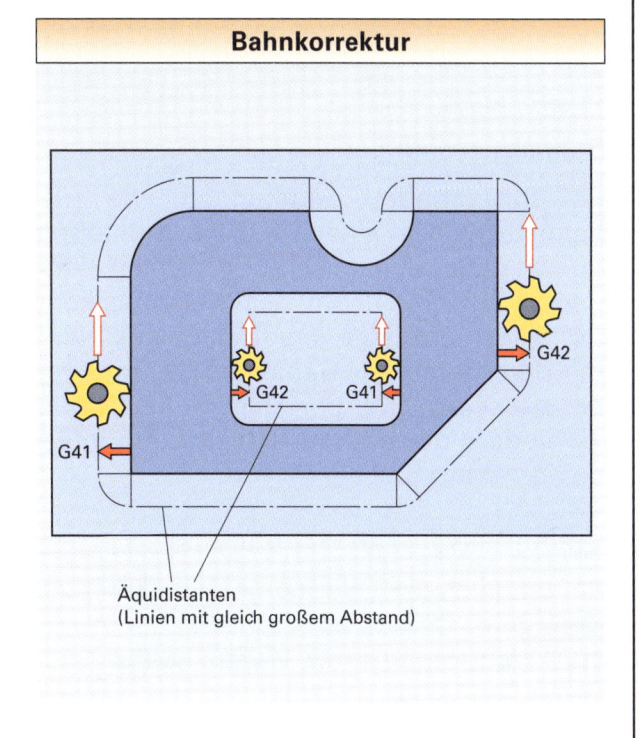

Äquidistanten
(Linien mit gleich großem Abstand)

Vereinfacht:

Werkzeug links von der Kontur G41

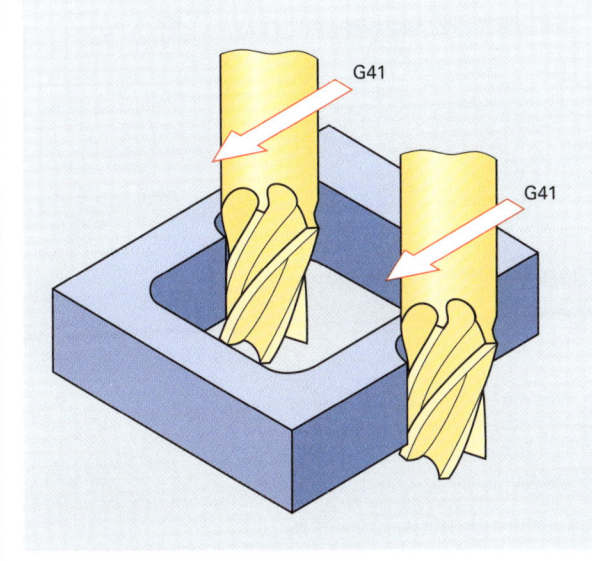

Werkzeug rechts von der Kontur G42

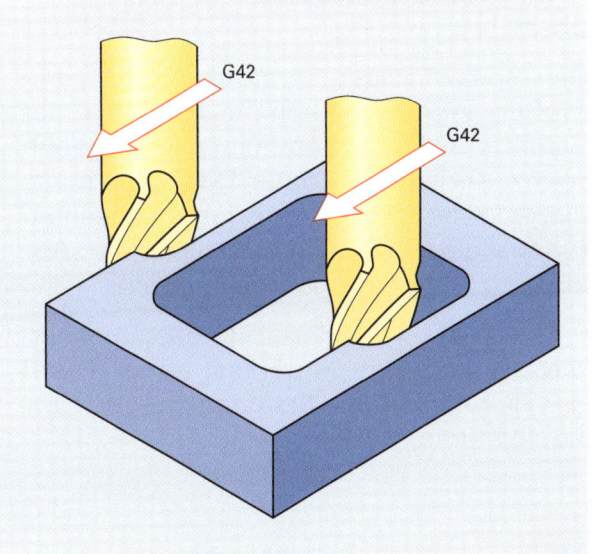

10 Werkzeug- und Bahnkorrekturen
10.1 Werkzeugkorrekturen beim Fräsen

10.1.2 Besonderheiten bei Bahnkorrekturen

Bahnabweichungen

Bei sprunghaften Änderungen, wie z. B. beim Umfahren einer 90°-Ecke, entstehen durch das dynamische Verhalten der Regelkreise Fehler an der Werkstückkontur, sofern am Ende des CNC-Satzes nicht mit dem Befehl für Genauhalt (G09) abgebremst wird. Komfortable Steuerungen verhindern diese Konturfehler durch interne Korrekturtabellen.

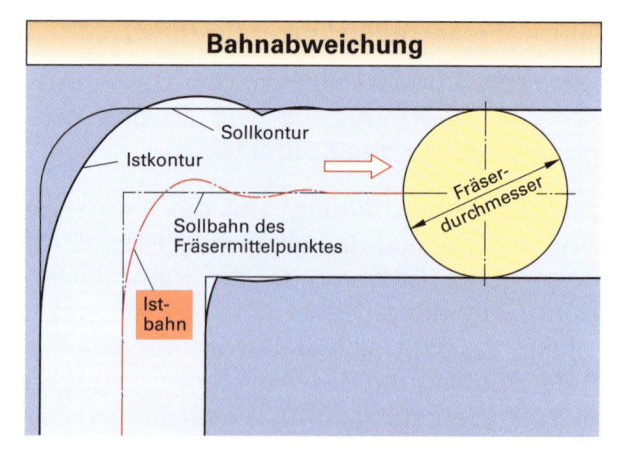

Umfahren von Außenkonturen

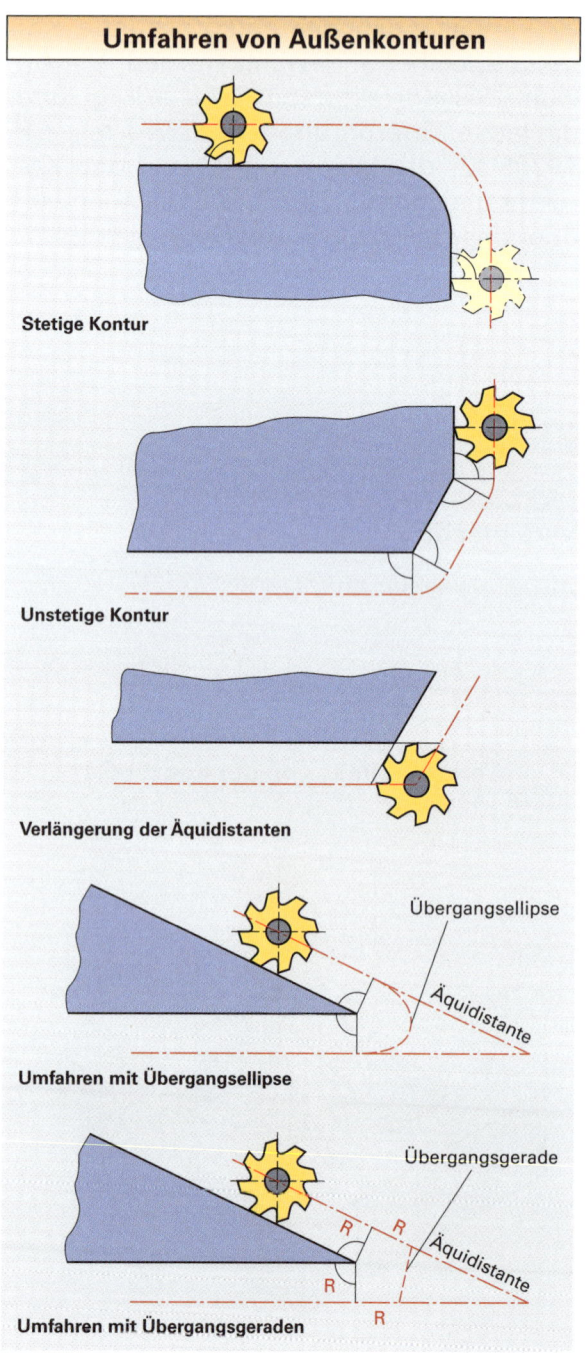

Bei tangentialen Übergängen von Kreis an Kreis oder Gerade an Kreis sind die Werkstückkonturen in ihrem Verlauf stetig.

Sind bei Außenkonturen jedoch Ecken vorhanden, wird die Kontur unstetig. Bei der Äquidistantenbildung entsteht deshalb ein Kreiselement, das der Fräsermittelpunkt durchfahren muss. Dies ergibt jedoch sehr ungünstige Schnitt- und Arbeitsbedingungen, da der Fräser um die Werkstückecke „herumgewälzt" wird. Da der effektive Vorschub an der Werkstückecke gleich Null ist, und sich der Schleppfehler der Steuerung nachteilig auswirkt, wird die Werkstückecke abgerundet.

Verlängert die Steuerung jedoch die beiden Äquidistanten bis zu ihrem Schnittpunkt, wird der Nachteil der Eckenrundung aufgehoben, da der Fräser die Werkstückecke überfährt.

Bei spitzwinkligen Außenkonturen und großen Werkzeugdurchmessern liegt der Schnittpunkt der Äquidistanten jedoch weit außerhalb der Kontur. Der Fräser muss lange Wege im Vorschub fahren. Deshalb fügen viele CNC-Steuerungen hier als „Abkürzung" eine Übergangsellipse ein.

Eine weitere Möglichkeit ist das Überfahren der Ecke um den Fräserradius R und das Einfügen einer Übergangsgeraden zur Äquidistante.

10 Werkzeug- und Bahnkorrekturen

10.1 Werkzeugkorrekturen beim Fräsen

10.1.3 Anfahren an Konturen

Beim Anfahren und Wegfahren von Konturen bei gleichzeitigem Anwählen oder Ändern der Werkzeugkorrektur kann es oft zu Kollisionen mit dem Werkstück oder Spannmitteln kommen. Deshalb ist es ratsam, grundsätzlich zuerst einen Hilfspunkt anzufahren und danach erst den ersten Zielpunkt zu programmieren.

Rechtwinkliges Anfahren an Konturen
Wird die Kontur rechtwinklig angefahren, kann man die Wegbedingungen G43 (Werkzeugversatz in positiver Richtung) und G44 (Werkzeugversatz in negativer Richtung) anwenden und danach mit der Fräserradiuskorrektur G41 oder G42 weiterprogrammieren.

Tangentiales Anfahren an Konturen
Um Schneidmarken zu vermeiden, wird beim Schlichten die Kontur tangential angefahren bzw. verlassen.

Schräges Anfahren an Konturen
Um Kollisionen zu vermeiden, wird zuerst der Hilfspunkt P1 angefahren. Durch die Anwahl von G41 wird beim Anfahren der Kontur der Fräser um seinen Radius versetzt.

Rechtwinkliges Anfahren

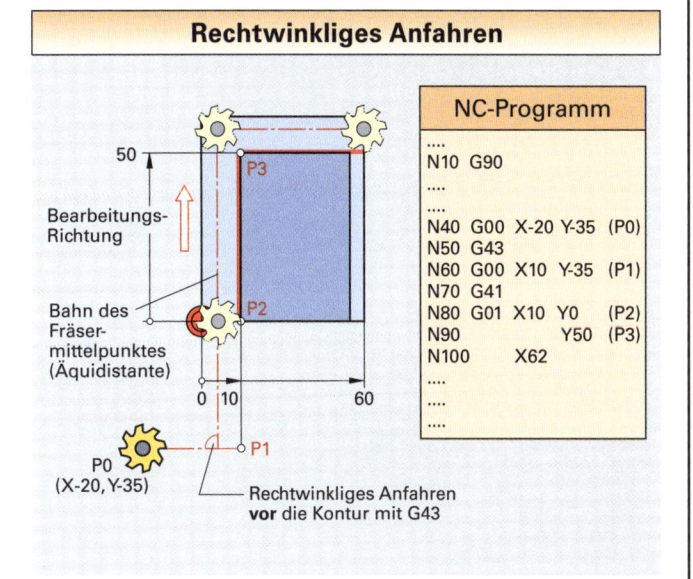

NC-Programm
```
....
N10  G90
....
N40  G00  X-20 Y-35  (P0)
N50  G43
N60  G00  X10  Y-35  (P1)
N70  G41
N80  G01  X10  Y0    (P2)
N90            Y50   (P3)
N100      X62
....
....
```

Rechtwinkliges Anfahren **vor** die Kontur mit G43

Tangentiales An- und Wegfahren

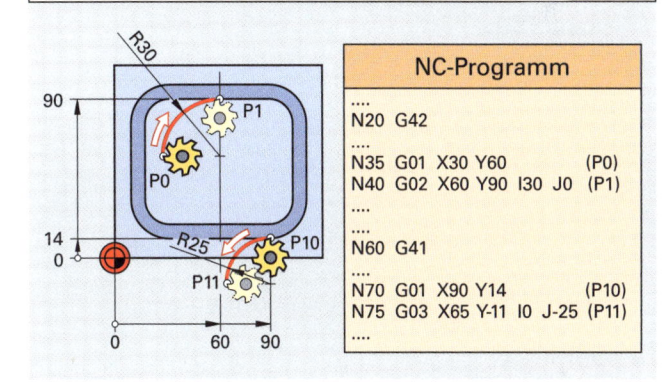

NC-Programm
```
....
N20  G42
....
N35  G01  X30 Y60             (P0)
N40  G02  X60 Y90  I30 J0     (P1)
....
....
N60  G41
....
N70  G01  X90 Y14             (P10)
N75  G03  X65 Y-11 I0 J-25    (P11)
....
```

Schräges Anfahren an Konturen

Koordinaten		
	X	Y
P0	-40	-60
P1	10	-13
P2	10	6
P3	10	50
P4	65	50
P5	65	-13

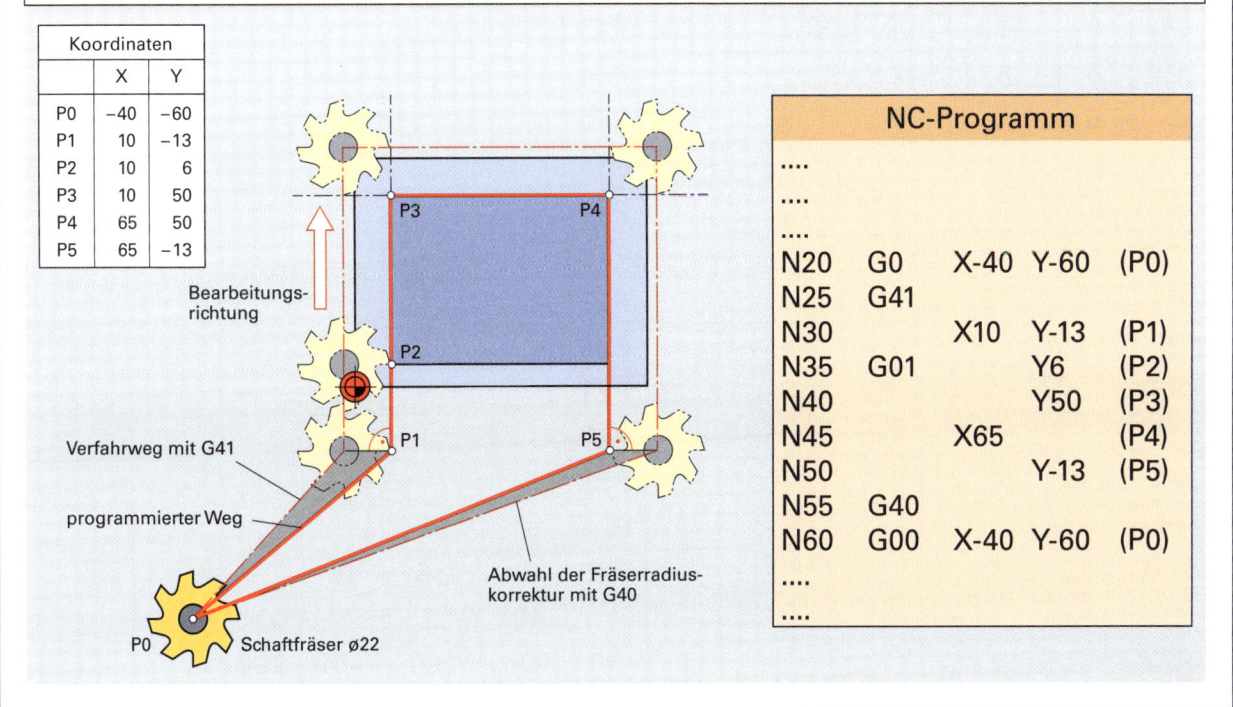

Verfahrweg mit G41
programmierter Weg
Abwahl der Fräserradiuskorrektur mit G40
Schaftfräser ø22

NC-Programm
```
....
....
....
N20  G0   X-40  Y-60  (P0)
N25  G41
N30       X10   Y-13  (P1)
N35  G01        Y6    (P2)
N40             Y50   (P3)
N45       X65         (P4)
N50             Y-13  (P5)
N55  G40
N60  G00  X-40  Y-60  (P0)
....
....
```

10 Werkzeug- und Bahnkorrekturen

10.1 Werkzeugkorrekturen beim Fräsen

10.1.4 Übungsaufgabe

Die Konturplatte aus S235JR wird auf einer CNC-Fräsmaschine gefertigt.
Tragen Sie die fehlenden Punkte (P7– P24) für die Wegeinformationen in die Zeichnung ein.
Ermitteln Sie die Wegeinformationen und erstellen Sie ein CNC-Programm für die Kontur.

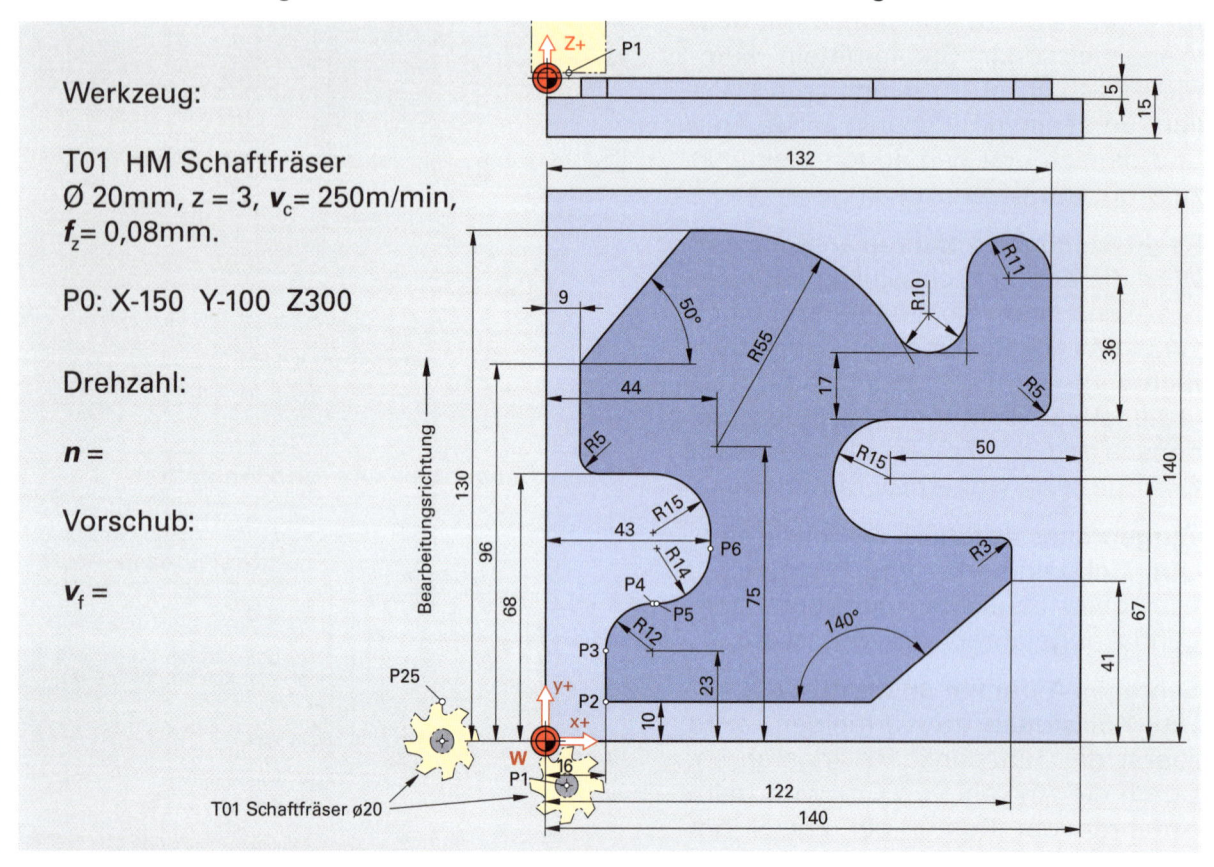

Werkzeug:

T01 HM Schaftfräser
Ø 20mm, z = 3, v_c= 250m/min,
f_z= 0,08mm.

P0: X-150 Y-100 Z300

Drehzahl:

$n =$

Vorschub:

$v_f =$

Wegeinformationen

	G	X	Y	Z	I	J		G	X	Y	Z	I	J
P0	0	-150	-100	300			P13						
P1	0	6	-12	2			P14						
	0			-5			P15						
		41					P16						
P2							P17						
P3							P18						
P4							P19						
P5							P20						
P6							P21						
P7							P22						
P8							P23						
P9							P24						
P10							P25	1	-35	10			
P11									40				
P12							P0	0	-150	-100	300		

10 Werkzeug- und Bahnkorrekturen

10.1 Werkzeugkorrekturen beim Fräsen

Programmanweisungen	Erläuterungen	
%50834	Programmnummer	
N1 G90 G54	Absolutbemaßung, gespeicherte Nullpunktverschiebung (S. 76)	

Die Zuordnung des Korrekturspeichers kann, je nach Steuerung, innerhalb des Programms, z. B. bei der Adresse T01**01** oder außerhalb des Programms extern zugeordnet werden (T01).

10 Werkzeug- und Bahnkorrekturen
10.2 Werkzeugkorrekturen beim Drehen

Korrekturspeicher für Drehwerkzeuge haben in der Regel sechs Korrekturparameter:
- Q für die Querablage
- L für die Längenkorrektur
- R für die Schneidenradiuskorrektur
- LK für die Lagekennziffer der Schneide
- FX und FZ für die Feinkorrektur in X- und Z-Richtung

Die Anwahl des Korrekturspeichers erfolgt über die letzte Ziffergruppe des T-Wortes, z.B. T0103 für das Werkzeug 01 und den Korrekturspeicher 03.

10.2.1 Werkzeuglagen-Korrektur

Drehwerkzeuge sind meist in einem Werkzeugrevolver eingespannt und haben zum Werkzeugeinstellpunkt E eine Lagedifferenz sowohl in X- als auch in Z-Richtung. Diese Korrekturwerte werden im Werkzeugvoreinstellgerät ermittelt und im Korrekturspeicher unter Q und L abgelegt.

Werkzeugmaß-Korrektur

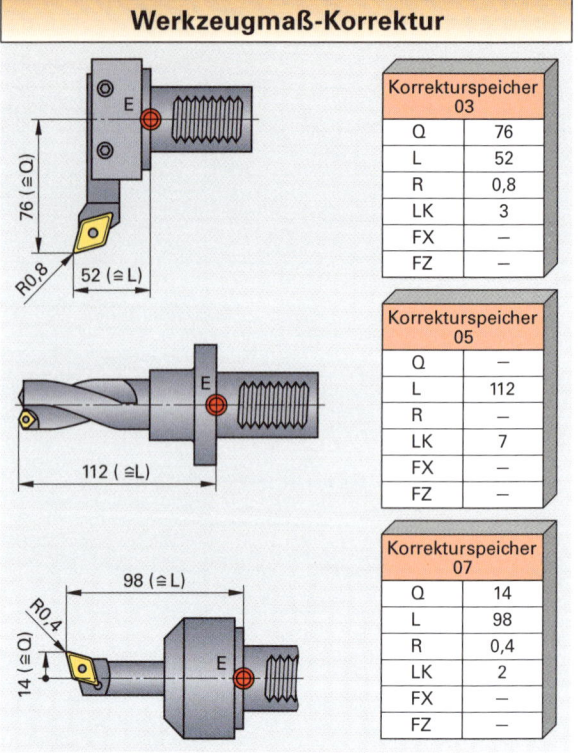

Korrekturspeicher 03	
Q	76
L	52
R	0,8
LK	3
FX	—
FZ	—

Korrekturspeicher 05	
Q	—
L	112
R	—
LK	7
FX	—
FZ	—

Korrekturspeicher 07	
Q	14
L	98
R	0,4
LK	2
FX	—
FZ	—

Berücksichtigung der Werkzeugmaße

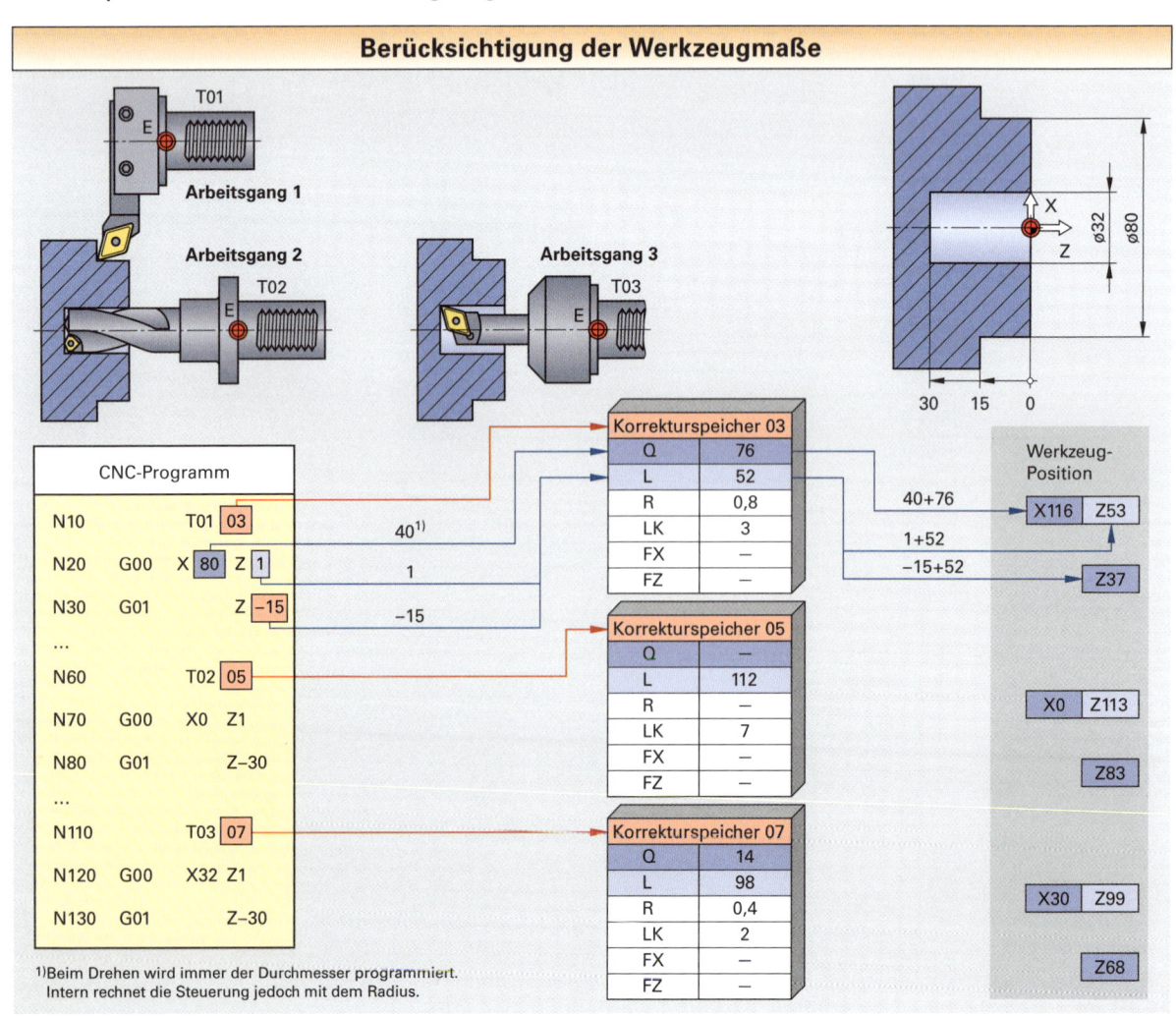

CNC-Programm:
```
N10     T01 03
N20     G00   X 80  Z 1       40¹⁾
N30     G01         Z -15
...
N60     T02 05
N70     G00   X0    Z1
N80     G01         Z-30
...
N110    T03 07
N120    G00   X32   Z1
N130    G01         Z-30
```

Korrekturspeicher 03	
Q	76
L	52
R	0,8
LK	3
FX	—
FZ	—

40+76 → X116 Z53
1+52
−15+52 → Z37

Korrekturspeicher 05	
Q	—
L	112
R	—
LK	7
FX	—
FZ	—

Werkzeug-Position: X0 Z113 ; Z83

Korrekturspeicher 07	
Q	14
L	98
R	0,4
LK	2
FX	—
FZ	—

X30 Z99 ; Z68

¹⁾Beim Drehen wird immer der Durchmesser programmiert. Intern rechnet die Steuerung jedoch mit dem Radius.

10 Werkzeug- und Bahnkorrekturen
10.2 Werkzeugkorrekturen beim Drehen

10.2.2 Schneidenradiuskompensation (SRK)

Der Werkzeugschneidenpunkt P ist der Bezugspunkt für die Steuerung. Um die Standzeit des Drehmeißels zu erhöhen und die Oberflächenbeschaffenheit des Werkstücks zu verbessern, wird die Schneidenspitze des Drehmeißels abgerundet.

Das führt bei Werkstückkonturen, die nicht achsparallel sind, zu Konturverzerrungen. CNC-Steuerungen beheben diesen Mangel durch die Schneidenradiuskompensation. Der Schneidenradius wird als Korrekturwert programmunabhängig in die Steuerung eingegeben und von dieser entsprechend berücksichtigt.

10.2.3 Lage der Schneidenspitze

Je nach Einstellwinkel des Drehmeißels liegt die theoretische Schneidenspitze P rechts oder links vom tatsächlichen Bearbeitungspunkt B. Da die Steuerung dies berücksichtigen muss, wird zusätzlich die Lage der Schneidenspitze mit einer Lagekennziffer im Korrekturspeicher angegeben.

10.2.4 Feinkorrekturen

Um Einflüsse der Bearbeitung und den Verschleiß der Werkzeugschneide zu kompensieren, werden die beiden Feinkorrektur-Speicher FX und FZ eingesetzt.

Konturverzerrung

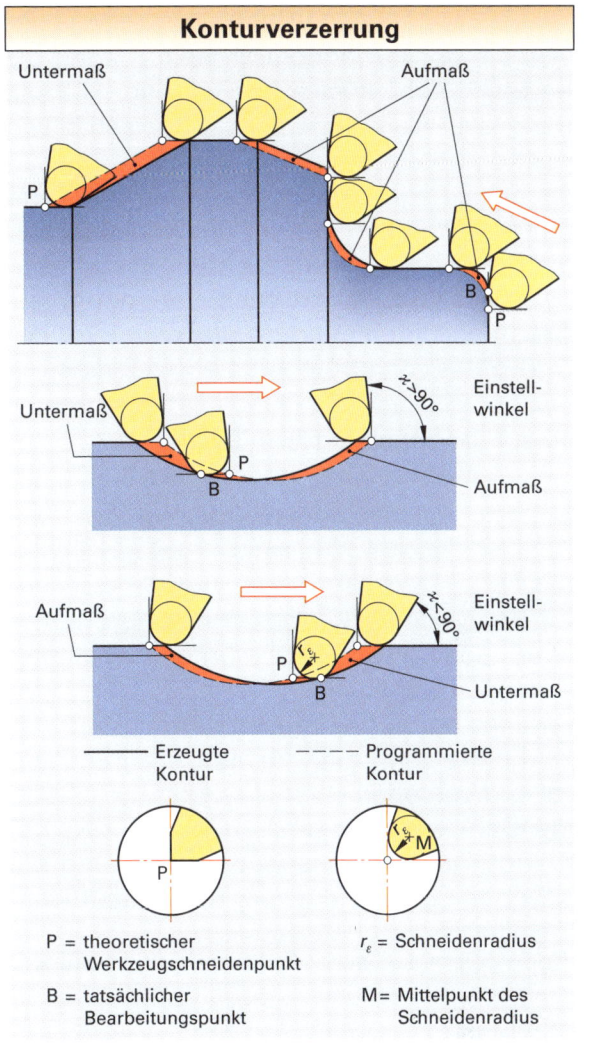

- Erzeugte Kontur
- - - - Programmierte Kontur

P = theoretischer Werkzeugschneidenpunkt
B = tatsächlicher Bearbeitungspunkt
r_ε = Schneidenradius
M = Mittelpunkt des Schneidenradius

Lage des Werkzeugschneidenpunkts

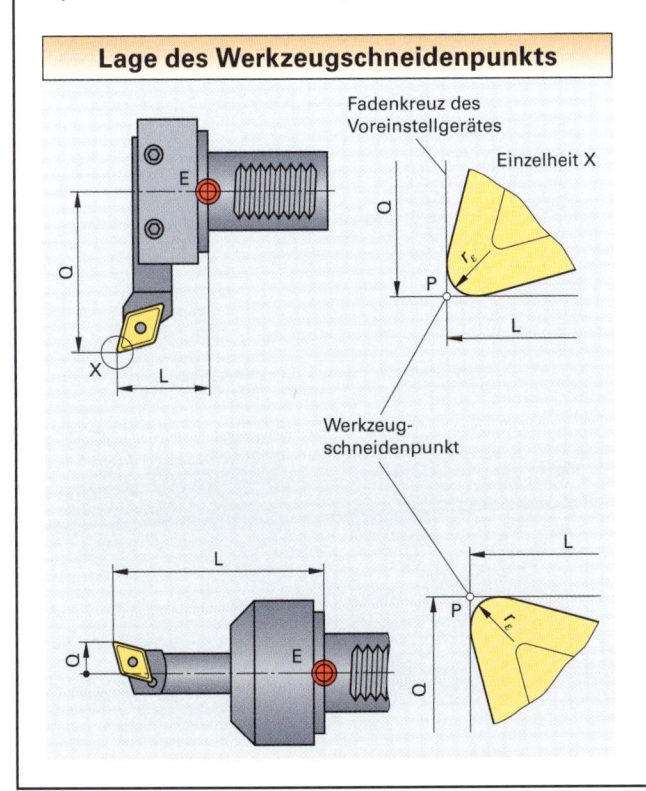

Lagekennziffern

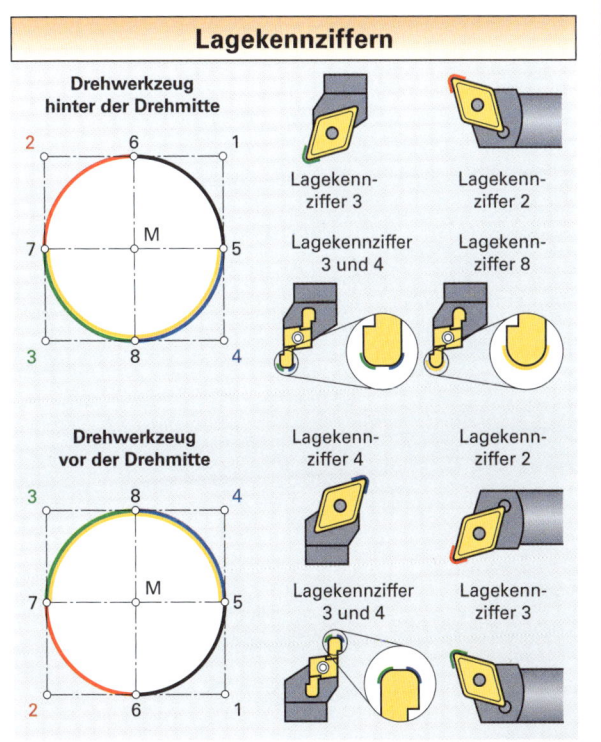

Drehwerkzeug hinter der Drehmitte
- Lagekennziffer 3
- Lagekennziffer 2
- Lagekennziffer 3 und 4
- Lagekennziffer 8

Drehwerkzeug vor der Drehmitte
- Lagekennziffer 4
- Lagekennziffer 2
- Lagekennziffer 3 und 4
- Lagekennziffer 3

10 Werkzeug- und Bahnkorrekturen
10.2 Werkzeugkorrekturen beim Drehen

10.2.5 Korrekturrichtung

Wie bei der Fräserradiuskorrektur legen die beiden Wegbedingungen G41 und G42 die Bahn des Werkzeugs links oder rechts von der Kontur fest.

Je nach Lage des Drehmeißels vor oder hinter der Drehmitte, ist die Blickrichtung auf die X-Z-Ebene zu beachten. Bei Schrägbettmaschinen blickt man von oben, bei Drehmaschinen mit dem Werkzeug vor der Drehmitte von unten auf die X-Z-Ebene.

10.2.6 Bahnkorrekturen bei Mehrschlittenmaschinen

Bei Mehrschlittenmaschinen ist z.B. ein Schlitten vor der Drehmitte und ein Schlitten hinter der Drehmitte angeordnet. Die XZ-Ebene des Schlittens vor der Drehmitte wird nach DIN 66 217 von unten betrachtet. Daraus ergibt sich:

Bedingt durch die andere Betrachtung der XZ-Ebene kehrt sich für den Programmierer, der von oben auf das Werkstück schaut, die Bahnkorrektur um.

Klappt man zur besseren Anschauung die XZ-Ebene um, wird dieser Effekt deutlich.

Drehwerkzeug hinter der Drehmitte
- Drehwerkzeug links von der Kontur (G41) — Äquidistante
- Drehwerkzeug rechts von der Kontur (G42) — Äquidistante

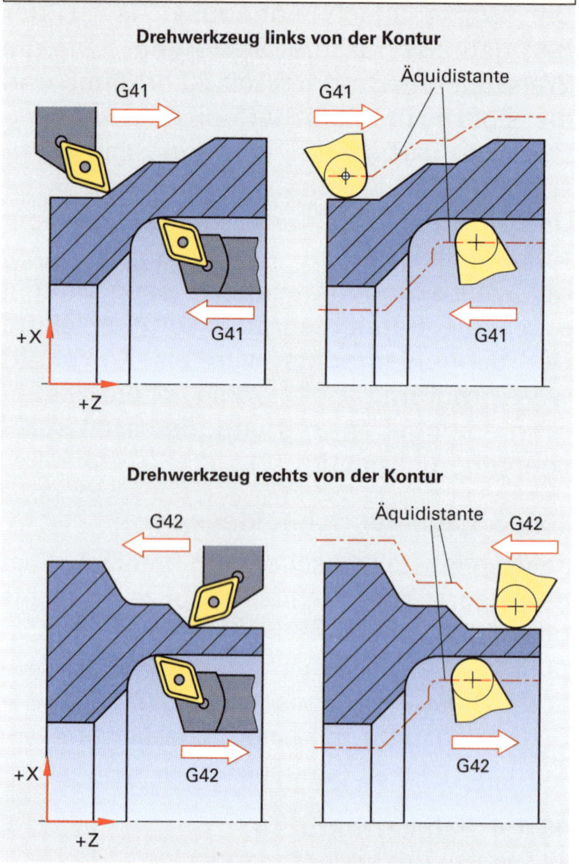

Koordinatenachsen bei Mehrschlittenmaschinen
- Drehmeißel hinter der Drehmitte — Blickrichtung auf die XZ-Ebene von oben
- Drehmeißel vor der Drehmitte — Blickrichtung auf die XZ-Ebene von unten

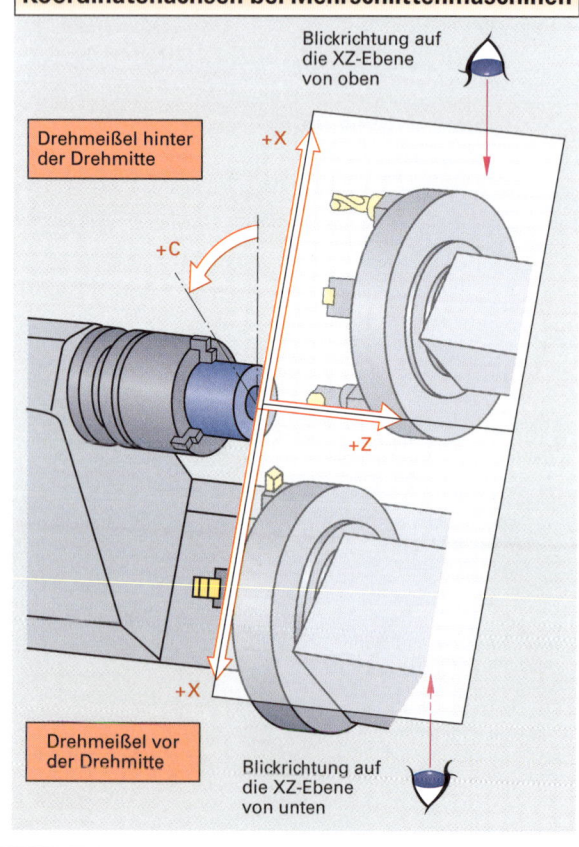

Drehwerkzeug vor der Drehmitte
- Drehwerkzeug links von der Kontur (G41) — XZ-Ebene nach oben geklappt
- Drehwerkzeug rechts von der Kontur (G42) — XZ-Ebene nach oben geklappt

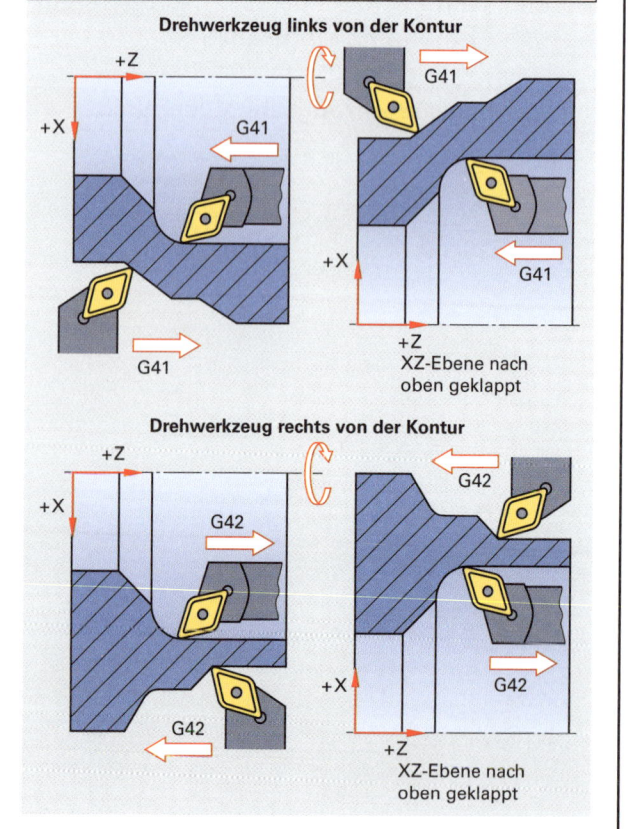

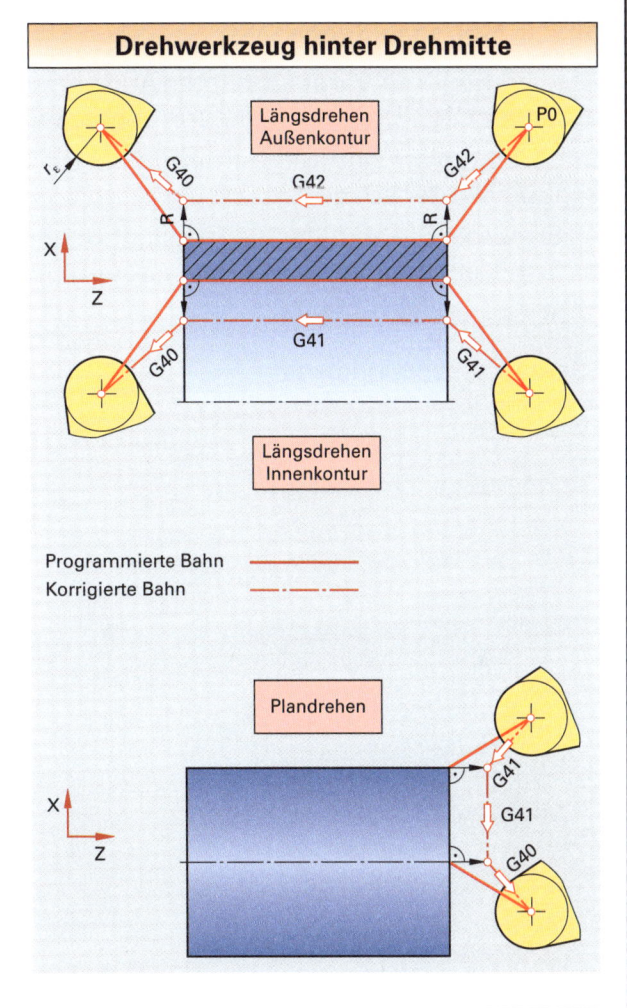

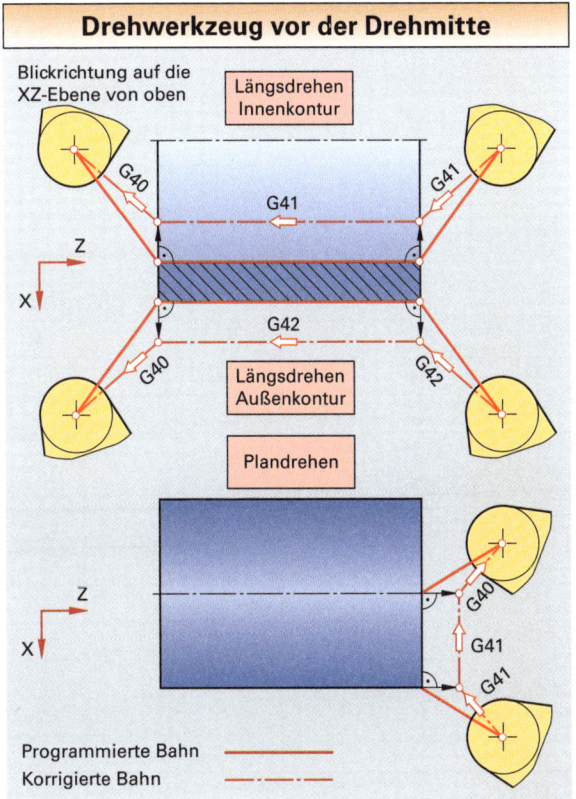

10 Werkzeug- und Bahnkorrekturen
10.2 Werkzeugkorrekturen beim Drehen

10.2.7 Anfahren an Konturen

Die Schneidenradiuskorrektur (SRK) mit G41 oder G42 wird erst in einem Satz mit Wegbedingungen wirksam. Die Steuerung errichtet auf dem nächsten anzufahrenden Punkt einen senkrechten Vektor mit der Länge R (= Schneidenradius r_ε). Der Endpunkt des Vektors ist die Position des anzufahrenden Punktes.

Beispiel:

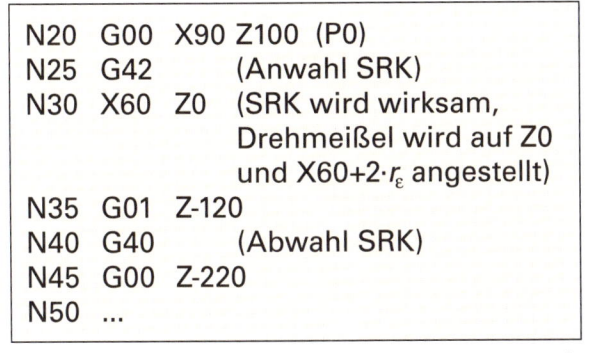

```
N20  G00  X90 Z100  (P0)
N25  G42            (Anwahl SRK)
N30       X60  Z0   (SRK wird wirksam,
                    Drehmeißel wird auf Z0
                    und X60+2·r_ε angestellt)
N35  G01  Z-120
N40  G40            (Abwahl SRK)
N45  G00  Z-220
N50  ...
```

Um beim Anfahren Kollisionen zu vermeiden, muss der Drehmeißel um den Schneidenradius r_ε und den Sicherheitsabstand versetzt sein.

Beim Plandrehen vermeidet man Butzenbildung, indem man die Werkstückmitte um 2·Schneidenradius r_ε überfährt.

10 Werkzeug- und Bahnkorrekturen
10.2 Werkzeugkorrekturen beim Drehen

10.2.8 Übungsaufgabe

Das Drehteil mit vorbearbeiteter Außen- und Innenkontur aus C45 (R_m 580 N/mm²) wird auf einer CNC-Drehmaschine mit Werkzeugrevolver gefertigt.

Im Arbeitsplan sind die Schnittdaten für die Schnittgeschwindigkeit v_c sowie der Vorschub f vorgegeben.

a) Ermitteln Sie mithilfe des Tabellenbuches die Formeln zur Berechnung der Schnittdaten.
b) Ermitteln Sie die Wegeinformationen und erstellen Sie das CNC-Programm.

Berechnung der Schnittdaten	Formel
Schnittgeschwindigkeit	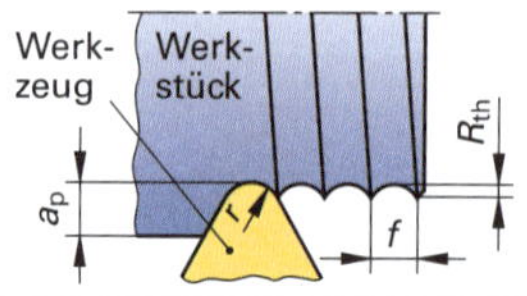
Drehzahl	
Vorschubgeschwindigkeit	

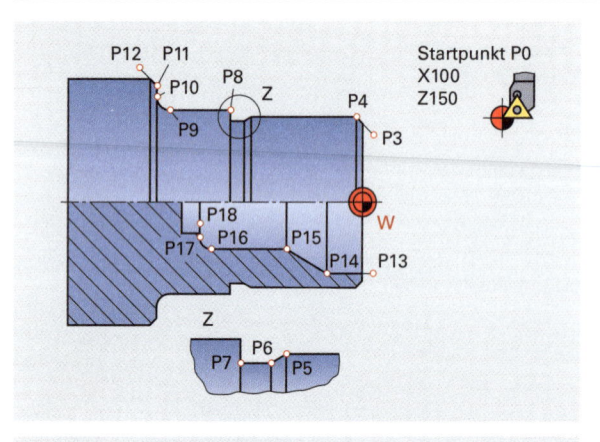

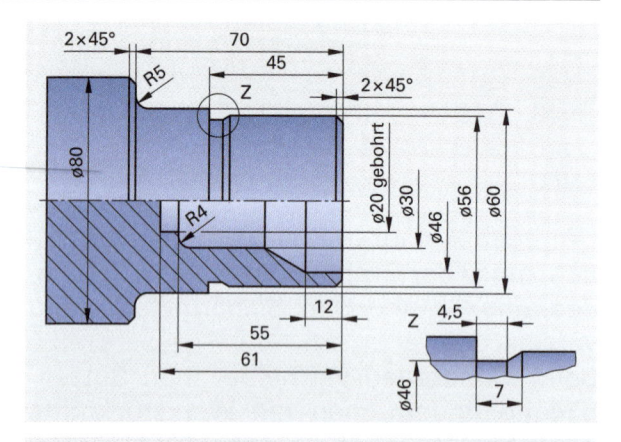

Werkzeuge — Werkstück: Drehteil — Programm-Nr. %91124

Werkzeug-Nummer	Werkzeug-Bezeichnung	Schneidstoff	Werkzeug
T01	Plandrehmeißel r_ε = 0,6	HC-P20	
T04	Bohrstange links r_ε = 0,4	HC-P20	
T06	Seitendrehmeißel r_ε = 0,4, links, 55°	HC-P20	

Arbeitsplan — Werkstück: Drehteil — Werkstoff: C45 — Programm-Nr. %91124
Werkzeugwechselpunkt X100 Z150

Nr.	Arbeitsgang	Werkzeug-Nummer	r_ε in mm	v_c in m/min	f in mm
1	rechte Stirnseite planen	T0101	0,6		
2	Innenkontur ausdrehen	T0494	0,4		
3	Außenkontur drehen	T0606	0,4		

Wegeinformationen

	G	X	Z	I	K		G	X	Z	I	K
P0	00	100	150			P11					
P1	00	70	0			P12		84			
P2	01	30						40			
	42							41			
P3	00	48	2			P13	00	46	2		
P4						P14					
P5						P15					
P6						P16					
P7						P17					
P8						P18		16			
P9								40			
P10							00		2		

10 Werkzeug- und Bahnkorrekturen
10.2 Werkzeugkorrekturen beim Drehen

Programmanweisungen	Erläuterungen	
%91124	Programmnummer	
N1 G54	gespeicherte Nullpunktverschiebung (S. 76)	
N2 G92 S5000 M04	Drehzahlbegrenzung S5000, Spindel Linkslauf	

11 Bezugspunktverschiebungen
11.1 Nullpunktverschiebung (NPV)

Nach dem Anfahren des Referenzpunktes R beziehen sich alle Istwerte auf den Maschinennullpunkt M. Da sich die Koordinatenangaben im Programm jedoch auf den Werkstücknullpunkt W beziehen, muss das Koordinatensystem zum Werkstücknullpunkt W verschoben werden.

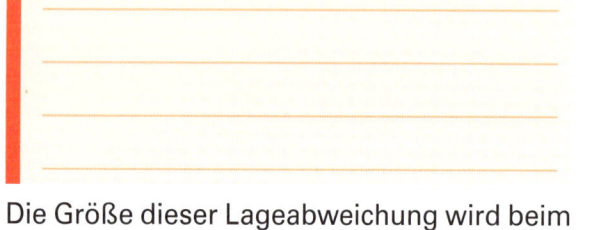

Nullpunktverschiebung Fräsen

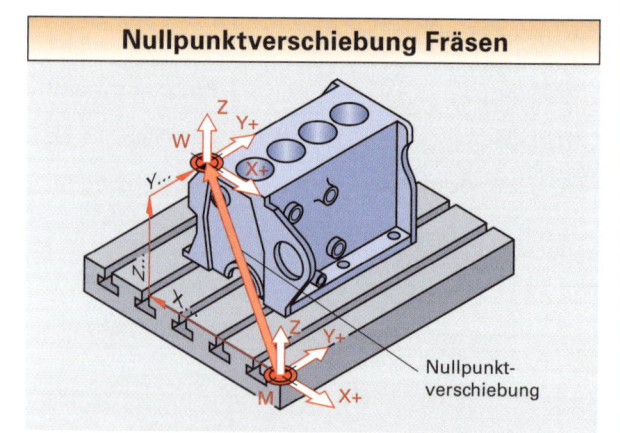

Die Größe dieser Lageabweichung wird beim Fräsen mit einem 3D-Messtaster oder Kantentaster ermittelt und in den Korrekturspeicher für die Nullpunktverschiebung abgelegt. Beim Aufruf einer Nullpunktverschiebung addiert die Steuerung diese Korrekturwerte den programmierten Werten hinzu.

Nullpunktverschiebung Drehen

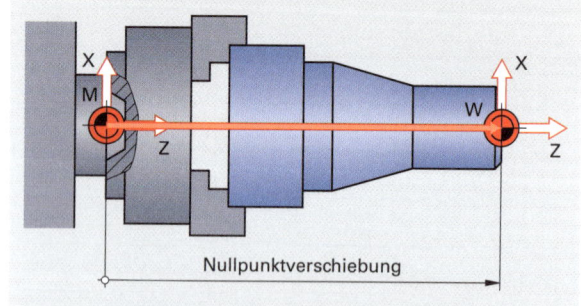

Drehmaschine mit 7 Achsen

11.1.1 Besonderheiten der NPV

Nullpunktverschiebungen werden mit den genormten Wegbedingungen G54 bis G59 aufgerufen und mit G53 wieder abgewählt.
Um höhere Taktzeiten und kürzere Durchlaufzeiten zu erreichen, werden heute Komplett-Bearbeitungsmaschinen mit bis zu vier Werkzeugrevolvern und über 10 NC-Achsen eingesetzt. Drehmaschinen arbeiten mit Haupt- und Gegenspindel und angetriebenen Werkzeugen mit mehreren Revolverköpfen gleichzeitig. Bei der flexiblen Fertigung werden durch die Bearbeitung von unterschiedlichen Werkstücken in beliebiger Reihenfolge mehr Nullpunktverschiebungen benötigt, als die Norm zulässt.
Deshalb verwenden die Steuerungshersteller oft Korrekturspeicher, die über dreistellige, nicht genormte Wegbedingungen, wie z.B. G154, angewählt werden.
Die nachfolgenden G-Funktionen für die NPV sind deshalb nicht verbindlich.

11 Bezugspunktverschiebungen
11.1 Nullpunktverschiebung (NPV)

11.1.2 Programmierbare Nullpunktverschiebung

Sie wird verwendet, wenn die Verschiebung des Nullpunktes bei der Programmerstellung schon feststeht.

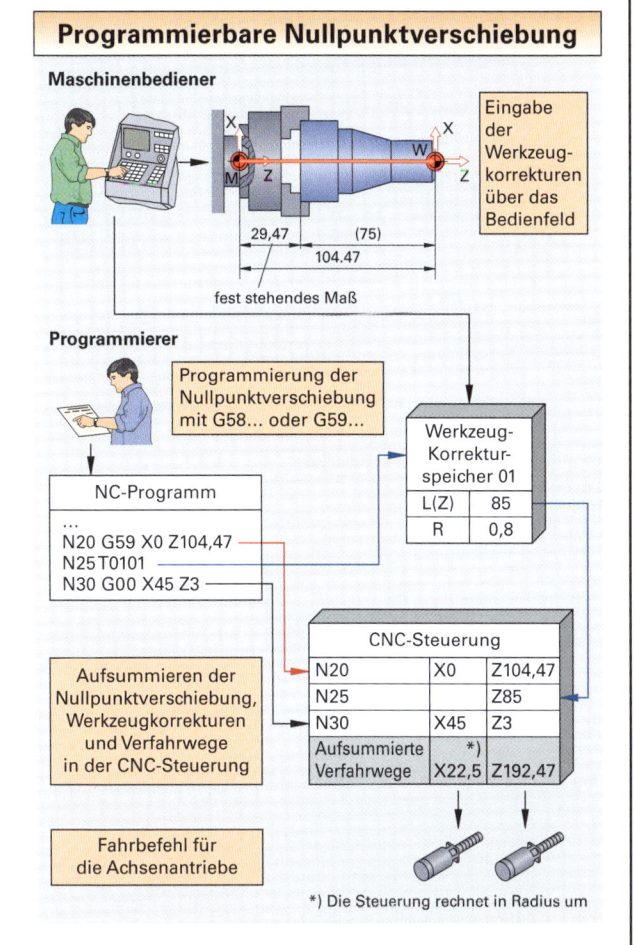

Inkremental programmierbare NPV mit G58
Diese Nullpunktverschiebung wird oft auch additive Nullpunktverschiebung genannt. Die Anwahl erfolgt z. B. mit G58. Die Koordinatenwerte dieser NPV werden auf den vorangegangenen Nullpunkt aufaddiert.

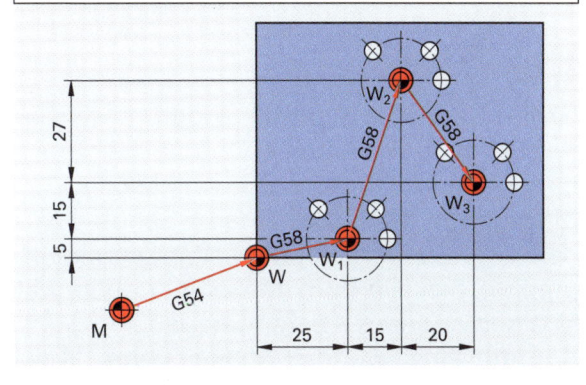

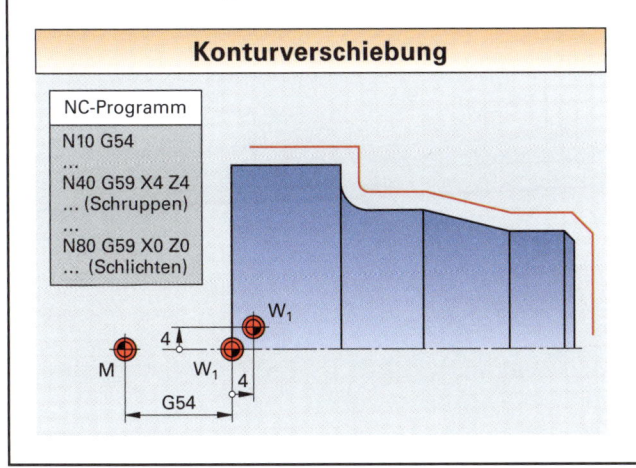

Absolut programmierbare NPV mit G59
Die Anwahl erfolgt mit G59 und löscht die zuletzt mit G58 oder G59 programmierte NPV. Die Koordinatenwerte beziehen sich dann auf die mit G54 angewählte NPV. Durch den Einsatz von Unterprogrammen und der programmierbaren NPV wird die Programmierung verkürzt. Um z. B. bei Drehteilen ein Schlichtaufmaß zu erreichen, wird die Gesamtkontur mit G59 in X- und Z-Richtung verschoben.

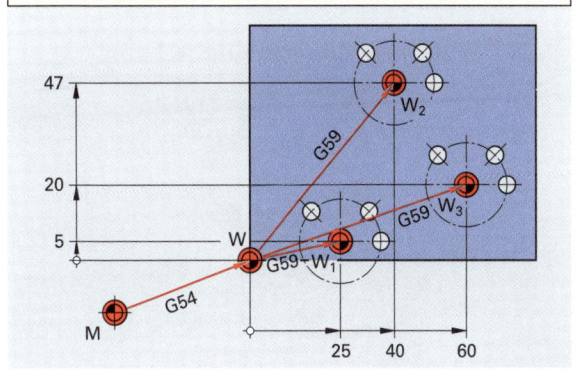

11 Bezugspunktverschiebungen
11.1 Nullpunktverschiebung (NPV)

11.1.3 Gespeicherte Nullpunktverschiebung

Sie wird verwendet, wenn die Verschiebung des Nullpunktes bei der Programmerstellung noch nicht bekannt ist.
Die gespeicherte Nullpunktverschiebung wird in der Praxis oft auch einstellbare NPV genannt.

Große Bedeutung hat die programmierbare Bezugspunktverschiebung bei der Bearbeitung auf Dreh- und Schwenktischen.
Man benötigt z. B. bei einer 4-Seiten-Bearbeitung vier verschiedene Werkstücknullpunkte, die alle zum Maschinennullpunkt M einen anderen Abstand haben.
Kommt eine weitere schwenkbare Achse hinzu, vervielfacht sich die Anzahl der Werkstücknullpunkte.

Gespeicherte Nullpunktverschiebung

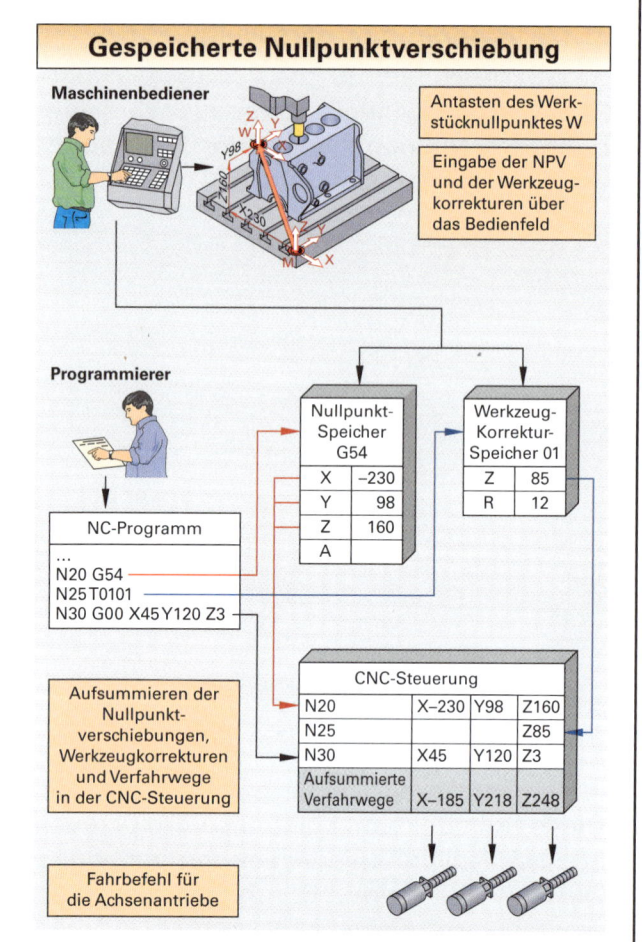

Maschinenbediener
- Antasten des Werkstücknullpunktes W
- Eingabe der NPV und der Werkzeugkorrekturen über das Bedienfeld

Programmierer

NC-Programm
```
...
N20 G54
N25 T0101
N30 G00 X45 Y120 Z3
```

Nullpunkt-Speicher G54

X	–230
Y	98
Z	160
A	

Werkzeug-Korrektur-Speicher 01

| Z | 85 |
| R | 12 |

Aufsummieren der Nullpunktverschiebungen, Werkzeugkorrekturen und Verfahrwege in der CNC-Steuerung

CNC-Steuerung

N20	X–230	Y98	Z160
N25			Z85
N30	X45	Y120	Z3
Aufsummierte Verfahrwege	X–185	Y218	Z248

Fahrbefehl für die Achsenantriebe

4-Seiten-Bearbeitung

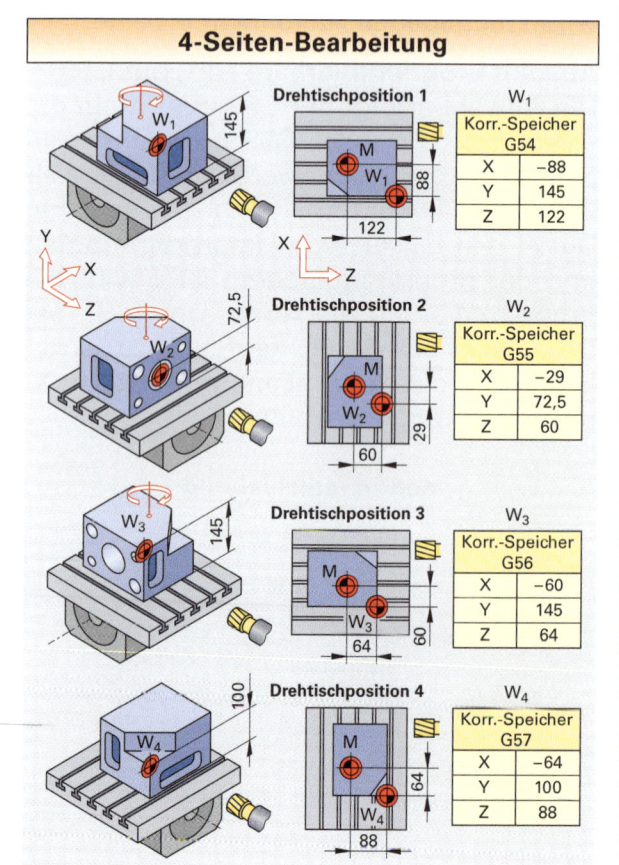

Drehtischposition 1 — W₁
Korr.-Speicher G54

X	–88
Y	145
Z	122

Drehtischposition 2 — W₂
Korr.-Speicher G55

X	–29
Y	72,5
Z	60

Drehtischposition 3 — W₃
Korr.-Speicher G56

X	–60
Y	145
Z	64

Drehtischposition 4 — W₄
Korr.-Speicher G57

X	–64
Y	100
Z	88

Fräsmaschine mit fünf Achsen

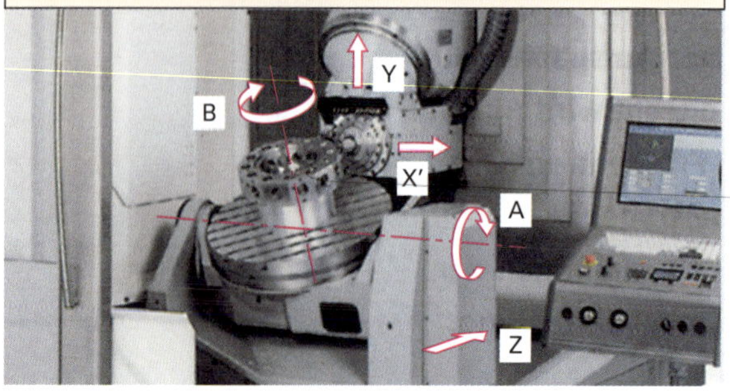

11 Bezugspunktverschiebungen
11.1 Nullpunktverschiebung (NPV)

11.1.4 Übungsaufgabe – gespeicherte Nullpunktverschiebung

Ein Motorblock wird in einer Aufspannung auf einem Drehtisch von vier Seiten bearbeitet.
a) Tragen Sie die Achsbezeichnungen und die fehlenden Maße ein.
b) Ermitteln Sie zu den Drehtischposition 1 bis 4 die zugehörigen Nullpunktverschiebungen für die Werkstücknullpunkte W_1 bis W_4 und tragen Sie diese in die Korrekturspeicher ein.

Gespeicherte Nullpunktverschiebung

Drehtischposition 1

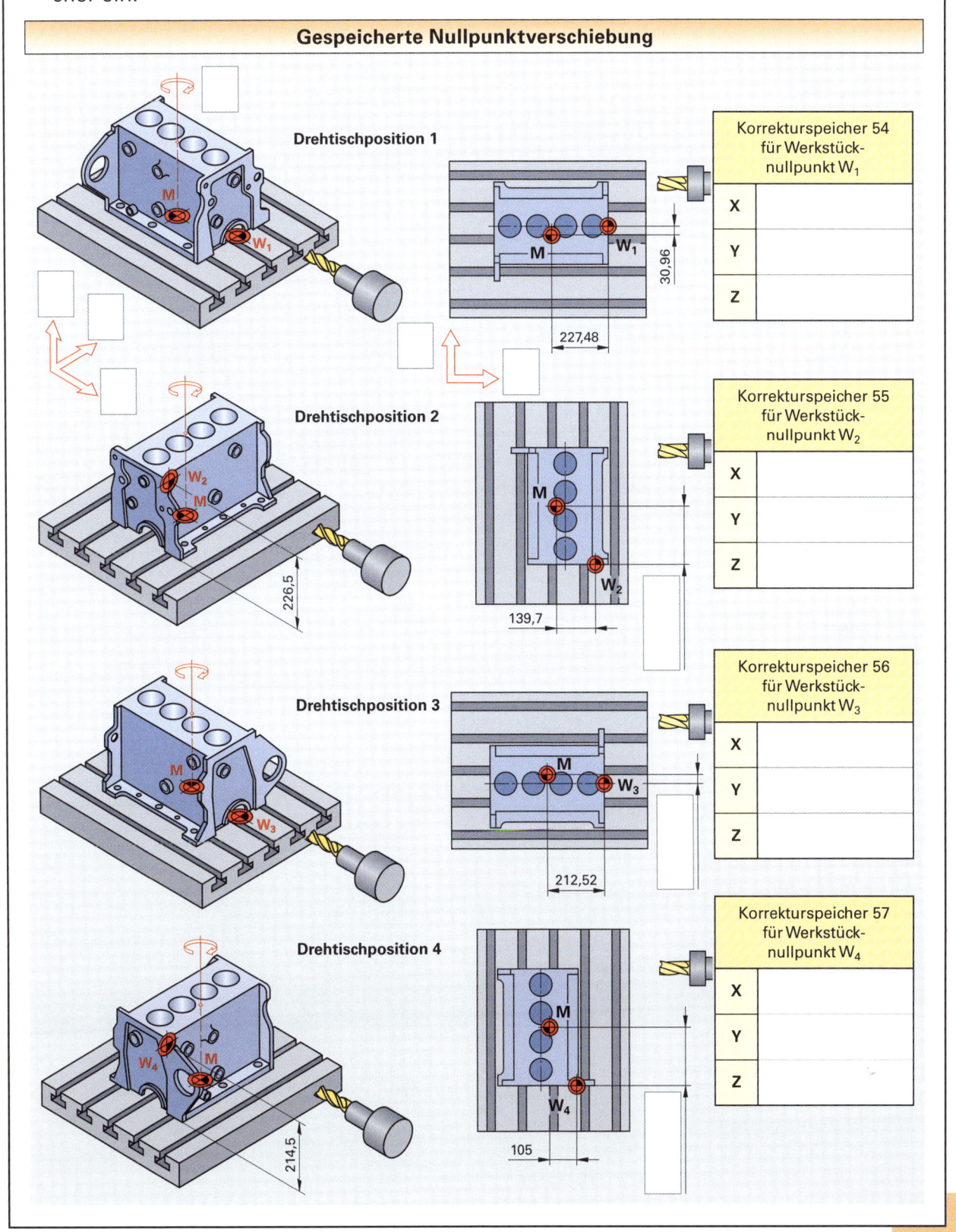

Korrekturspeicher 54 für Werkstücknullpunkt W_1	
X	
Y	
Z	

Drehtischposition 2

Korrekturspeicher 55 für Werkstücknullpunkt W_2	
X	
Y	
Z	

Drehtischposition 3

Korrekturspeicher 56 für Werkstücknullpunkt W_3	
X	
Y	
Z	

Drehtischposition 4

Korrekturspeicher 57 für Werkstücknullpunkt W_4	
X	
Y	
Z	

11 Bezugspunktverschiebungen
11.2 Koordinatendrehung (KD)

Zusätzlich zur Nullpunktverschiebung kann das Koordinatensystem des Werkstücks um einen beliebigen Winkel gedreht werden. Der Ablauf des NC-Programms erfolgt dann im gedrehten Koordinatensystem. Die Koordinatendrehung kommt zum Einsatz, wenn mehrmals wiederkehrende gleiche Bearbeitungsvorgänge, wie z.B. Bohrbilder, Nuten oder Taschen mit den gleichen Maßen vorkommen.

11.2.1 Programmierbare Koordinatendrehung (KD)

Die Parameter für die Drehung werden direkt im NC-Programm mit G58 oder G59 zusammen mit dem Buchstaben A und dem Drehwinkel festgelegt.
Im gleichen Satz ist es möglich, zusätzlich noch eine Nullpunktverschiebung anzugeben.
Man unterscheidet:

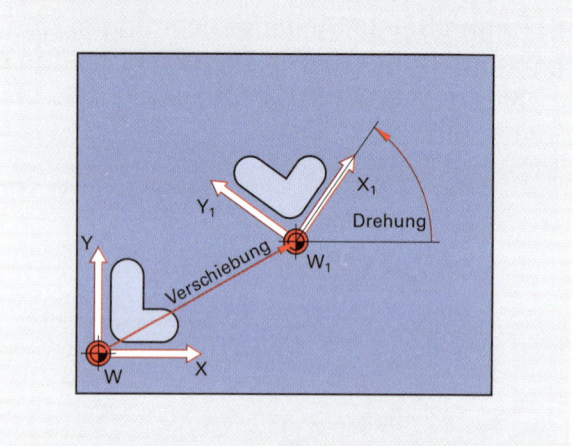

Die inkremental programmierbare Koordinatendrehung
Diese Koordinatendrehung wird auch oft additive programmierbare Koordinatendrehung genannt.
Die Anwahl erfolgt mit G58. Der angegebene Winkel wird immer auf den vorangegangenen Winkel aufaddiert.

Die absolut programmierbare Koordinatendrehung
Die Anwahl erfolgt mit G59 und löscht die zuletzt mit G58 oder G59 programmierte Koordinatendrehung. Die Winkel beziehen sich dann auf das mit G54 angewählte Koordinatensystem mit dem Werkstücknullpunkt W.

Prinzip der Koordinatendrehung

Inkrementale programmierbare Koordinatendrehung

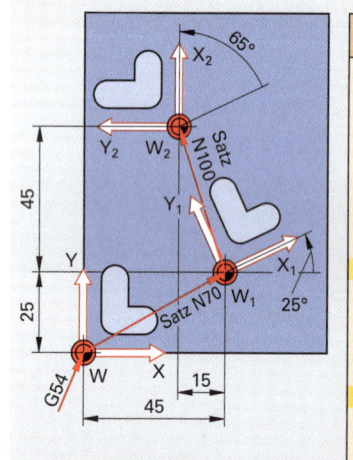

NC-Programm
N10 G54
N15 ...
N20 ...
...
N45 ... (Fräsen der
N50 ...Tasche)
N55 ...
N60 ...
N65 ...
N70 G58 X45 Y25 A25
N75 ... (Fräsen der
N80 ...Tasche)
N85 ...
N90 ...
N95 ...
N100 G58 X-15 Y45 A65
N105 ... (Fräsen der
N110 ...Tasche)
N115 ...
N120 ...

Absolut programmierbare Koordinatendrehung

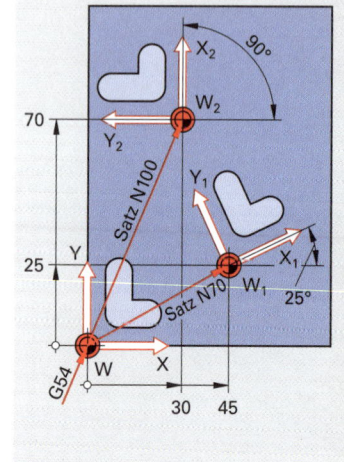

NC-Programm
N10 G59
N15 ...
N20 ...
...
N45 ... (Fräsen der
N50 ...Tasche)
N55 ...
N60 ...
N65 ...
N70 G59 X45 Y25 A25
N75 ... (Fräsen der
N80 ...Tasche)
N85 ...
N90 ...
N95 ...
N100 G59 X30 Y70 A90
N105 ... (Fräsen der
N110 ...Tasche)
N115 ...
N120 ...

11 Bezugspunktverschiebungen
11.2 Koordinatendrehung (KD)

11.2.2 Gespeicherte Koordinatendrehung (KD)

Sie wird verwendet, wenn die Koordinatendrehung bei der Programmerstellung noch nicht bekannt ist. Die gespeicherte Koordinatendrehung wird in der Praxis oft auch einstellbare KD genannt.

Spiegelung um Achsen

Spiegeln um eine Achse | Spiegeln um zwei Achsen

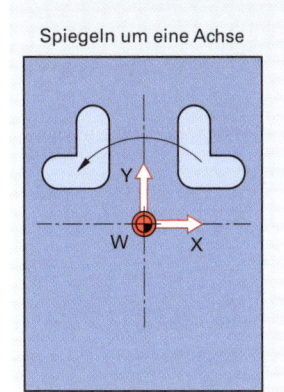

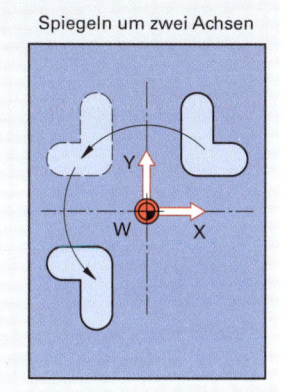

11.2.3 Spiegelung und Maßstabsänderung

Spiegelung

Eine weitere Programmvereinfachung bietet die Möglichkeit der Spiegelung, wobei immer achssymmetrische Konturen hergestellt werden. Spiegelungen sind über eine G-Funktion innerhalb des NC-Programms möglich. Wird eine Kontur gespiegelt, hat diese die gleiche Größe und den gleichen Abstand zu den anderen Achsen. Die Steuerung vertauscht dabei die Koordinaten der gespiegelten Achse, den Drehsinn bei der Kreisinterpolation und die Bearbeitungsrichtung. Beim Aufruf der Spiegelung muss der Werkstücknullpunkt so liegen, dass die Achsen des Koordinatensystems genau zwischen der programmierten und gespiegelten Kontur liegen. Große Bedeutung hat die Spiegelung beim Herstellen von Schnittplatten durch Drahterodieren.

Maßstabsänderung

Bei numerisch gesteuerten Brennschneid- und Graviermaschinen besteht häufig die Aufgabenstellung, Werkstücke oder Schriftzüge in einem anderen Maßstab herzustellen. Die Steuerung realisiert diese Funktion, indem sie die Werkstückmaße mit dem gewünschten Skalierungsfaktor multipliziert. Da jede Achse einzeln manipuliert werden kann, ist es auch möglich, Konturen zu strecken oder zu stauchen.

Beispiel Schnittplatte

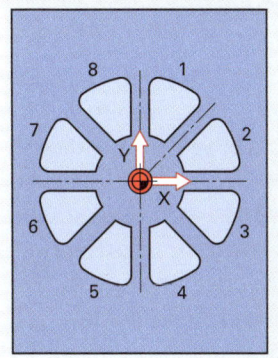

Vorgehensweise bei der Programmierung:

Konturelement 1 wird einmal programmiert

Konturelement 2 entsteht durch Kopieren des Konturelements 1 und Drehen um 45°

Konturelemente 3 und 4 werden erzeugt durch Kopieren und Spiegeln der Konturelemente 1 und 2 an der X-Achse

Konturelemente 5–8 entstehen durch Kopieren und Spiegeln der Konturelemente 1–4 an der Y-Achse

Maßstabsänderung

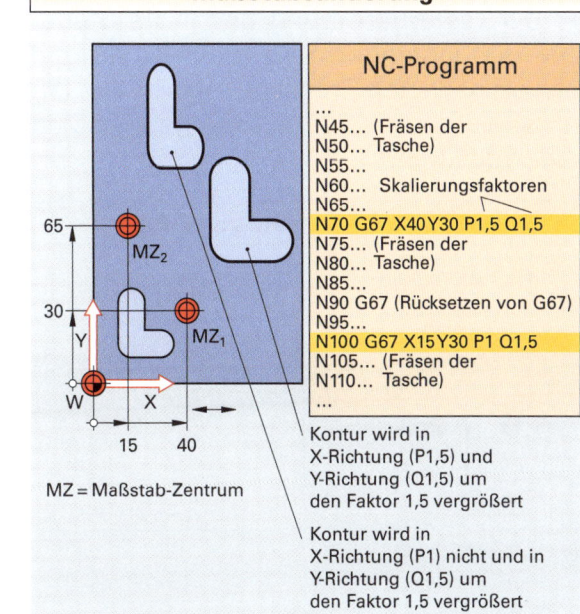

MZ = Maßstab-Zentrum

NC-Programm

```
...
N45... (Fräsen der
N50...  Tasche)
N55...
N60...    Skalierungsfaktoren
N65...
N70 G67 X40 Y30 P1,5 Q1,5
N75... (Fräsen der
N80...  Tasche)
N85...
N90 G67 (Rücksetzen von G67)
N95...
N100 G67 X15 Y30 P1 Q1,5
N105... (Fräsen der
N110...  Tasche)
...
```

Kontur wird in X-Richtung (P1,5) und Y-Richtung (Q1,5) um den Faktor 1,5 vergrößert

Kontur wird in X-Richtung (P1) nicht und in Y-Richtung (Q1,5) um den Faktor 1,5 vergrößert

11 Bezugspunktverschiebungen
11.3 Istwertspeicher setzen

Dies bedeutet eine Verschiebung des Maschinennullpunktes M auf den programmierten Wert. Die Steuerung „vergisst" ihren alten Maschinennullpunkt und bezieht alle weiteren programmierten Koordinatenwerte auf diesen neuen Punkt, der auch als **Steuerungsnullpunkt S** bezeichnet wird.

Die Funktion G92 hat den Nachteil, dass bei Programmabbruch, z. B. bei Not-Aus, die Steuerung neu eingerichtet werden muss.

Ein Einsatzbeispiel für G92 ist die automatische Rohteilerfassung. Bei Guss- und Schmiederohlingen können erhebliche Schwankungen bei den Rohteilmaßen auftreten. Bedingt durch den festen Anschlag, z. B. im Backenfutter müsste dann bei jedem Teil der Nullpunkt neu ermittelt werden.

Um dies zu vermeiden, fährt man in einem Programmvorspann mit einem Messtaster automatisch die Stirnfläche des Rohlings an. Bei Tasterberührung bricht die Steuerung den laufenden Satz (Satz 10) ab und setzt im nächsten Programmschritt den Istwertspeicher mit G92 auf die gewünschte Istwertposition.

Istwertspeicher setzen

Werkstück 1

NC-Programm 1
N10 G90
N20 G0 X58 Y15 Z20
N30 G92 X0 Y0 Z0

Erläuterung:
Satz N20: Die Steuerung fährt die Position X=64, Y=42 und Z=20 im Eilgang an
Satz N30: Die angefahrene Position hat die Koordinaten X=0, Y=0 und Z=0 und wird zum Steuerungsnullpunkt S

Istwertanzeige nach Setzen des Istwertspeichers in Satz N30

X	0
Y	0
Z	0

Werkstück 2

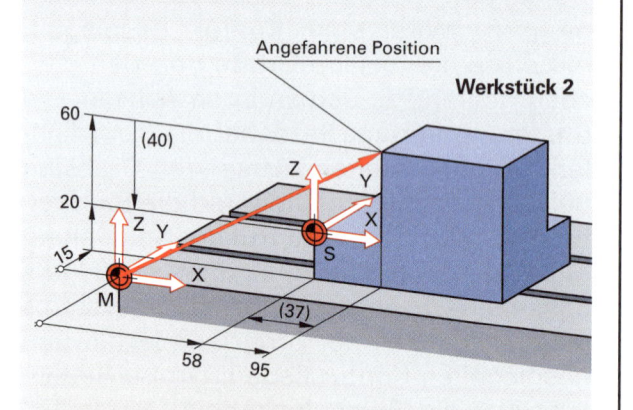

NC-Programm 2
...
N10 G90
N20 G0 X95 Y15 Z60
N30 G92 X37 Y0 Z40

Erläuterung:
Satz N20: Die Steuerung fährt die Position X=95, Y=15 und Z=60 im Eilgang an
Satz N30: Die angefahrene Position hat die Koordinaten X=37, Y=0 und Z=40 zum Steuerungsnullpunkt S

Istwertanzeige nach Setzen des Istwertspeichers in Satz N30

X	37
Y	0
Z	40

Praktischer Einsatz von G92

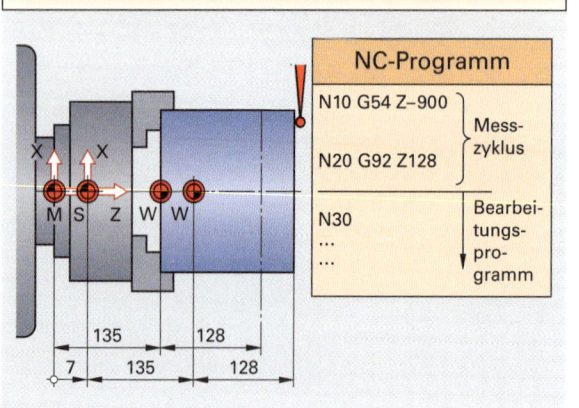

NC-Programm

N10 G54 Z−900   } Messzyklus
N20 G92 Z128
N30   } Bearbeitungsprogramm
...
...

12 Programmstrukturen

12.1 Wiederholung von Programmteilen

Die meisten Steuerungen bieten die Möglichkeit, mit Sprunganweisungen bestimmte Programmteile zu wiederholen.

Mit dem Befehl L (engl.: loop = Schleife) und der Angabe des Anfangs- und Endsatzes ist eine solche teilweise Programmwiederholung möglich. Ein typisches Anwendungsbeispiel ist das konturparallele Schruppen und Schlichten.

Die Fertigkontur wird einmal definiert. Die Maße des Schruppdrehmeißels im Werkzeugspeicher werden jedoch in X- und Z-Richtung gegenüber den tatsächlichen Werkzeugmaßen um die Tiefe des Schruppspans erhöht. Dadurch wird die Werkzeugbahn bei der Bearbeitung um diesen Betrag versetzt.

12.2 Unterprogramme (UP)

Mehrmals wiederkehrende Bearbeitungsvorgänge und Funktionsabläufe werden vom Anwender nur einmal als Unterprogramm geschrieben und im Hauptprogramm aufgerufen.

Ein Unterprogramm (UP) besteht aus dem Unterprogrammnamen, z.B. L90, den Sätzen des Unterprogramms und dem Programmende mit M17. Das Unterprogrammende bewirkt einen Rücksprung in den nächsten Satz des aufrufenden Hauptprogramms. Je nach Steuerungstyp wird hierzu eine G- oder M-Funktion verwendet.

Durch den Einsatz der UP-Technik werden vorwiegend zwei Ziele verfolgt:

– Wiederholung von Konturelementen
– Erzeugung ähnlicher Bearbeitungsbahnen, die parallel zu einer vorhandenen Grundstruktur verlaufen, z.B. Schruppdurchgang und Schlichtdurchgang.

Je nach Anwendungsfall werden drei Programmiertechniken angewandt:

– Kombination von UP-Technik und Bezugspunktverschiebung
– Inkrementale Schreibweise des UPs
– Kombination von UP-Technik und Werkzeugkorrektur

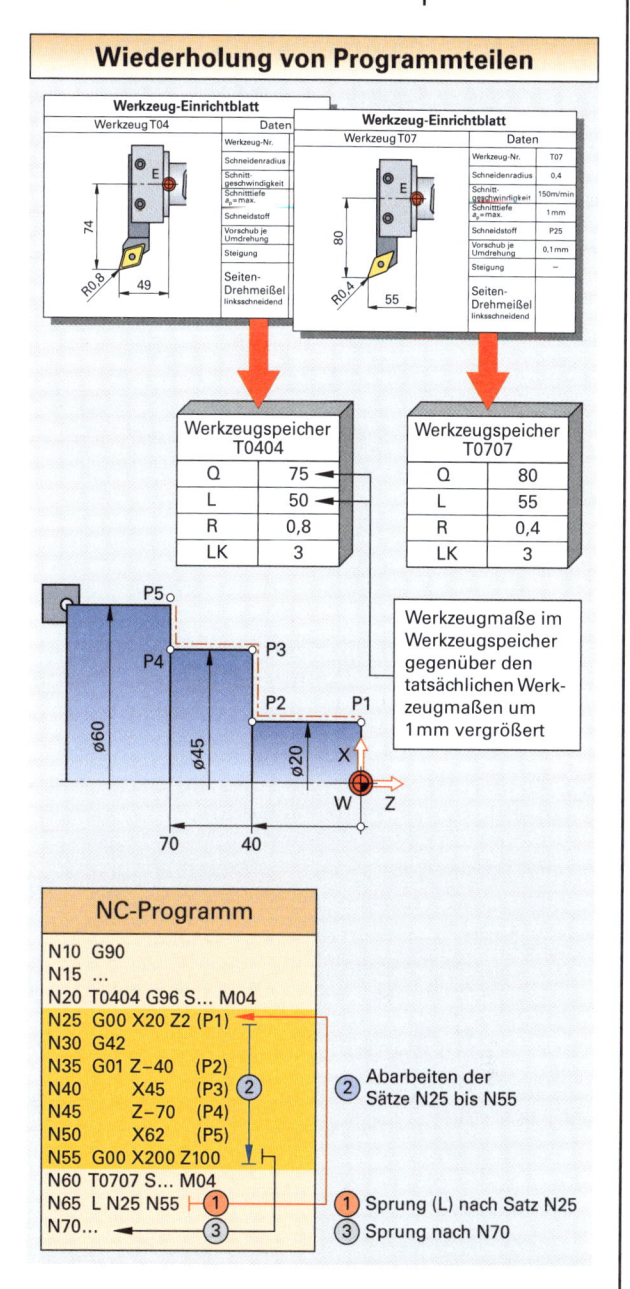

12 Programmstrukturen
12.2 Unterprogramme (UP)

12.2.1 Unterprogramme mit programmierbarer Bezugspunktverschiebung

Frästeil

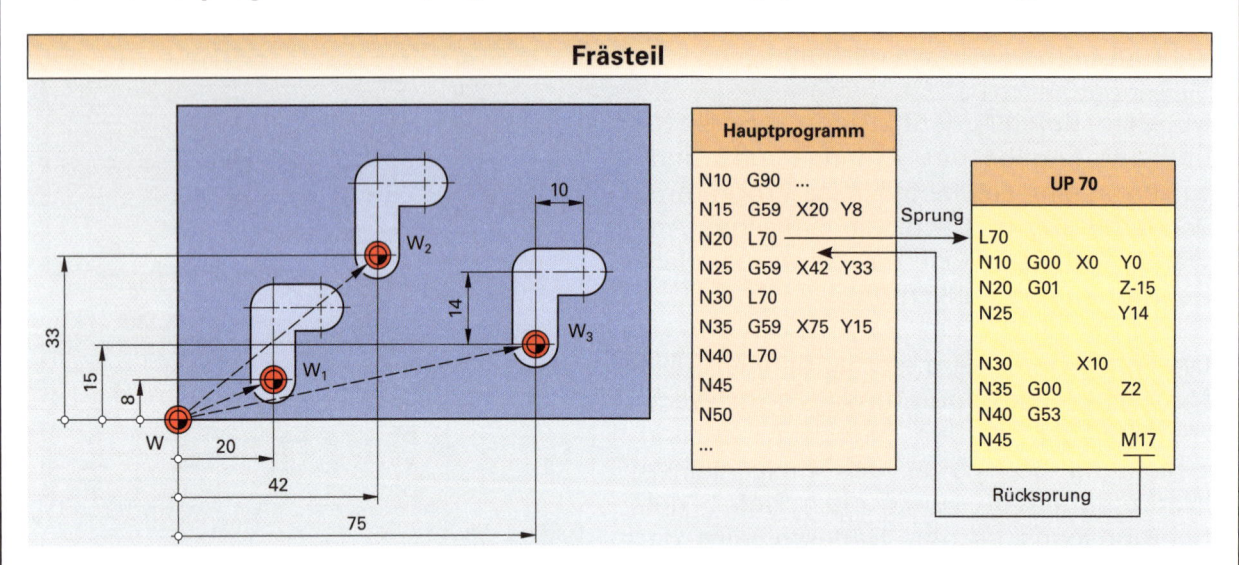

Hauptprogramm
N10 G90 ...
N15 G59 X20 Y8
N20 L70
N25 G59 X42 Y33
N30 L70
N35 G59 X75 Y15
N40 L70
N45
N50
...

Sprung →

UP 70
L70
N10 G00 X0 Y0
N20 G01 Z-15
N25 Y14
N30 X10
N35 G00 Z2
N40 G53
N45 M17

Rücksprung

Gusswerkstücke und Schmiederohlinge besitzen oft ein beachtliches Aufmaß. Besitzt die Steuerung keinen Zyklus für eine konturparallele Schnittaufteilung, kann dieses Problem durch Unterprogramme mit programmierbarer Bezugspunktverschiebung gelöst werden. Die Fertigkontur wird einmal im Unterprogramm definiert und im Hauptprogramm über neue Bezugspunkte verschoben. Die jeweilige Bezugspunktverschiebung entspricht der Zustelltiefe des Schruppspans.

Drehteil

Werkzeug-Einrichtblatt — Werkzeug T02

Werkzeug-Einrichtblatt — Werkzeug T07

Daten	
Werkzeug-Nr.	T07
Schneidenradius	0,4
Schnittgeschwindigkeit	150m/min
Schnitttiefe a_p = max.	1 mm
Schneidstoff	P25
Vorschub je Umdrehung	0,1 mm
Steigung	—
Seiten-Drehmeißel linksschneidend	

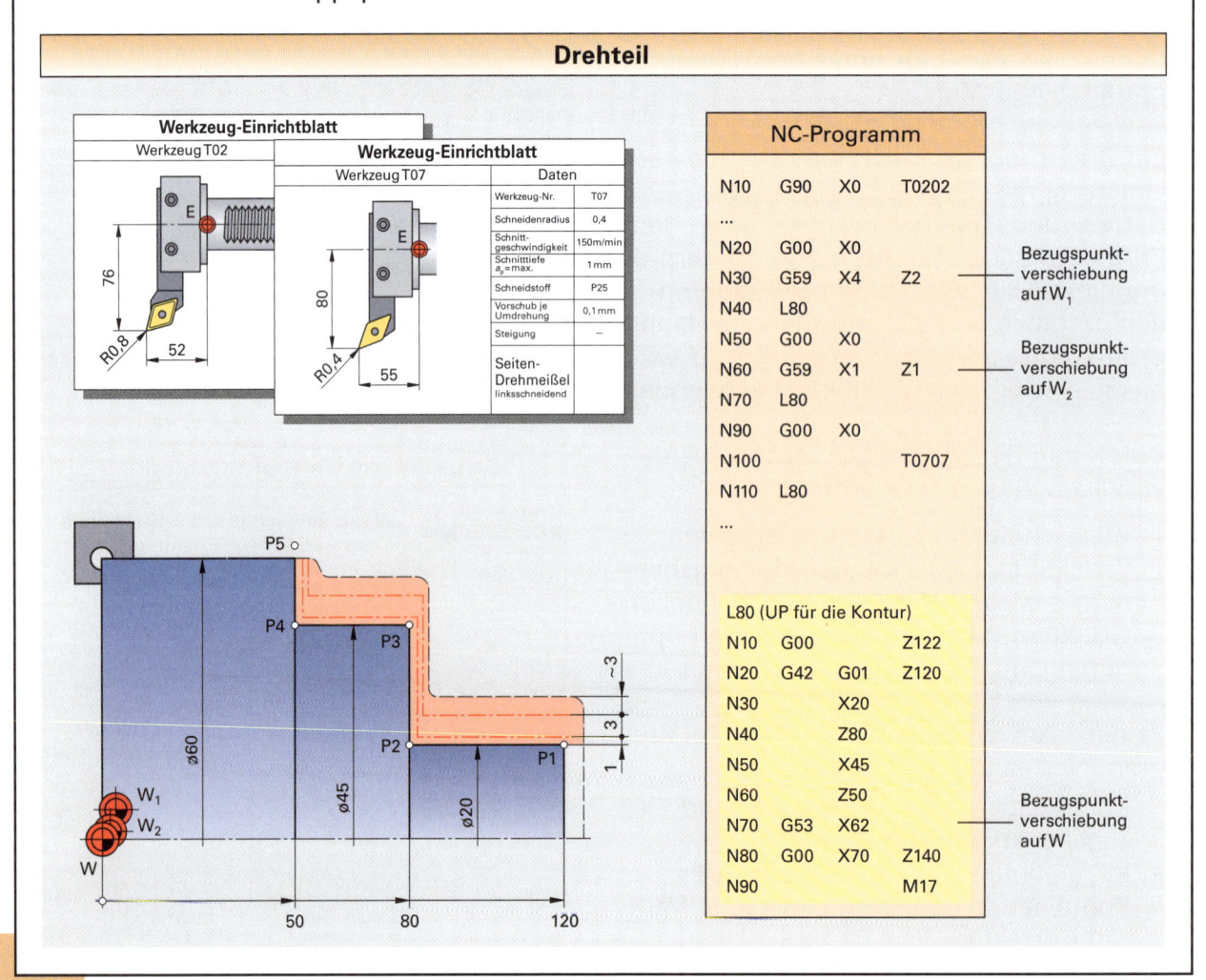

NC-Programm			
N10	G90	X0	T0202
...			
N20	G00	X0	
N30	G59	X4	Z2
N40	L80		
N50	G00	X0	
N60	G59	X1	Z1
N70	L80		
N90	G00	X0	
N100			T0707
N110	L80		
...			

— Bezugspunktverschiebung auf W_1
— Bezugspunktverschiebung auf W_2

L80 (UP für die Kontur)			
N10	G00		Z122
N20	G42	G01	Z120
N30		X20	
N40		Z80	
N50		X45	
N60		Z50	
N70	G53	X62	
N80	G00	X70	Z140
N90		M17	

— Bezugspunktverschiebung auf W

12 Programmstrukturen
12.2 Unterprogramme (UP)

12.2.2 Inkrementale Schreibweise des Unterprogramms

Eine weitere Möglichkeit, Bearbeitungsfolgen zu wiederholen, besteht darin, das Unterprogramm inkremental zu schreiben und die darin enthaltenen Konturen durch absolute Maßangaben im Hauptprogramm zu verschieben.

Frästeil

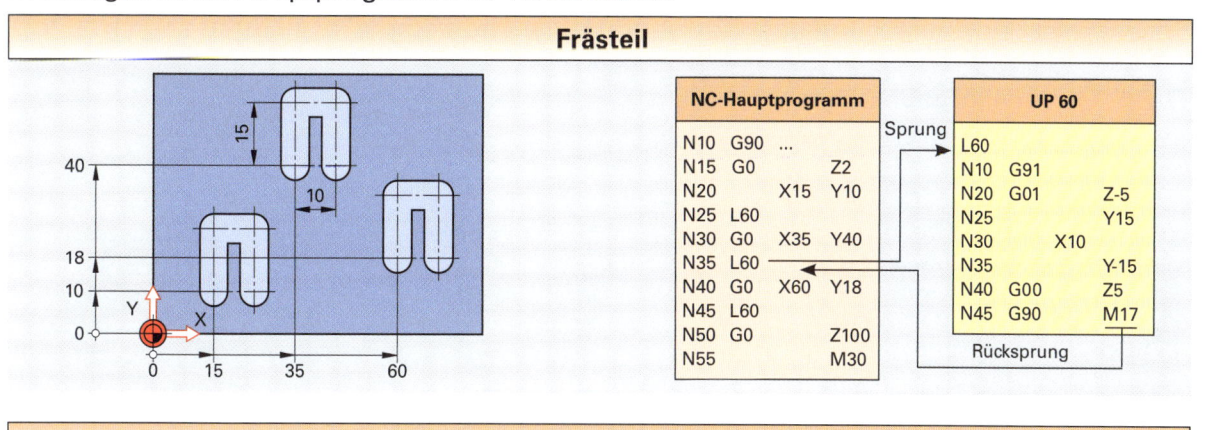

NC-Hauptprogramm			
N10	G90	...	
N15	G0		Z2
N20		X15	Y10
N25	L60		
N30	G0	X35	Y40
N35	L60		
N40	G0	X60	Y18
N45	L60		
N50	G0		Z100
N55			M30

UP 60			
L60			
N10	G91		
N20	G01		Z-5
N25			Y15
N30		X10	
N35			Y-15
N40	G00		Z5
N45	G90		M17

Sprung → Rücksprung

Drehteil

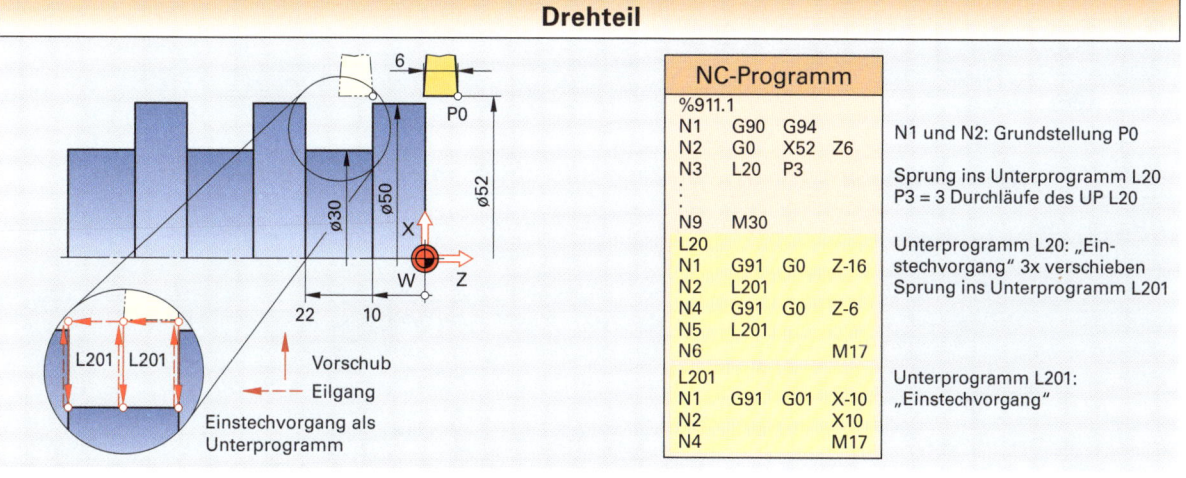

NC-Programm			
%911.1			
N1	G90	G94	
N2	G0	X52	Z6
N3	L20	P3	
:			
N9	M30		
L20			
N1	G91	G0	Z-16
N2	L201		
N4	G91	G0	Z-6
N5	L201		
N6			M17
L201			
N1	G91	G01	X-10
N2		X10	
N4			M17

N1 und N2: Grundstellung P0

Sprung ins Unterprogramm L20
P3 = 3 Durchläufe des UP L20

Unterprogramm L20: „Einstechvorgang" 3x verschieben
Sprung ins Unterprogramm L201

Unterprogramm L201:
„Einstechvorgang"

12.2.3 Unterprogramme mit Werkzeugkorrekturen

Die im Unterprogramm definierte Kontur wird vom Hauptprogramm mit verschiedenen Werkzeugkorrekturen aufgerufen. Dadurch erzeugt das Werkzeug mehrere Konturelemente, die um die angewählten Korrekturwerte versetzt sind.

Frästeil

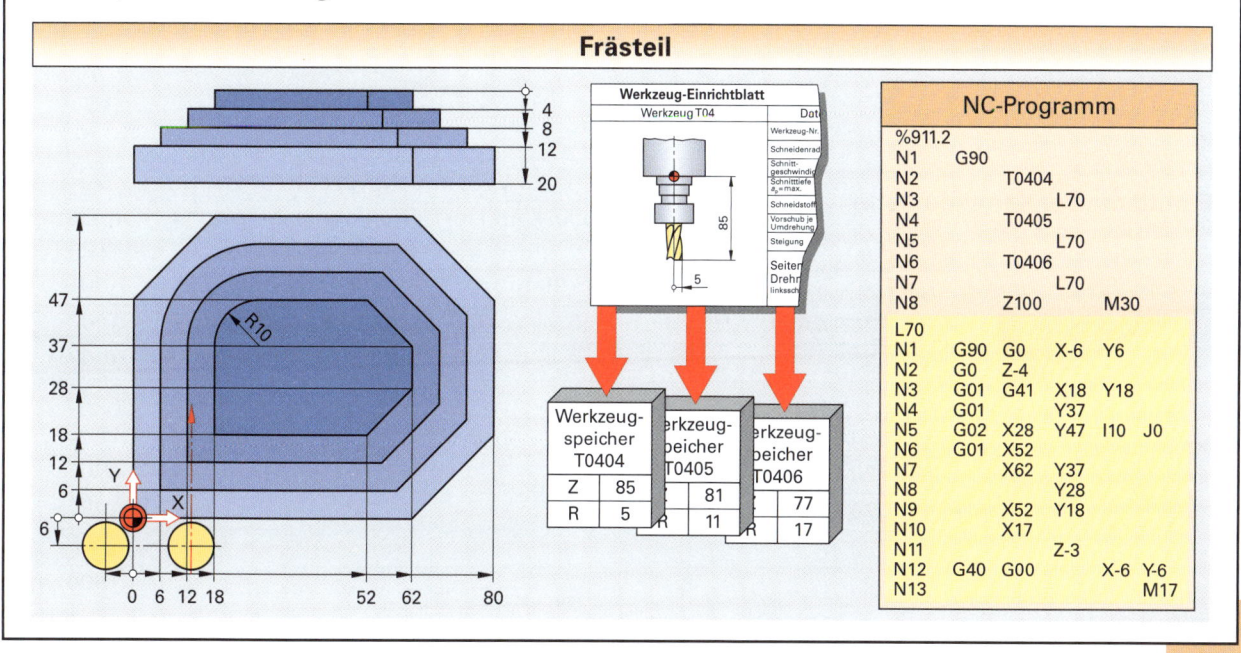

NC-Programm				
%911.2				
N1	G90			
N2	T0404			
N3		L70		
N4	T0405			
N5		L70		
N6	T0406			
N7		L70		
N8		Z100	M30	
L70				
N1	G90	G0	X-6	Y6
N2	G0	Z-4		
N3	G01	G41	X18	Y18
N4	G01		Y37	
N5	G02	X28	Y47	I10 J0
N6	G01	X52		
N7		X62	Y37	
N8			Y28	
N9		X52	Y18	
N10		X17		
N11		Z-3		
N12	G40	G00	X-6	Y-6
N13			M17	

Werkzeugspeicher T0404: Z 85, R 5
Werkzeugspeicher T0405: Z 81, R 11
Werkzeugspeicher T0406: Z 77, R 17

12 Programmstrukturen
12.2 Unterprogramme (UP)

12.2.4 Anwendungsbeispiel Gesenkfräsen

Setzt man die Unterprogrammtechnik zusammen mit der Fräserradiuskorrektur ein, ist es möglich, mit einer 2D-Steuerung dreidimensionale Konturen durch Zeilenfräsen herzustellen. Die Kontur wird einmal in einem Unterprogramm definiert und dann mit einem Gesenkfräser und verschiedenen Werkzeugradius- und Längenkorrekturen abgearbeitet.

12.2.5 Übungsaufgabe

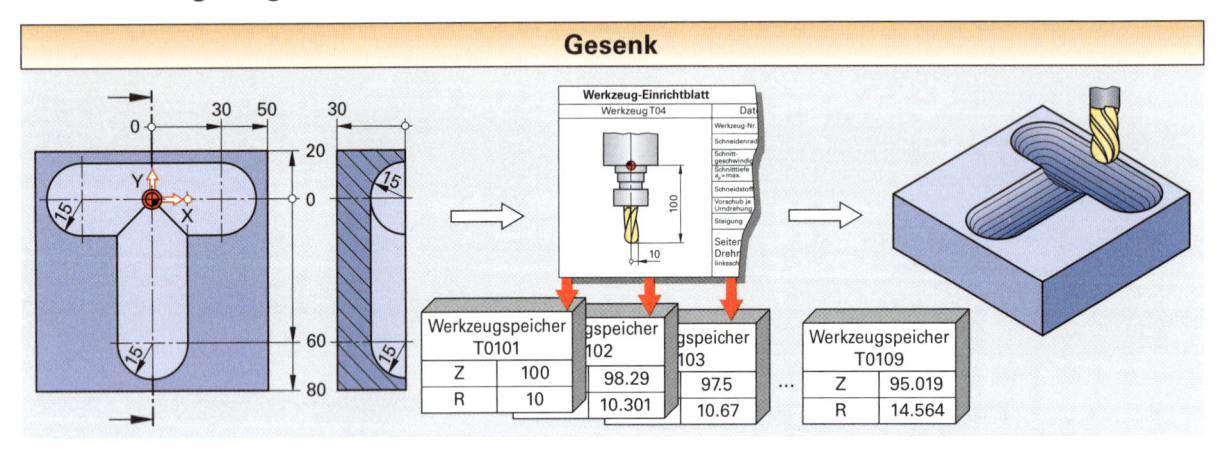

Gesenk

Zeilenfräsen mit einem Werkzeug und unterschiedlichen Korrekturen

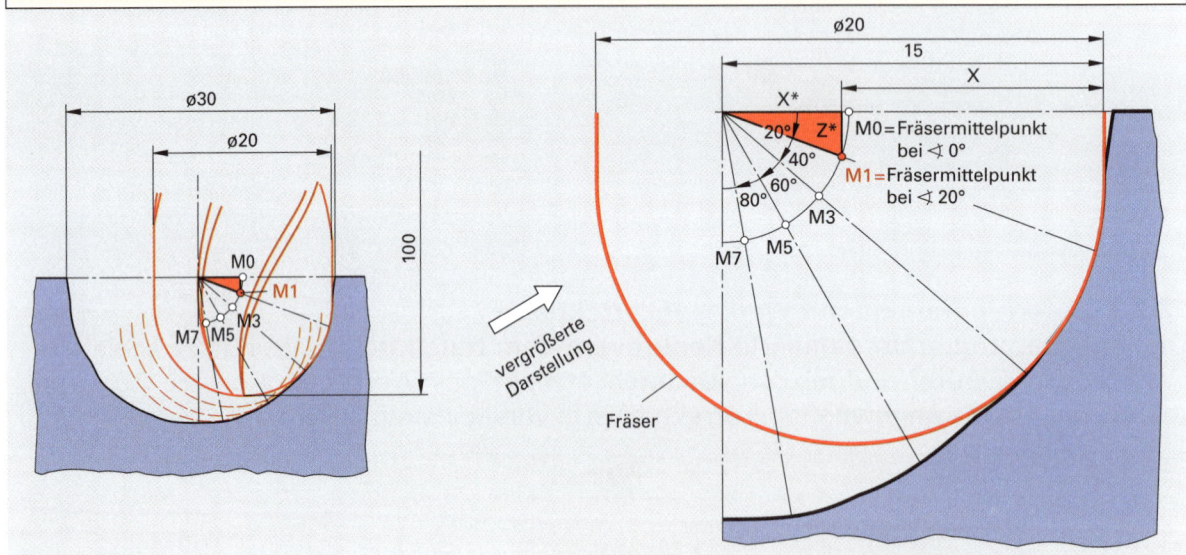

Ermittlung der Korrekturwerte

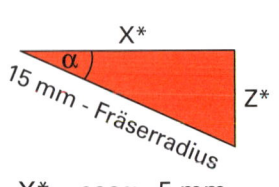

$X^* = \cos\alpha \cdot 5 \text{ mm}$
$Z^* = \sin\alpha \cdot 5 \text{ mm}$

Pkt.	α	X^*	Z^*	Fräserradiuskorrektur $X = 15$ mm $- X^*$	Korrektur in Z-Richtung $Z =$ Werkzg.-Länge $- Z^*$	Korrektur Speicher
M0	0	5.000	0	10.000	100.000	T0101
M1	20	4.699	1.710	10.301	98.290	T0102
M2	30					T0103
M3	40					T0104
M4	50					T0105
M5	60					T0106
M6	70					T0107
M7	80					T0108
M8	85					T0109

12 Programmstrukturen
12.2 Unterprogramme (UP)

Programmanweisungen	Erläuterungen
%911004	Programmnummer
N1　G90　G54	Absolutbemaßung, gespeicherte NP-Verschiebung
N2　G00　X0 Y0 Z100 T04 M06	Einwechseln von Werkzeug T04
N3　G00　T0101 Z1 S1500 M03	Eilgang, Aufruf Werkzeugkorrektur T0101, Spindel Rechtslauf
N4　　　L80	Sprung in Unterprogramm L80
N5　　　T0102	Aufruf Werkzeugkorrektur T0102
N6　　　L80	Sprung in Unterprogramm L80
N7　　　T0103	Aufruf Werkzeugkorrektur T0103
N8　　　L80	Sprung in Unterprogramm L80
N9　　　T0104	Aufruf Werkzeugkorrektur T0104
N10　　L80	Sprung in Unterprogramm L80
N11　　T0105	Aufruf Werkzeugkorrektur T0105
N12　　L80	Sprung in Unterprogramm L80
N13　　T0106	Aufruf Werkzeugkorrektur T0106
N14　　L80	Sprung in Unterprogramm L80
N15　　T0107	Aufruf Werkzeugkorrektur T0107
N16　　L80	Sprung in Unterprogramm L80
N17　　T0108	Aufruf Werkzeugkorrektur T0108
N18　　L80	Sprung in Unterprogramm L80
N19　　T0109	Aufruf Werkzeugkorrektur T0109
N20　　L80	Sprung in Unterprogramm L80
N21　G00　T0101 Z200	
N22　　　M02	Programmende
L80	Unterprogramm L80

12 Programmstrukturen
12.2 Unterprogramme (UP)

12.2.6 Unterprogramme mit Parametern

Parameter z. B. R1, R2, R3 usw. sind Platzhalter, denen innerhalb eines NC-Programms Zahlenwerte zugeordnet werden, z. B. R2 -25. Das heißt, dem Parameter R2 wird der Wert -25 zugewiesen. Diese Wertzuweisung kann sowohl im Hauptprogramm als auch im Unterprogramm erfolgen.

Bearbeitungsvorgänge, die in ähnlicher Weise in einem Teil oder Teilespektrum wiederholt vorkommen, können vom Anwender in allgemeiner Form einmal als Unterprogramm definiert werden. Dadurch ist es möglich, mit nur einem NC-Satz, z. B. Satz 10 im Hauptprogramm, eine komplette Bearbeitungsfolge durch ein Unterprogramm ausführen zu lassen.

Beispiel einer Getriebebearbeitung

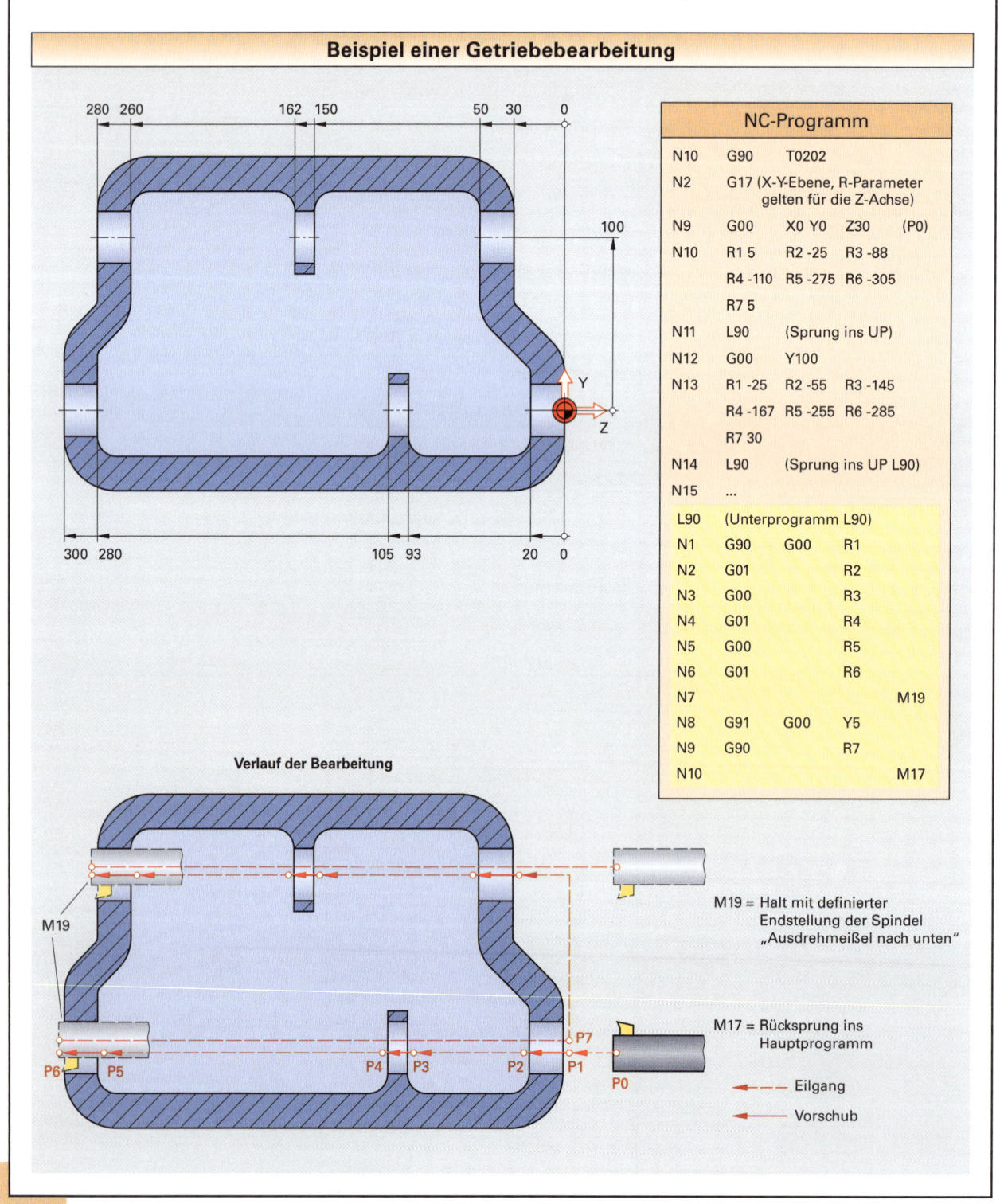

NC-Programm			
N10	G90	T0202	
N2	G17 (X-Y-Ebene, R-Parameter gelten für die Z-Achse)		
N9	G00	X0 Y0 Z30	(P0)
N10	R1 5	R2 -25	R3 -88
	R4 -110	R5 -275	R6 -305
	R7 5		
N11	L90	(Sprung ins UP)	
N12	G00	Y100	
N13	R1 -25	R2 -55	R3 -145
	R4 -167	R5 -255	R6 -285
	R7 30		
N14	L90	(Sprung ins UP L90)	
N15	...		
L90	(Unterprogramm L90)		
N1	G90	G00	R1
N2	G01		R2
N3	G00		R3
N4	G01		R4
N5	G00		R5
N6	G01		R6
N7			M19
N8	G91	G00	Y5
N9	G90		R7
N10			M17

Verlauf der Bearbeitung

M19 = Halt mit definierter Endstellung der Spindel „Ausdrehmeißel nach unten"

M17 = Rücksprung ins Hauptprogramm

←--- Eilgang
← Vorschub

12 Programmstrukturen

12.3 Arbeitszyklen bei Industriesteuerungen

Häufig wiederkehrende Programmabläufe, z.B. Bohrbilder beim Fräsen oder Schnittaufteilungen bei der Drehbearbeitung, werden vom Steuerungshersteller fest abgespeichert und als Zyklen zur Verfügung gestellt.

Zyklusaufruf Gewindefreistich

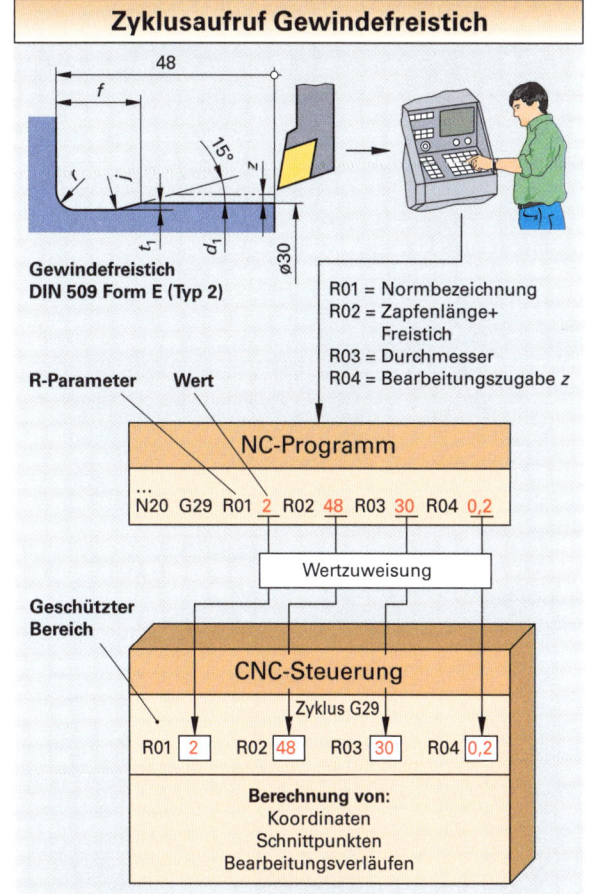

Gewindefreistich DIN 509 Form E (Typ 2)

R01 = Normbezeichnung
R02 = Zapfenlänge + Freistich
R03 = Durchmesser
R04 = Bearbeitungszugabe z

R-Parameter   Wert

NC-Programm

... N20 G29 R01 2 R02 48 R03 30 R04 0,2

Wertzuweisung

Geschützter Bereich

CNC-Steuerung

Zyklus G29

R01 2   R02 48   R03 30   R04 0,2

Berechnung von:
Koordinaten
Schnittpunkten
Bearbeitungsverläufen

Zyklen werden entweder durch direktes Programmieren im Haupt- bzw. Unterprogramm oder bedienergeführt mit Parametern versorgt. Der Zyklusaufruf, die Parameter und die Parameterübergabe sind nicht genormt und je nach Steuerungshersteller unterschiedlich.
Der Zyklusaufruf erfolgt mit einer frei verfügbaren G-Funktion oder einem L-Befehl, z.B. G81 oder L920.
Die Zuweisung der Variablen, z.B mit R02 oder B für die Referenzebene kann vor dem Zyklusaufruf oder zusammen im Zyklusaufruf erfolgen.

Beispiel mit unterschiedlichen Zyklusstrukturen

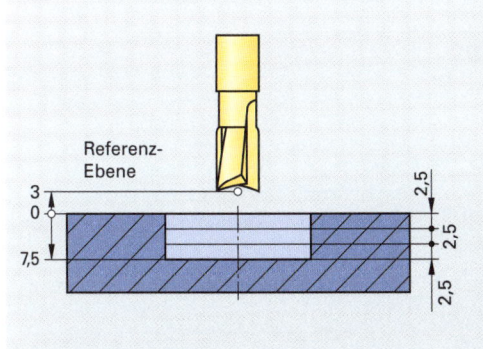

Industriesteuerung 1 mit R-Parametern

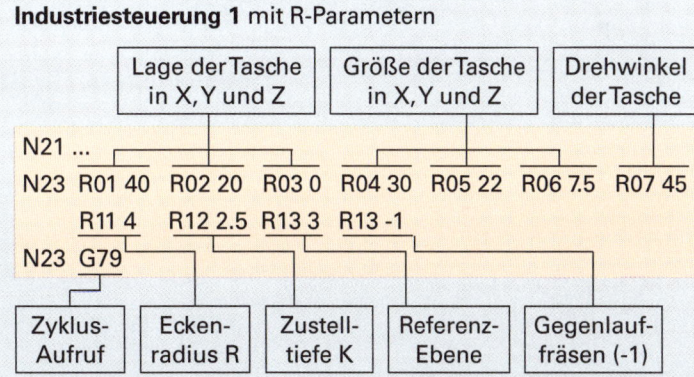

	Lage der Tasche in X, Y und Z	Größe der Tasche in X, Y und Z	Drehwinkel der Tasche
N21 ...			
N23	R01 40 R02 20 R03 0	R04 30 R05 22 R06 7,5	R07 45
	R11 4 R12 2,5 R13 3 R13 -1		
N23 G79			

Zyklus-Aufruf | Ecken-radius R | Zustell-tiefe K | Referenz-Ebene | Gegenlauf-fräsen (-1)

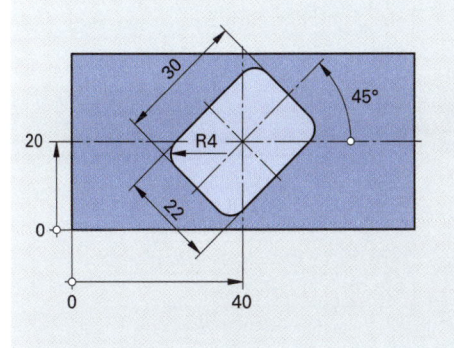

Industriesteuerung 2 mit unterschiedlichen Parametern

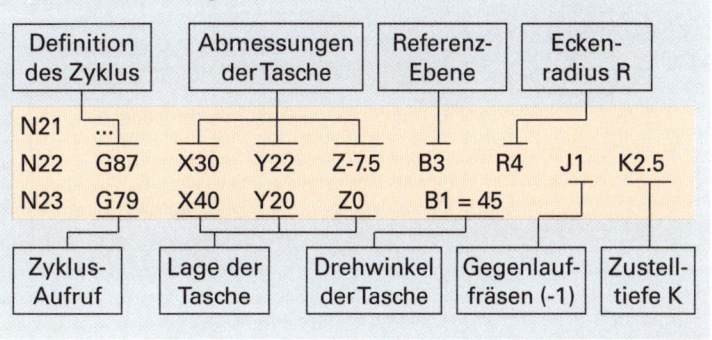

	Definition des Zyklus	Abmessungen der Tasche	Referenz-Ebene	Ecken-radius R
N21	...			
N22	G87	X30 Y22 Z-7,5	B3	R4 J1 K2.5
N23	G79	X40 Y20 Z0	B1 = 45	

Zyklus-Aufruf | Lage der Tasche | Drehwinkel der Tasche | Gegenlauf-fräsen (-1) | Zustell-tiefe K

Beispiele für PAL-Zyklen ab S. 114

12 Programmstrukturen
12.3 Arbeitszyklen bei Industriesteuerungen

12.3.1 Bohrzyklen (Auswahl)

Bohren, Zentrieren mit G81

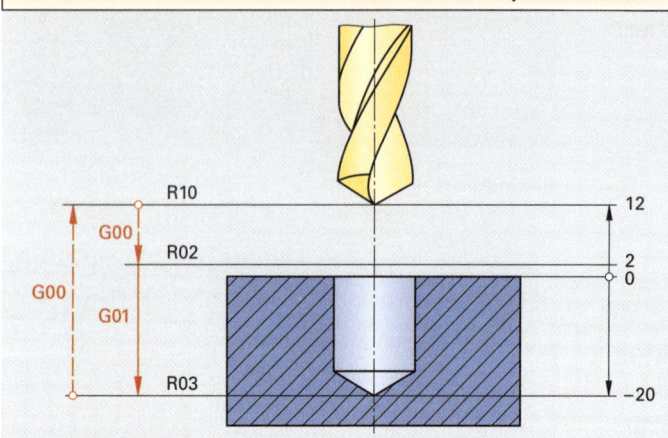

NC-Programm			
N20	...		
N21	G00 X30	Y30	Z12
N22	R02 2	R3 -20	R10 12
N23	**G81 (Zyklusaufruf)**		
N24	...		

Para-meter	Beschreibung
R02	Referenzebene (absolut)
R03	Endbohrtiefe (absolut)
R10	Rückzugsebene (absolut)

Bohren, Zentrieren mit G82

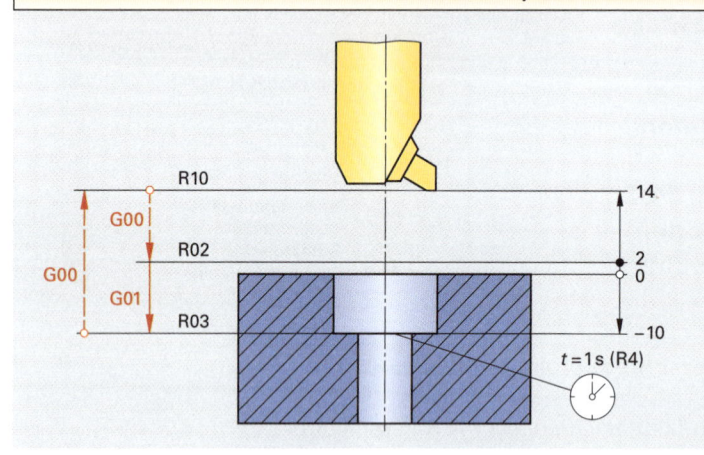

NC-Programm			
N20	...		
N21	G00 X25	Y40	Z14
N22	R02 2	R3 -20 R4 1	R10 14
N23	**G82 (Zyklusaufruf)**		
N24	...		

$t = 1\,s\ (R4)$

Para-meter	Beschreibung
R02	Referenzebene (absolut)
R03	Endbohrtiefe (absolut)
R04	Verweilzeit auf Bohrtiefe
R10	Rückzugsebene (absolut)

Tieflochbohren mit G83

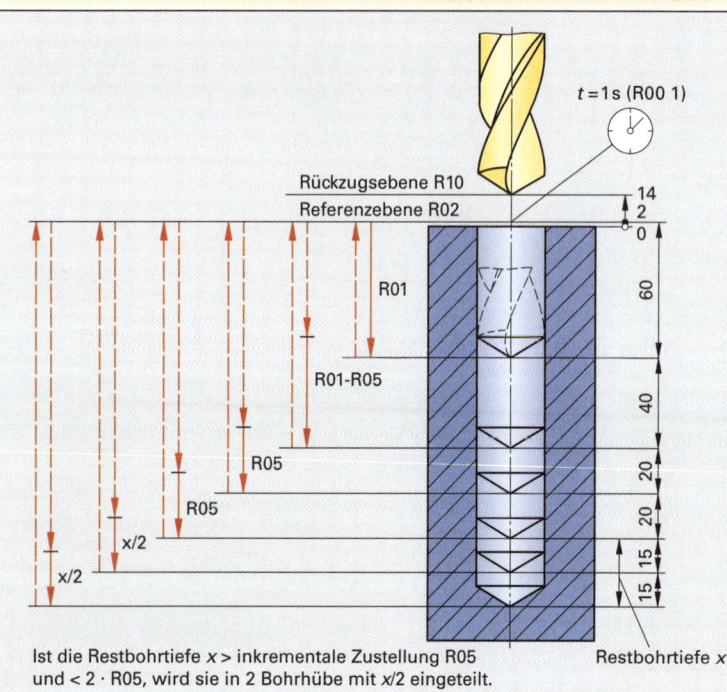

$t = 1\,s\ (R00\ 1)$

NC-Programm			
N20	...		
N21	G00 X50	Y50	Z14
N22	R00 1	R01 60 R02 2	R03 -168
	R04 1	R05 20 R10 14	R11 1
N23	**G81 (Zyklusaufruf)**		
N24	...		

Para-meter	Beschreibung
R00	Verweilzeit am Anfangspunkt zum Entspanen
R01	Erste Bohrtiefe (inkremental)
R02	Referenzebene (absolut)
R03	Endbohrtiefe (absolut)
R04	Verweilzeit auf Bohrtiefe zum Spänebrechen
R05	Inkrementale Zustellung
R10	Rückzugsebene
R11	0 = Spänebrechen 1 = Entspanen

Ist die Restbohrtiefe x > inkrementale Zustellung R05 und < 2 · R05, wird sie in 2 Bohrhübe mit x/2 eingeteilt.

12 Programmstrukturen
12.3 Arbeitszyklen bei Industriesteuerungen

Gewindeschneiden mit G84

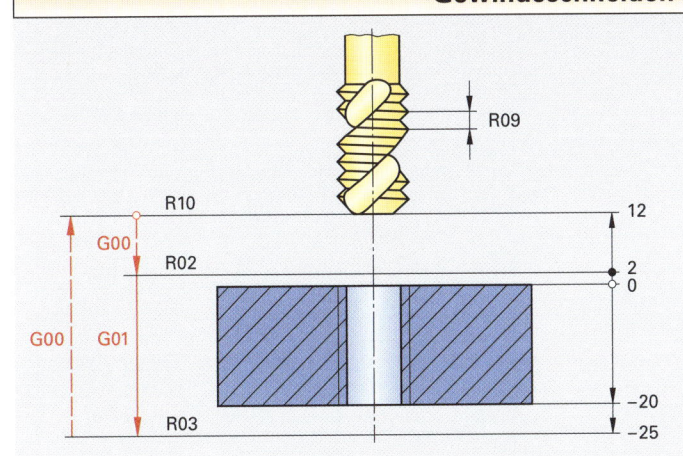

NC-Programm

N22	R02 2	R03 -25	R04 0.5	R06 3
	R09 1.25	R10 12		
N23	**G84 (Zyklusaufruf)**			

Parameter	Beschreibung	
R02	Referenzebene	(absolut)
R03	Endbohrtiefe	(absolut)
R04	Verweilzeit auf Gewindetiefe	
R06	Drehrichtung (M03/M04)	
R09	Gewindesteigung	
R10	Rückzugsebene	(absolut)

Reiben mit G85

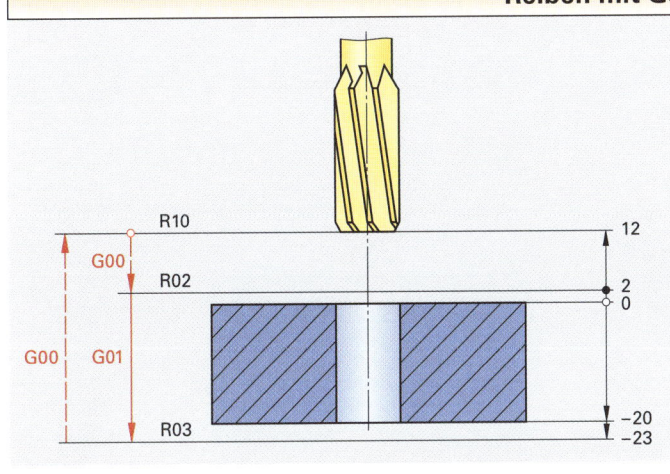

NC-Programm

N22	R02 2	R03 -23	R04 0	R12 12
	R16 60	R17 700		
N23	**G85 (Zyklusaufruf)**			

Parameter	Beschreibung	
R02	Referenzebene	(absolut)
R03	Endbohrtiefe	(absolut)
R04	Verweilzeit	
R10	Rückzugsebene	(absolut)
R16	Arbeitsvorschub	
R17	Rückzugsvorschub	

Ausbohren mit G86

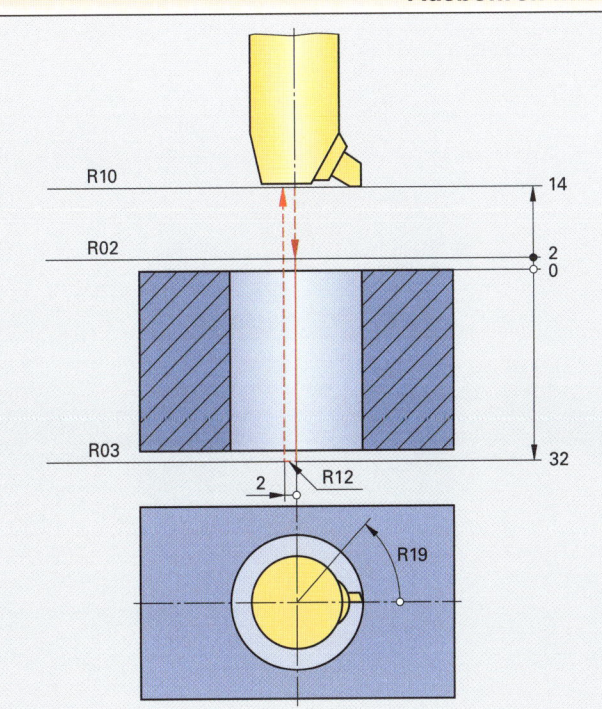

NC-Programm

N20	...			
N21	G00	X25	Y40	Z14
N22	R02 2	R3 -32	R4 0	R07 3 R10 14
	R12 2	R13 0	R19 0	
N23	**G86 (Zyklusaufruf)**			
N24	...			

Parameter	Beschreibung	
R02	Referenzebene	(absolut)
R03	Endbohrtiefe	(absolut)
R04	Verweilzeit auf Bohrtiefe	
R07	Drehrichtung (M03/M04)	
R10	Rückzugsebene	(absolut)
R12	Versatzweg X-Y-Ebene	(inkrem.)
R13	Versatzweg Z-Ebene	(inkrem.)
R19	Spindelhalt in Grad	

12 Programmstrukturen
12.3 Arbeitszyklen bei Industriesteuerungen

Bohrzyklus „Lochkreis" mit G25

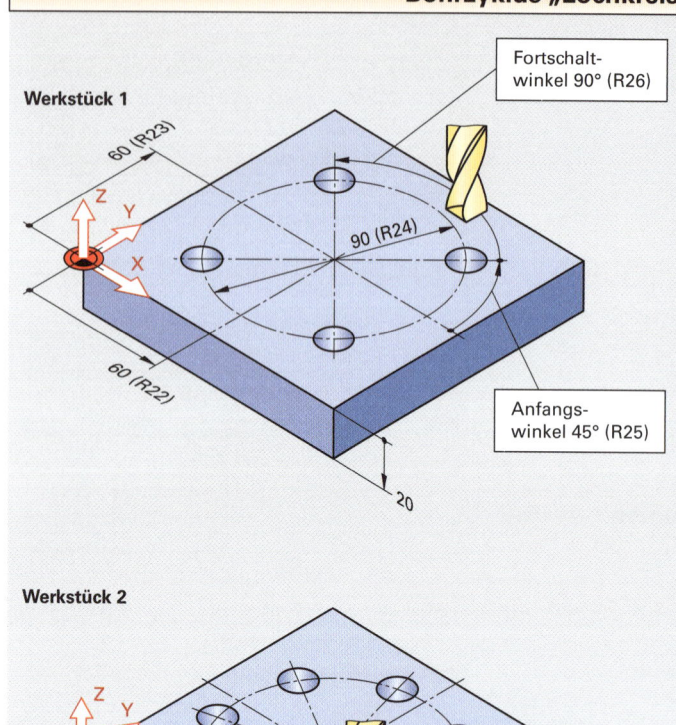

Werkstück 1

NC-Programm Werkstück 1
(Parameter für den Bohrzyklus G81)
N20 ...
N21　G00　　X100　　Y100　　Z12
N22　R02 2　R3 -12　R10 12　R22 60　R23 60
R24 90　R25 45　R26 90　R27 4　R28 81
N23　G25 (Zyklusaufruf)

Parameter	Beschreibung
R02[1]	Referenzebene (absolut)
R03	Endbohrtiefe (absolut)
R10	Rückzugsebene (absolut)
R22	X-Koordinate des Mittelpunktes (abs.)
R23	Y-Koordinate des Mittelpunktes (abs.)
R24	Lochkreisdurchmesser
R25	Anfangswinkel (Bezug auf X-Achse)
R26	Fortschaltwinkel
R27	Anzahl der Bohrungen
R28	Nummer des Bohrzyklus (81-89)

[1]) R00 - R19 sind reserviert für die Parameter der Zyklen G81 - G89

Werkstück 2

NC-Programm Werkstück 2
N20 ...
N21　G00　　X100　　Y100　　Z12
N22　R02 2　R3 -12　R10 12　R22 60　R23 60
R24 90　R25 -30　R26 45　R27 6　R28 81
N23　G25 (Zyklusaufruf)

Bohrzyklus „Lochreihe" mit G26

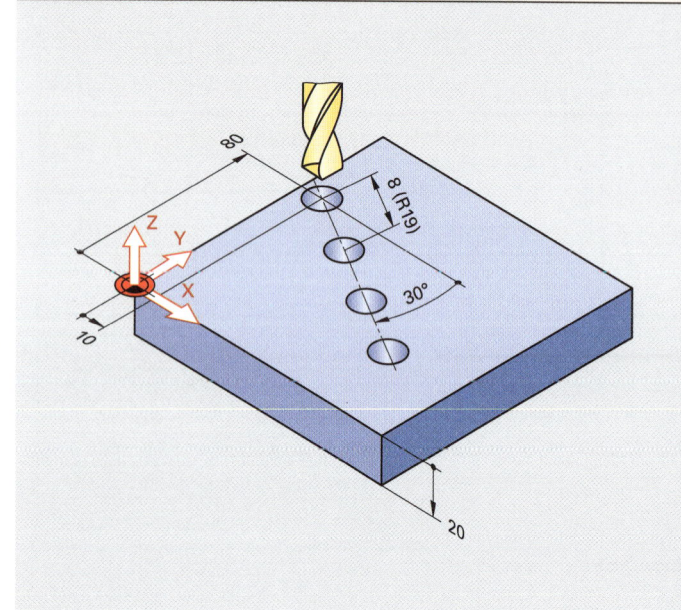

NC-Programm
(Parameter für den Bohrzyklus G81)
N20 ...
N21　G00　　X100　　Y100　　Z12
N22　R02 2　R3 -12　R10 12　R19 8　R22 10
R23 80　R25 -30　R27 4　R28 81
N23　G26 (Zyklusaufruf)

Parameter	Beschreibung
R02	Referenzebene (absolut)
R03	Endbohrtiefe (absolut)
R10	Rückzugsebene (absolut)
R19	Abstand der Bohrungen (inkremental)
R22	X-Koordinate des Mittelpunktes (abs.)
R23	Y-Koordinate des Mittelpunktes (abs.)
R25	Anfangswinkel (Bezug auf X-Achse)
R27	Anzahl der Bohrungen
R28	Nummer des Bohrzyklus (81-89)

12 Programmstrukturen
12.3 Arbeitszyklen bei Industriesteuerungen

12.3.2 Fräszyklen (Auswahl)

Fräszyklus „Rechtecktasche" mit G27

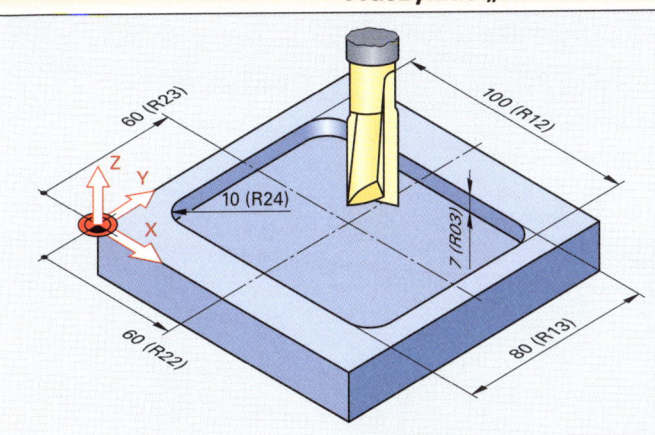

NC-Programm „Rechtecktasche"

```
N20 ...
N21 G00    X...    Y...    Z...
N22 R01 3.5  R02 2  R03 -7  R06 3  R12 100
    R13 80  R15 300  R16 100  R22 60
    R23 60  R24 10
N23 G27 (Zyklusaufruf)
```

Para-meter	Beschreibung	
R01	Zustelltiefe	(inkremental)
R02	Referenzebene	(absolut)
R03	Taschentiefe	(absolut)
R06	Fräsrichtung (G02/G03)	
R12	Taschenlänge	(inkremental)
R13	Taschenbreite	(inkremental)
R15	Vorschub Taschenfläche	
R16	Vorschub Taschentiefe	
R22	X-Koordinate Taschenmittelpkt.	(abs.)
R23	Y-Koordinate Taschenmittelpkt.	(abs.)
R24	Eckenradius bzw. Kreistaschenradius	

Fräszyklus „Kreistasche" mit G28

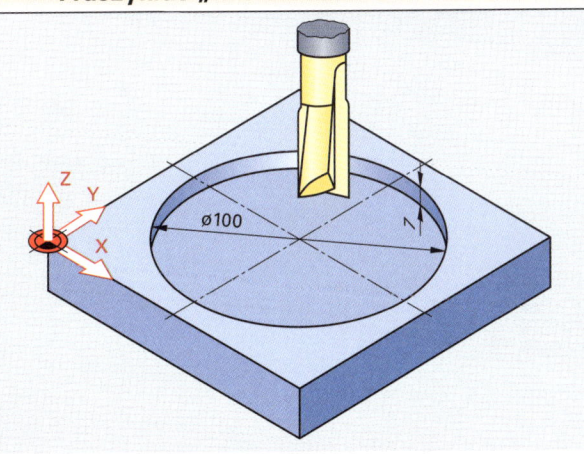

NC-Programm „Kreistasche"

```
N20 ...
N21 G00    X...    Y...    Z...
N22 R01 3.5  R02 2  R03 -7  R06 3  R15 350
    R16 110  R22 60  R23 60  R24 50
N23 G28 (Zyklusaufruf)
```

Bohrzyklus „Nut" mit G29

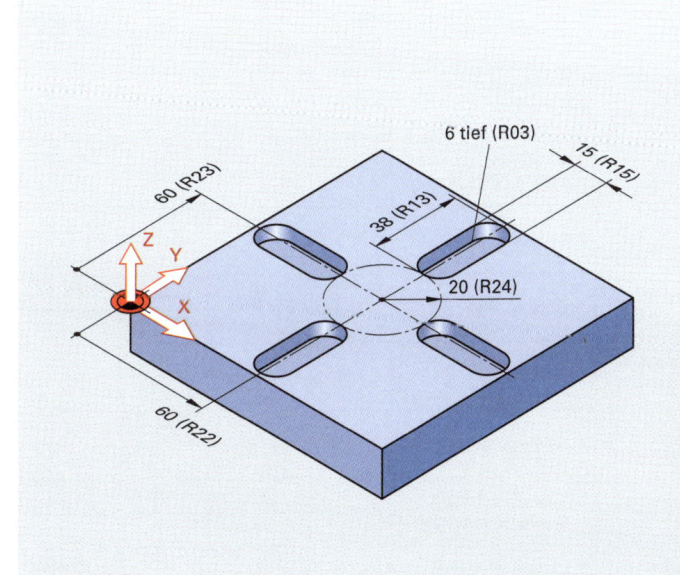

NC-Programm

```
N21 G00    X...    Y...    Z...
N22 R01 3  R02 2  R03 -6  R12 15  R13 38
    R15 300  R16 100  R22 60  R23 60
    R24 20  R25 0  R26 90  R27 4
N23 G29 (Zyklusaufruf)
```

Para-meter	Beschreibung	
R01	Zustelltiefe	(inkremental)
R02	Referenzebene	(absolut)
R03	Nuttiefe	(absolut)
R12	Nutbreite	(inkremental)
R13	Nutlänge	(inkremental)
R15	Vorschub Taschenfläche	
R16	Vorschub Taschentiefe	
R22	X-Koordinate Taschenmittelpkt.	(abs.)
R23	Y-Koordinate Taschenmittelpkt.	(abs.)
R24	Radius	
R25	Anfangswinkel (Bezug auf X-Achse)	
R26	Fortschaltwinkel	
R27	Anzahl der Nuten	

12 Programmstrukturen
12.3 Übungsaufgabe

12.3.3 Übungsaufgabe

Ermitteln Sie die Schnittdaten, erstellen Sie ein CNC-Programm.
Verwenden Sie die Arbeitszyklen der Industriesteuerungen.

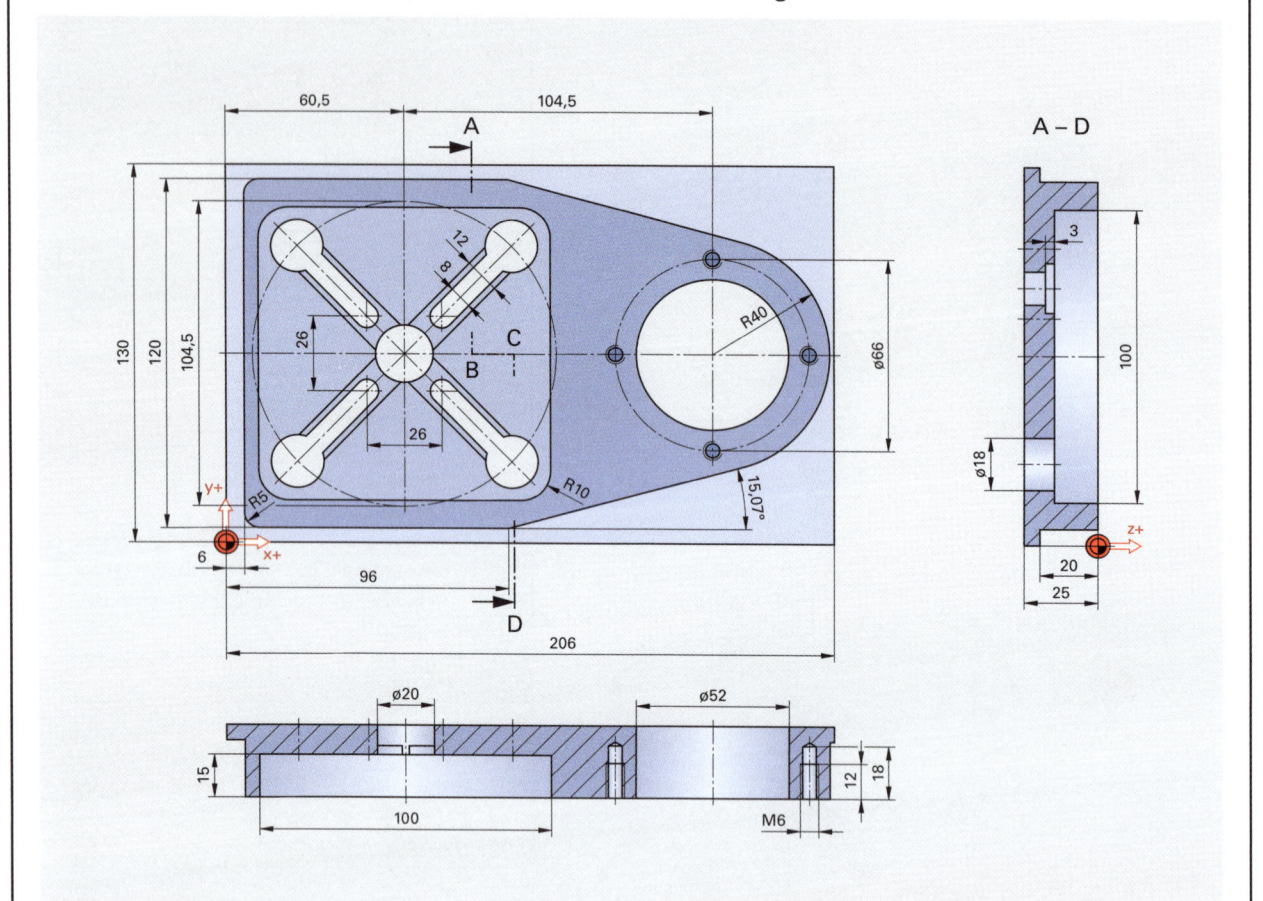

Werkzeuge		Werkstück	Programm-Nr.
		Grundplatte	%1189
Werkz.-Nr.	Werkzeug-Bezeichnung	Schneid-stoff	Werkzeug
T01	Schaftfräser Ø18 mit Zentrumschnitt	HC	
T02	NC-Anbohrer Ø12	HC	
T03	Spibo. Ø18	HSS	
T04	Spibo. Ø20	HSS	
T05	Spibo. Ø5	HSS	
T06	Gewindebohrer M6	HSS	
T07	Schaftfräser Ø12	HC	
T08	Schaftfräser Ø8	HC	
T09	Walzenstirnfräser Ø40	HSS	

Arbeitsplan		Werkstück	Werkstoff
		Rohteil 130x25x206	S235JR+CR
Arbeitsgang	Werkz.-Nr.	Durch-messer / Zahnezahl	V_c in m/min / n in 1/min	f_z in mm / V_f in mm/min
1. Rechtecktasche 100x100 2. Kreistasche Ø52	T01	18 / 3	100	0,066
3. Anbohren Ø20, 4x Ø18, 4x M6	T02	12 / –	40	f = 0,15
4. Bohren Ø18	T03	18 / –	40	f = 0,32
5. Bohren Ø20	T04	20 / –	40	f = 0,32
6. Bohren Ø5	T05	5 / –	40	f = 0,13
7. Gewinde M6	T06	6 / –	15	–
8. Kreuznut fräsen Breite 12 mm	T07	12 / 3	100	0,022
9. Langloch fräsen Breite 8 mm	T08	8 / 3	100	0,015
10. Außenkontur fräsen	T09	40 / 6	28	0,055

12 Programmstrukturen

12.3 Übungsaufgabe

Programmanweisung		
%1189		
N1 G90 G54		

93

12 Programmstrukturen
12.3 Arbeitszyklen bei Industriesteuerungen

12.3.4 Drehzyklen (Auswahl)

Bei den Drehzyklen sind nur die Zyklen für das Gewindeschneiden genormt (G33). Alle Steuerungshersteller bieten weitergehende Drehzyklen, die mit frei verfügbaren G- oder L-Funktionen aufgerufen werden.

Man unterteilt die Drehzyklen grob in 5 Kategorien:
– Abspanzyklen für die Art der Schnittaufteilung (L95)
– Einstechzyklen für Innen- und Außeneinstiche (L94)
– Gewindedrehzyklen für Innen- und Außengewinde (L96)
– Drehzyklen zum Erzeugen von genormten Konturelementen, z. B. Freistiche
– Rückzugszyklen für den automatischen Werkzeugwechsel

Schnittaufteilung bei L95

Abspanzyklus längs — Abspanzyklus plan — Abspanzyklus konturparallel

Arten der Schnittaufteilung

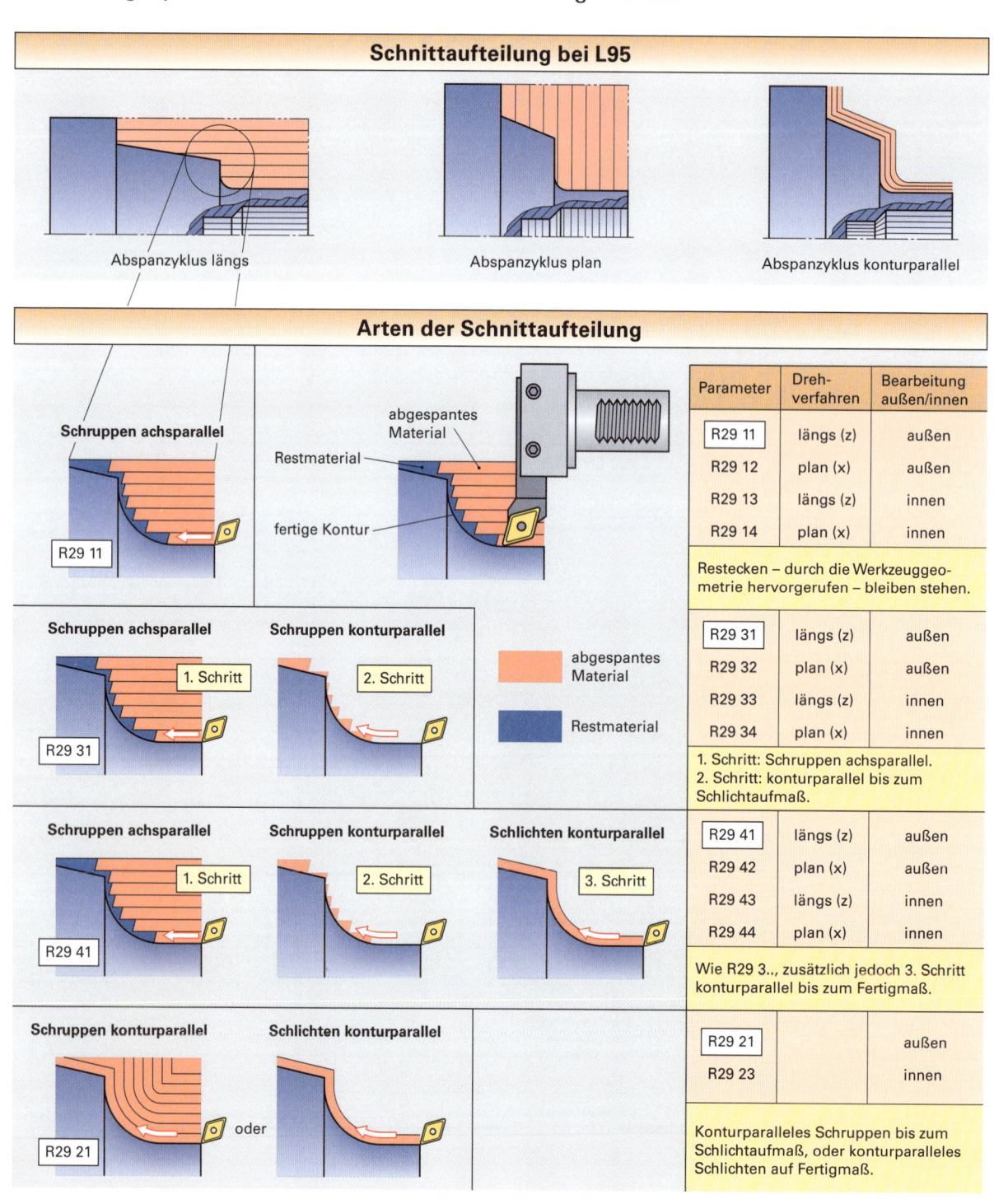

Parameter	Drehverfahren	Bearbeitung außen/innen
R29 11	längs (z)	außen
R29 12	plan (x)	außen
R29 13	längs (z)	innen
R29 14	plan (x)	innen

Restecken – durch die Werkzeuggeometrie hervorgerufen – bleiben stehen.

Parameter	Drehverfahren	Bearbeitung außen/innen
R29 31	längs (z)	außen
R29 32	plan (x)	außen
R29 33	längs (z)	innen
R29 34	plan (x)	innen

1. Schritt: Schruppen achsparallel.
2. Schritt: konturparallel bis zum Schlichtaufmaß.

Parameter	Drehverfahren	Bearbeitung außen/innen
R29 41	längs (z)	außen
R29 42	plan (x)	außen
R29 43	längs (z)	innen
R29 44	plan (x)	innen

Wie R29 3.., zusätzlich jedoch 3. Schritt konturparallel bis zum Fertigmaß.

Parameter		Bearbeitung außen/innen
R29 21		außen
R29 23		innen

Konturparalleles Schruppen bis zum Schlichtaufmaß, oder konturparalleles Schlichten auf Fertigmaß.

12 Programmstrukturen

12.3 Arbeitszyklen bei Industriesteuerungen

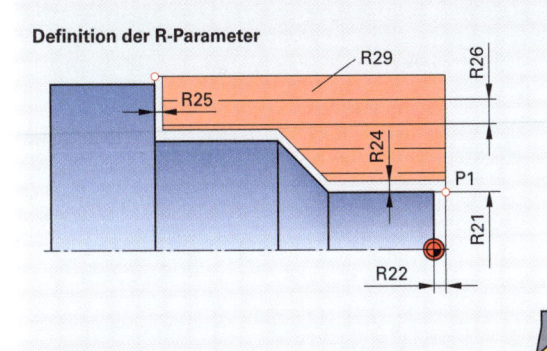

Abspanzyklus mit L95

Definition der R-Parameter

Parameter	Beschreibung
R20	Unterprogrammnummer der Kontur
R21	X-Koordinate des Startpunktes P1 (absolut)
R22	Z-Koordinate des Startpunktes P1 (absolut)
R24	Schlichtaufmaß X (inkremental)
R25	Schlichtaufmaß Z (inkremental)
R26	Schnitttiefe des Schruppspans in X oder Z
R27	Schneidenradiuskompensation (41, 42)
R29	Abspanart

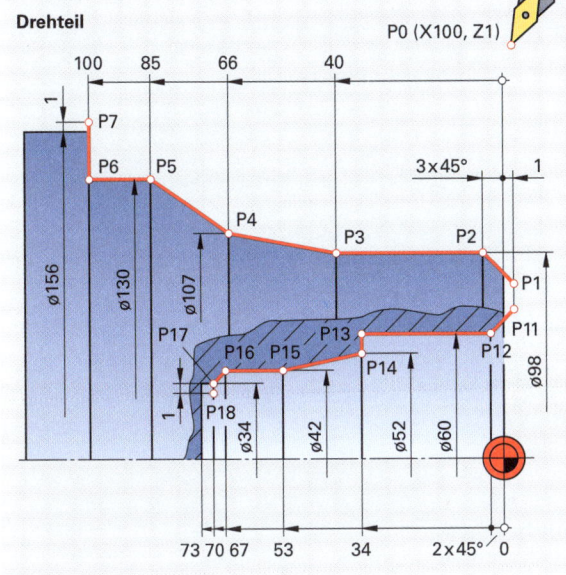

Drehteil — P0 (X100, Z1)

NC-Programm Außenkontur

N20	T0202 (Schruppen)	
N20	G00 X100 Z1 (P0)	Sprung
N21	R20 80 R21 92 R22 1	
	R24 0.5 R25 0.2	
	R26 3 R27 42 R29 31	
N23	L95 (Zyklusaufruf)	
...		
N24	L920 (Ww.-Position)	
N25	T0404 (Schlichten)	
N26	G00 X100 Z1 (P0)	
N27	R20 80 R21 92 R22 1	
	R24 0 R25 0 R26 0	
	R27 42 R29 21	
N28	L95 (Zyklusaufruf)	

UP L80

L80 (UP Außenkontur)
N10 G01 X98 Z-3 (P2)
N11 Z-40   (P3)
N12 X107 Z-66   (P4)
N13 X130 Z85   (P5)
N14   Z-100   (P6)
N15 X158   (P7)
N16 M17

12.3.5 Übungsaufgabe

Die Innenkontur des Drehteils wurde mit einem Vollbohrer ⌀36 vorgebohrt und soll in einem Schrupp- und Schlichtgang fertiggestellt werden. Erstellen Sie das NC-Programm.

NC-Programm Innenkontur	Erläuterung	Unterprogramm L90
%912		
...		

12 Programmstrukturen
12.3 Arbeitszyklen bei Industriesteuerungen

Einstechzyklus L94

Definition der R-Parameter

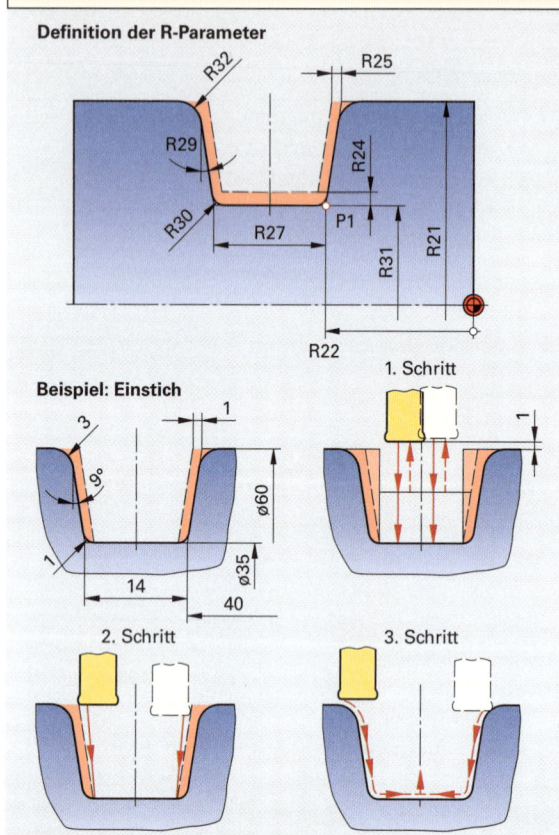

Parameter	Beschreibung
R21	Außen- bzw. Innendurchmesser
R22	Z-Koordinate des Startpunktes P1 (absolut)
R23	Startpunkt (rechts R23 1, links R23 -1)
R24	Schlichtaufmaß in X (inkremental)
R25	Schlichtaufmaß in Z (inkremental)
R26	Zustelltiefe in X (inkremental)
R27	Einstichbreite
R28	Verweilzeit auf Einstechtiefe
R29	Winkel (0 bis 89 Grad)
R30	Radius oder Fase am Einstichgrund
R31	Einstichdurchmesser
R32	Radius oder Fase am Einstichrand

Beispiel: Einstich

1. Schritt
2. Schritt
3. Schritt

NC-Programm Einstechen

```
...
N20  T0202
N20  G00   X...    Z...    (P0)
N21  R21 60  R22 -40  R23 1  R24 0  R25 1  R26 8
     R27 14  R28 0.5  R29 9  R30 1  R31 35 R32 3
N23  L94 (Zyklusaufruf)
...
```

Gewindedrehzyklus L96

Definition der R-Parameter

Parameter	Beschreibung
R20	Gewindesteigung
R21	Gewindeanfang in X (absolut)
R22	Gewindeanfang in Z (absolut)
R23	Anzahl der Leerschritte (inkremental, mit Vorzeichen)
R24	Gewindetiefe (inkremental), bei Innengewinde +, bei Außengewinde −
R25	Schlichtspantiefe (inkremental, ohne Vorzeichen)
R26	Einlaufweg Z_E (inkremental, ohne Vorzeichen)
R27	Auslaufweg (inkremental, ohne Vorzeichen)
R28	Zahl der Schruppschnitte
R29	Zustellwinkel (inkremental, ohne Vorzeichen)
R31	Gewindeende in X (absolut)
R32	Gewindeende in Z (absolut)

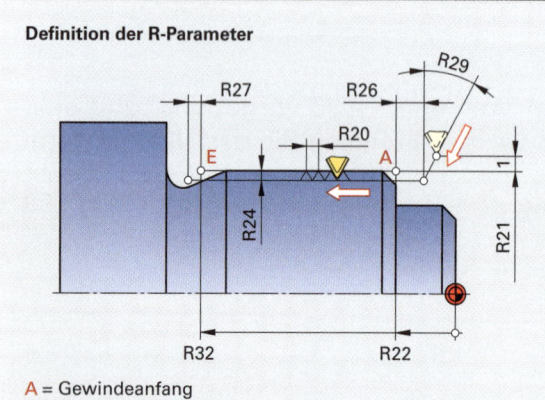

A = Gewindeanfang
E = Gewindeende

Beispiel: Metr. Außengewinde M30×3,5

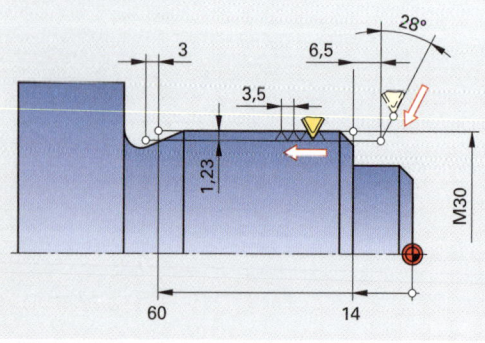

NC-Programm Gewindedrehzyklus

```
...
N20  T0202    G97    ...
N12  G00 X... Z...   (P0)
N14  R20 3,5  R21 30  R22 -14  R23 2   R24 -1.23  R25 0.05
     R26 6.5  R27 3   R28 6    R29 28  R31 30     R32 -60
N23  L96 (Zyklusaufruf)
...
```

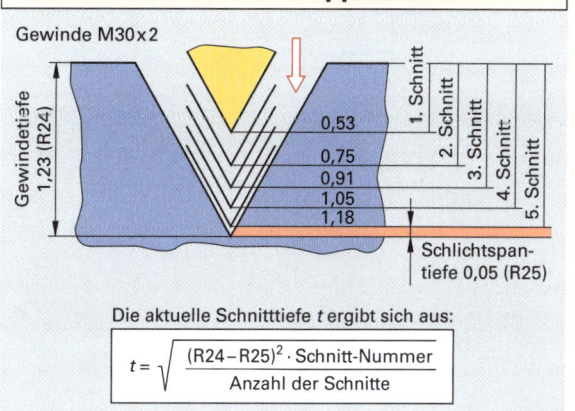

12 Programmstrukturen
12.3 Arbeitszyklen bei Industriesteuerungen

Beispiele für Gewindedrehzyklus L94

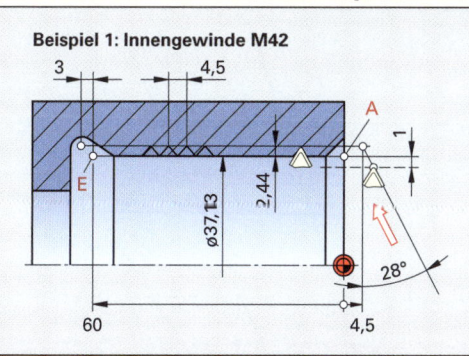

Beispiel 1: Innengewinde M42

Beispiel 2: kegeliges Außengewinde

CNC-Programm Innengewinde

N21	R20 4.5	R21 37.13	R22 0	R23 1	R24 +2.44
	R25 0.2	R26 4.5	R27 3	R28 4	R29 28
	R31 37.13	R32 60			
N22	L94 (Zyklusaufruf)				

CNC-Programm kegeliges Außengewinde

N21	R20 2	R21 40	R22 0	R23 1	R24 -1.3	
	R25 0.2	R26 2.5	R27 3	R28 3	R29 0*)	R31 45
	R32 42.5			*) Schrägstellung		
N22	L94 (Zyklusaufruf)		nicht anwendbar			

R21 und R22 Gewindeanfangspunkt A
R31 und R32 Gewindeendpunkt E
Die Parameter R21 und R22 sind die X-Y-Koordinaten des Gewindeanfangs im Punkt A.

R23 Leerschritte
Leerschritte sind Bearbeitungsdurchgänge ohne Zustellung um hohe Oberflächengüte und kleine Maßtoleranzen zu erreichen.

R24 Gewindetiefe
Das Vorzeichen legt fest, ob es sich um ein Innen- (−) oder Außengewinde (+) handelt.

R25 Schlichtmaß
Das Schlichtmaß wird von der Gewindetiefe R24 subtrahiert. Der verbleibende Wert wird in Schruppschnitte zerlegt.

R26 Einlaufweg, R27 Auslaufweg
Der Startpunkt des Zyklus liegt im Punkt P0, der mit R26 den Einlaufweg in Z-Richtung berücksichtigt. Der X-Wert liegt 1 mm über R21. Der Auslaufweg endet mit R27 im Punkt P2. Ein- und Auslaufweg werden bestimmt von der Gewindesteigung, der Drehzahl und der Maschinenkenngröße K.

R28 Anzahl der Schruppschnitte
Um einen konstanten Schnittdruck zu erreichen, errechnet die Steuerung automatisch die einzelnen Zustelltiefen.

R29 Zustellwinkel
Die Zustellung des Drehmeißels ist, außer bei kegeligen Gewinden, unter einem beliebigen Winkel möglich.

Gewindepunkte, An- und Auslaufwege

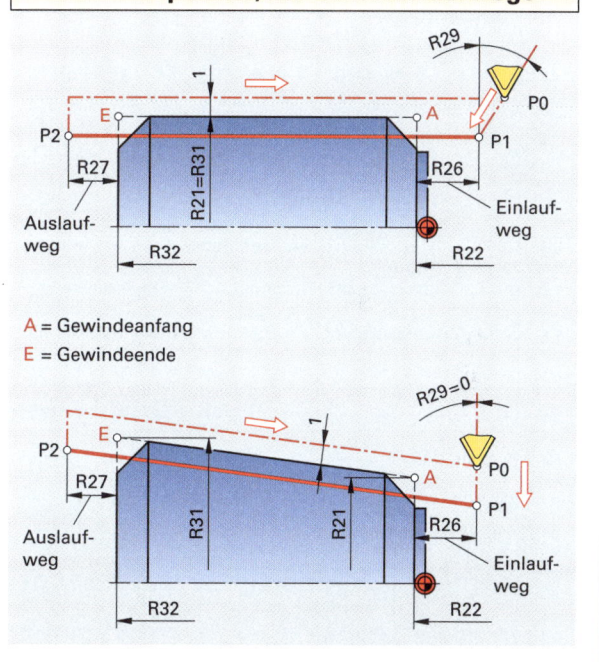

A = Gewindeanfang
E = Gewindeende

Anzahl der Schruppschnitte

Gewinde M30×2

Gewindetiefe 1,23 (R24):
- 0,53 — 1. Schnitt
- 0,75 — 2. Schnitt
- 0,91 — 3. Schnitt
- 1,05 — 4. Schnitt
- 1,18 — 5. Schnitt

Schlichtspantiefe 0,05 (R25)

Die aktuelle Schnitttiefe t ergibt sich aus:

$$t = \sqrt{\frac{(R24-R25)^2 \cdot \text{Schnitt-Nummer}}{\text{Anzahl der Schnitte}}}$$

12 Programmstrukturen
12.3 Arbeitszyklen bei Industriesteuerungen

R21 und R22 Gewindeanfangspunkt A

An- und Auslaufwege werden bestimmt durch die Gewindesteigung P, die Drehzahl n und der Maschinenkenngröße K.

Die Maschinenkenngröße K ist bei jeder CNC-Maschine verschieden und wird durch Versuche ermittelt.

Beispiel:
Gewinde M30x3,5 v_c = 130 m/min, K = 333/min

$$n = \frac{v_c}{d \cdot \pi} = \frac{130\,000 \text{ m/min}}{30 \text{ mm} \cdot \pi} = 1380/\text{min}$$

$$Z_E = \frac{P \cdot n}{K} = \frac{3,5 \text{ mm} \cdot 1380/\text{min}}{333/\text{min}} = 14,5 \text{ mm}$$

Diagramm zum Anlaufweg s

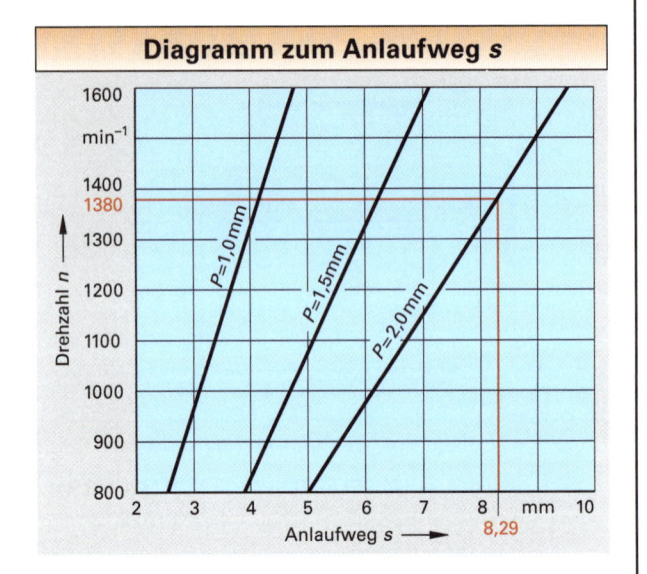

Zustellungsarten

Radialzustellung
Merkmale:
- schlechter Spanfluss,
- Einsatz bei kurzspanenden Werkstoffen,
- ≤ 1,5 mm Gewindesteigung

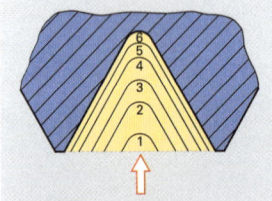

Flankenzustellung einseitige Zustellung
Merkmale:
- guter Spanfluss,
- geringe Wärmebelastung der Schneide,
- ≥ 1,5 mm Gewindesteigung

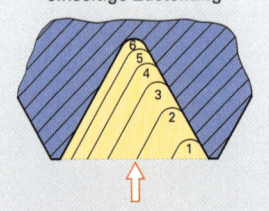

wechselseitige Zustellung
Merkmale:
- wechselseitige Zustellung,
- gleichmäßiger Verschleiß,
- längere Standzeit

Flankenzustellung modifizierte einseitige Zustellung
Zustellwinkel 28°, ½ Flankenwinkel 2°
Merkmale:
- Zustellwinkel < ½ Flankenwinkel,
- geringer Verschleiß,
- gute Oberflächengüte

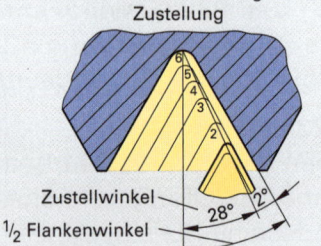

Schnittrichtungen beim Gewindedrehen

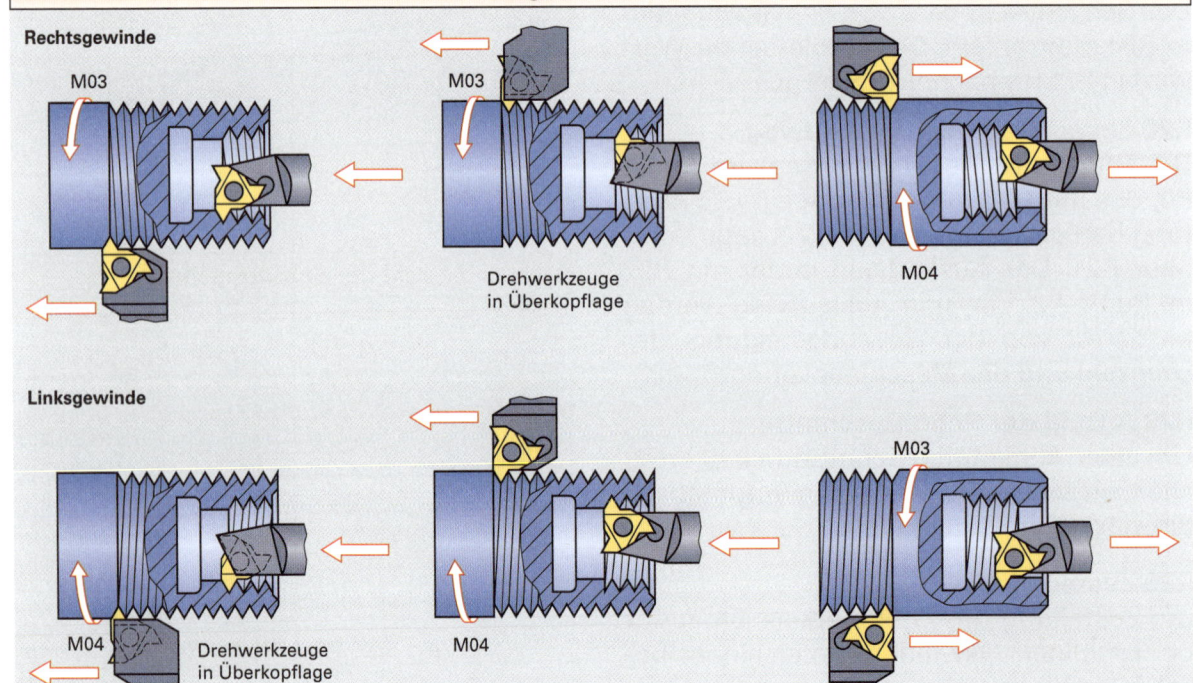

Rechtsgewinde
M03 — M03 — Drehwerkzeuge in Überkopflage — M04

Linksgewinde
M04 — Drehwerkzeuge in Überkopflage — M04 — M03

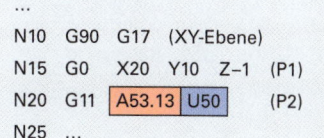

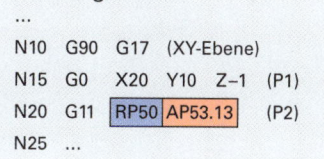

13 Erweiterte Programmierung
13.1 Polarkoordinaten

13.1.1 Bearbeitungsebenen und Programmierung

Wenn Zeichnungen mit Winkel und Radien bemaßt sind, ist eine Programmierung im rechtwinkligen Koordinatensystem nur durch aufwändige Umrechnungen möglich. Statt der rechtwinkligen Koordinaten können in diesem Fall Polarkoordinaten verwendet werden.

Zur Berechnung des Verfahrweges und der Lage des Anfahrpunktes benötigt die Steuerung folgende Angaben:
- Mittelpunkt des Polarkoordinatensystems durch Angabe der rechtwinkligen Koordinaten X, Y und Z
- Größe des Polarwinkels AP (ohne Vorzeichen) und Länge von U, die als Vektor vom Mittelpunkt M auf den Zielpunkt P2 weist.

Der Polarwinkel AP bezieht sich immer auf die zuerst programmierte positive Achse der Mittelpunkts-Koordinaten und ist positiv, wenn er entgegen dem Uhrzeigersinn dreht.

Statt des Polarwinkels A kann auch die Zielkoordinate X oder Y angegeben werden.

Es gelten folgende Wegbedingungen:
- G10 Geradeninterpolation im Eilgang
- G11 Geradeninterpolation im Vorschub
- G12 Kreisinterpolation im Uhrzeigersinn
- G13 Kreisinterpolation entgegen dem Uhrzeigersinn

Zuordnung der Bearbeitungsebenen

XY-Ebene mit G17

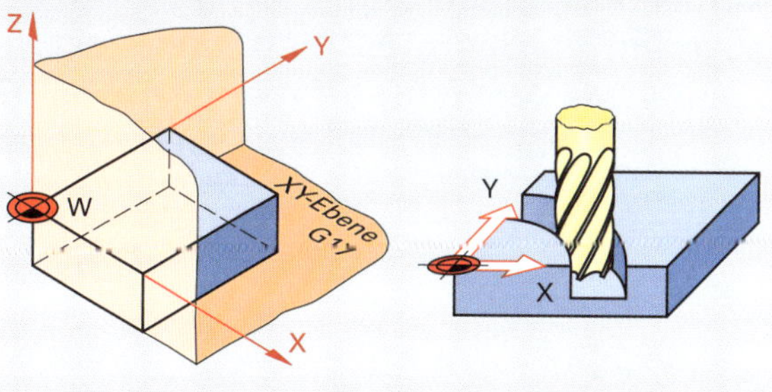

XZ-Ebene mit G18

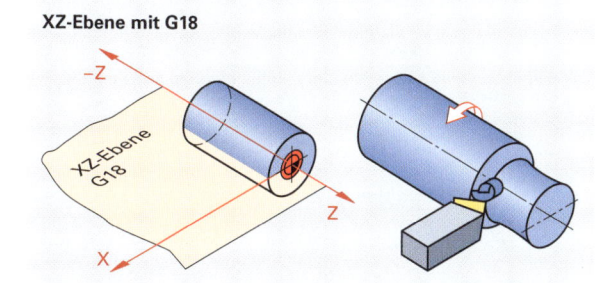

YZ-Ebene mit G19

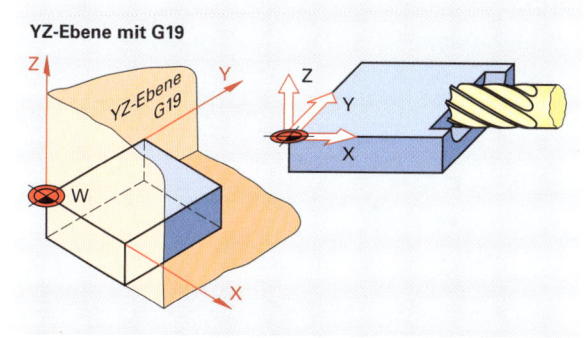

Programmierung von Polarkoordinaten

Definition über Polarwinkel A und Polarradius (Polarlänge) U (Industrie-Steuerung)	Definition über Polarwinkel A und inkrementale X-Koordinate (P)	Definition über Polarwinkel AP und Polarradius (Polarlänge) RP (PAL-Steuerung)
Frästeil, Polarradius U=50, Polarwinkel A=53.13°	Drehteil, inkrementale Zielkoordinate P=40, Polarwinkel A=135°	Frästeil, Polarradius RP=50, Polarwinkel AP=53.13°

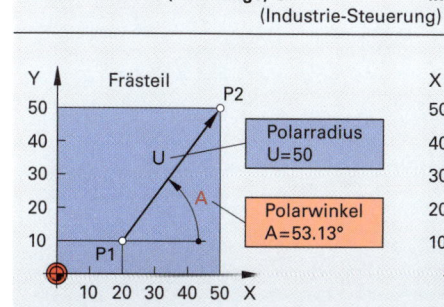

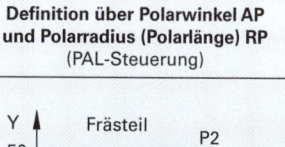

NC-Programm
...
N10 G90 G17 (XY-Ebene)
N15 G0 X20 Y10 Z−1 (P1)
N20 G11 A53.13 U50 (P2)
N25 ...

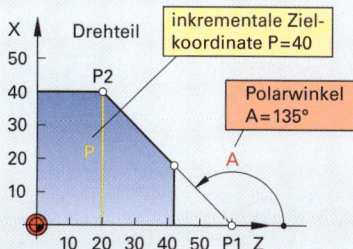

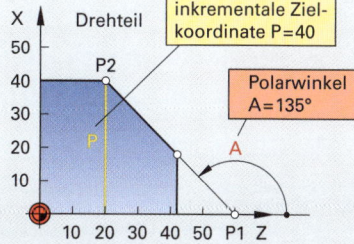

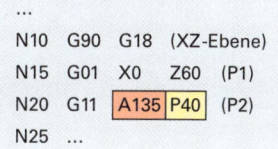

NC-Programm
...
N10 G90 G18 (XZ-Ebene)
N15 G01 X0 Z60 (P1)
N20 G11 A135 P40 (P2)
N25 ...

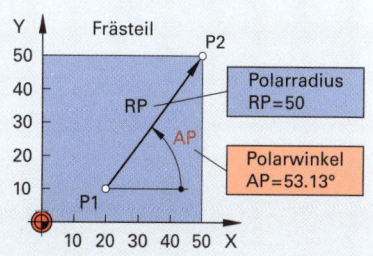

NC-Programm
...
N10 G90 G17 (XY-Ebene)
N15 G0 X20 Y10 Z−1 (P1)
N20 G11 RP50 AP53.13 (P2)
N25 ...

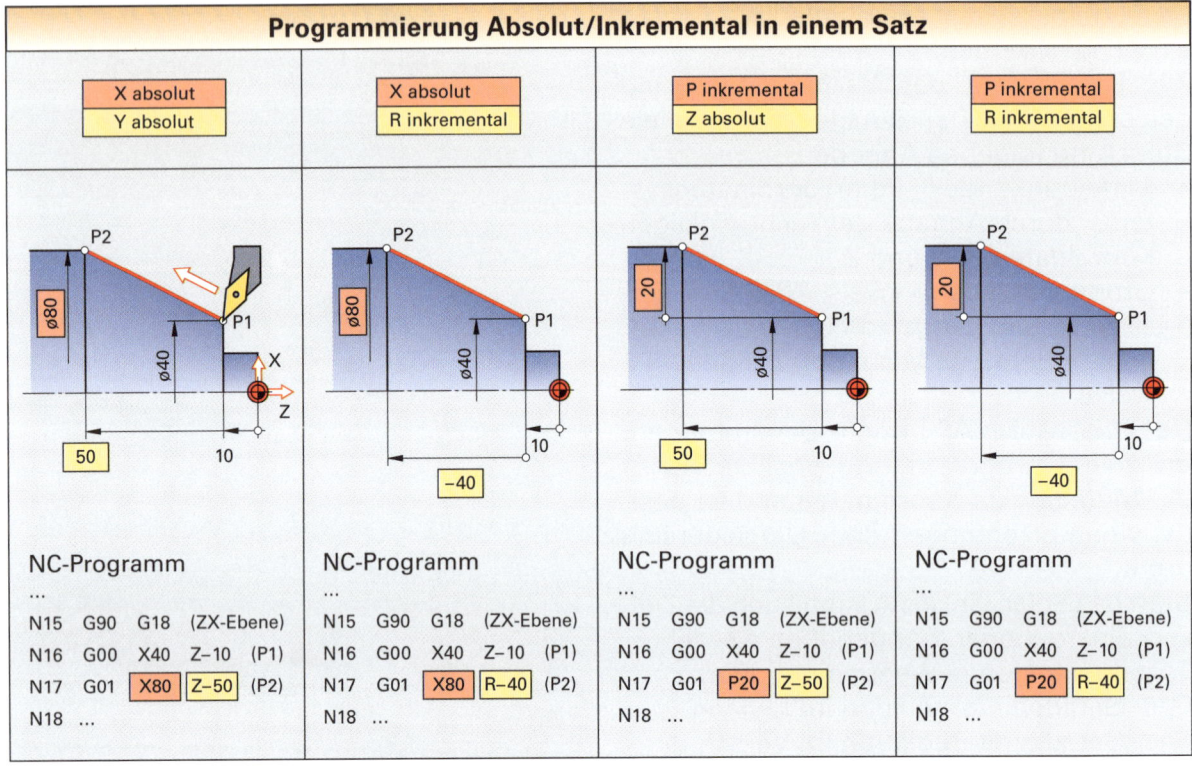

13 Erweiterte Programmierung
13.1 Polarkoordinaten

Die Adressbuchstaben für die Polarkoordinaten und die Konturzüge sind von Steuerung zu Steuerung oft unterschiedlich.

Komfortable Steuerungen ermöglichen die Programmierung von Absolut- und Inkrementalwerten in einem NC-Satz ohne Verwendung der Wegbedingungen G90 oder G91. Benutzt werden dann oft die in DIN 66 025 zusätzlich erlaubten Adressbuchstaben P, Q und R als zweite Parallelbewegung zu den X-, Y- und Z-Achsen.

Programmierung Absolut/Inkremental in einem Satz

X absolut / Y absolut

NC-Programm
...
N15 G90 G18 (ZX-Ebene)
N16 G00 X40 Z–10 (P1)
N17 G01 X80 Z–50 (P2)
N18 ...

X absolut / R inkremental

NC-Programm
...
N15 G90 G18 (ZX-Ebene)
N16 G00 X40 Z–10 (P1)
N17 G01 X80 R–40 (P2)
N18 ...

P inkremental / Z absolut

NC-Programm
...
N15 G90 G18 (ZX-Ebene)
N16 G00 X40 Z–10 (P1)
N17 G01 P20 Z–50 (P2)
N18 ...

P inkremental / R inkremental

NC-Programm
...
N15 G90 G18 (ZX-Ebene)
N16 G00 X40 Z–10 (P1)
N17 G01 P20 R–40 (P2)
N18 ...

Programmierung mit Polarwinkel A und G11

X absolut / Polarwinkel A

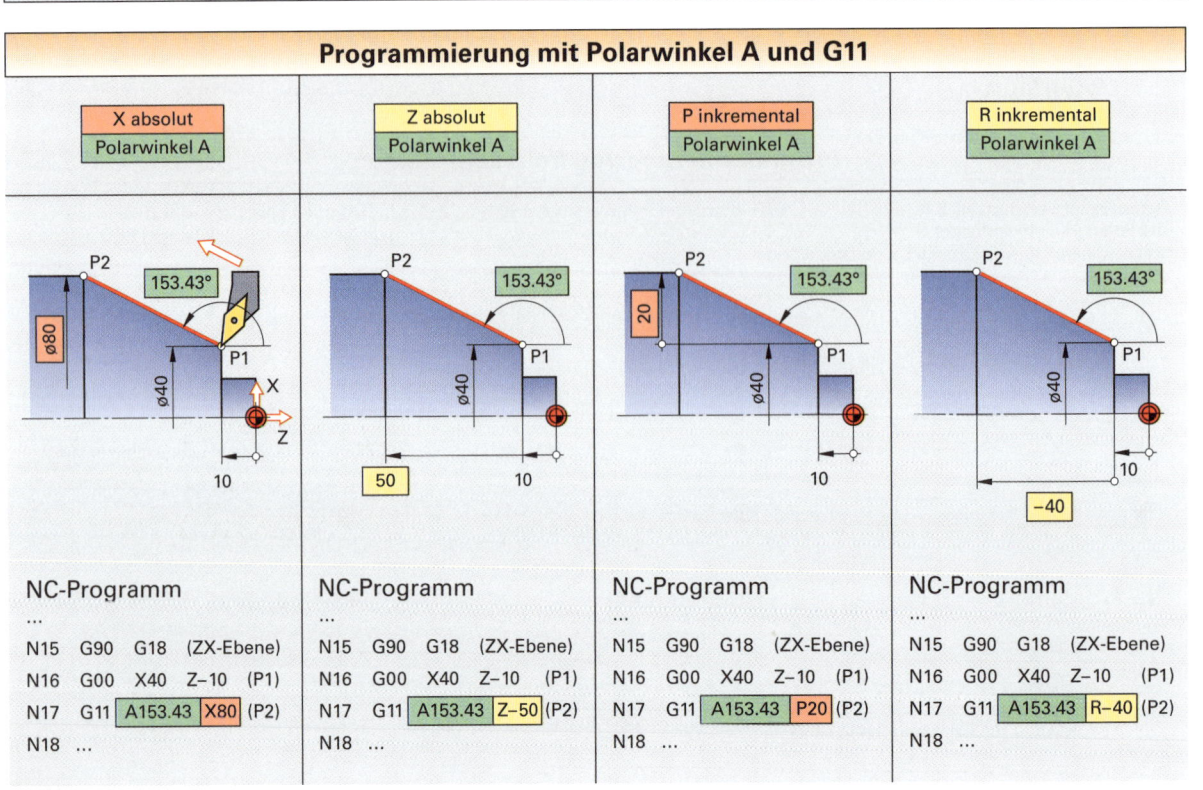

NC-Programm
...
N15 G90 G18 (ZX-Ebene)
N16 G00 X40 Z–10 (P1)
N17 G11 A153.43 X80 (P2)
N18 ...

Z absolut / Polarwinkel A

NC-Programm
...
N15 G90 G18 (ZX-Ebene)
N16 G00 X40 Z–10 (P1)
N17 G11 A153.43 Z–50 (P2)
N18 ...

P inkremental / Polarwinkel A

NC-Programm
...
N15 G90 G18 (ZX-Ebene)
N16 G00 X40 Z–10 (P1)
N17 G11 A153.43 P20 (P2)
N18 ...

R inkremental / Polarwinkel A

NC-Programm
...
N15 G90 G18 (ZX-Ebene)
N16 G00 X40 Z–10 (P1)
N17 G11 A153.43 R–40 (P2)
N18 ...

13 Erweiterte Programmierung
13.1 Polarkoordinaten

13.1.2 Beispiele

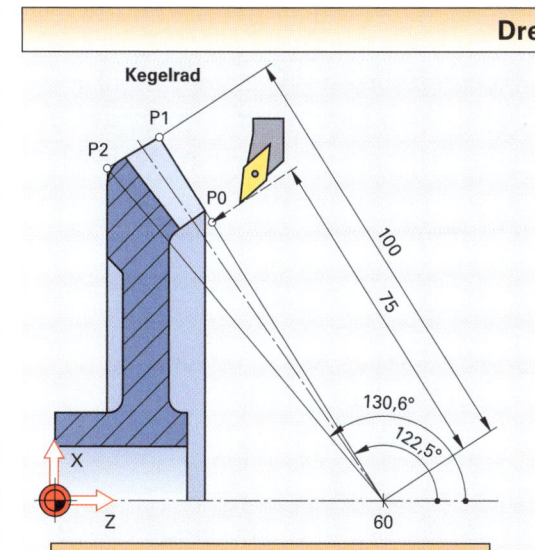

Drehen und Fräsen

Kegelrad

NC-Programm – Drehen				
...				
N5	G90	G18	(XZ-Ebene)	
N6	F...	S...		
N7	G10	X0 Z60	A122.5	B75 (P0)
N8	G11			B100 (P1)
N9	G11		A130.6	B101 (P2)
N10	...			

Polarkoordinaten		
	Industrie-Steuerungen	PAL-Steuerungen
Polar∢	A	AP
Polarlänge	U (Fräsen) B (Drehen)	RP
Inkrem. X-Wert	P	XI
Inkrem. Y-Wert	Q	YI
Inkrem. Z-Wert	R	ZI

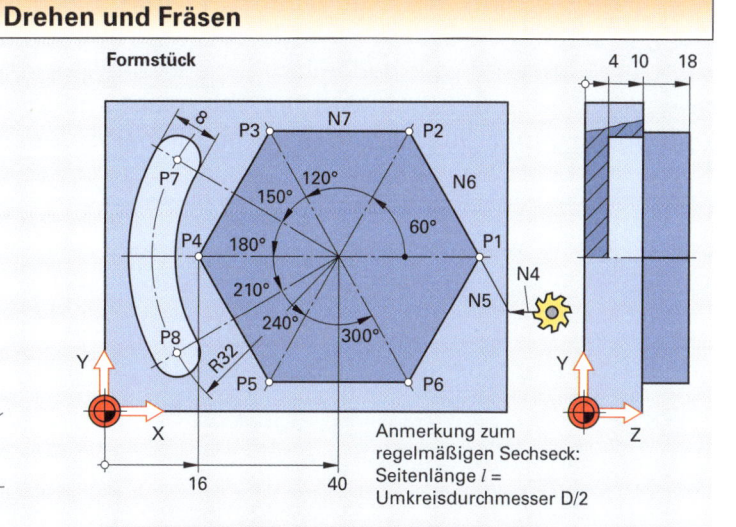

Formstück

Anmerkung zum regelmäßigen Sechseck: Seitenlänge l = Umkreisdurchmesser D/2

NC-Programm – Fräsen				
...				
N3	G90	G42 G17	(XY-Ebene)	
N4	G1	X70 Y25	Z10	(P0)
N5	G11	X40 Y35	A0 U24	(P1)
N6	G11	A60	(P2)	
N7	G11	A120	(P3)	
N8	G11	A180	(P4)	
N9	G11	A240	(P5)	
N10	G11	A300	(P6)	
N11	G11	A0	(P1)	
N12	G0	Z150		
N13	T0202 M6 (Wzg. Wechsel, Fräser Ø8)			
N14	G10	X40 Y35	A150 U32	(P7)
N15	G0	Z11		
N16	G1	Z4		
N17	G13	A210	(P8)	
N18	G0	Z100		
N19	M30			

Anmerkung: Bei den Polarkoordinaten G10–G13 werden die vorangegangenen Parameter A, U, B, P, Q, R in die nächste Polarkoordinatenangabe übernommen (z. B. bei N6).

13.1.3 Übungsaufgabe

Erstellen Sie das NC-Programm. Zu fertigen sind die beiden Bohrungen und die Nut. Benutzen Sie den Polarwinkel, die Polarlänge und den Bohrzyklus G81 (S. 86).

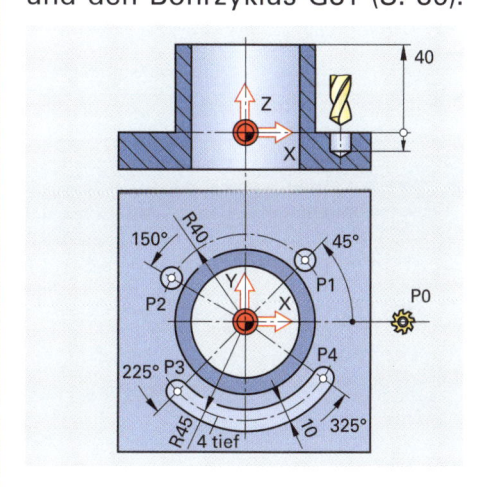

CNC-Programm	Erläuterung
N1 G90 G17	(XY-Ebene)
N2 G0 X100 Y100 Z200 (P0)	Anfangsposition P0
N3 T0101 M6 M3	Ww, Bohrer Ø12
N4 G10 X0 Y0 A45 U40 (P1)	Punkt P1 anfahren

101

13 Erweiterte Programmierung
13.2 Konturzüge

13.2.1 Konturzugprogrammierung

Konturzüge ermöglichen die direkte Programmierung nach der Werkstückzeichnung. Die Schnittpunkte von Geraden werden als Koordinaten oder als Winkel programmiert. Geradenzüge können direkt nacheinander anschließen und über Fasen und Übergangsradien angefast oder abgerundet werden. Die nachfolgend benutzten Parameter für die Fase (B-) und Übergangsradius (B) sind unverbindlich und von Steuerung zu Steuerung verschieden.

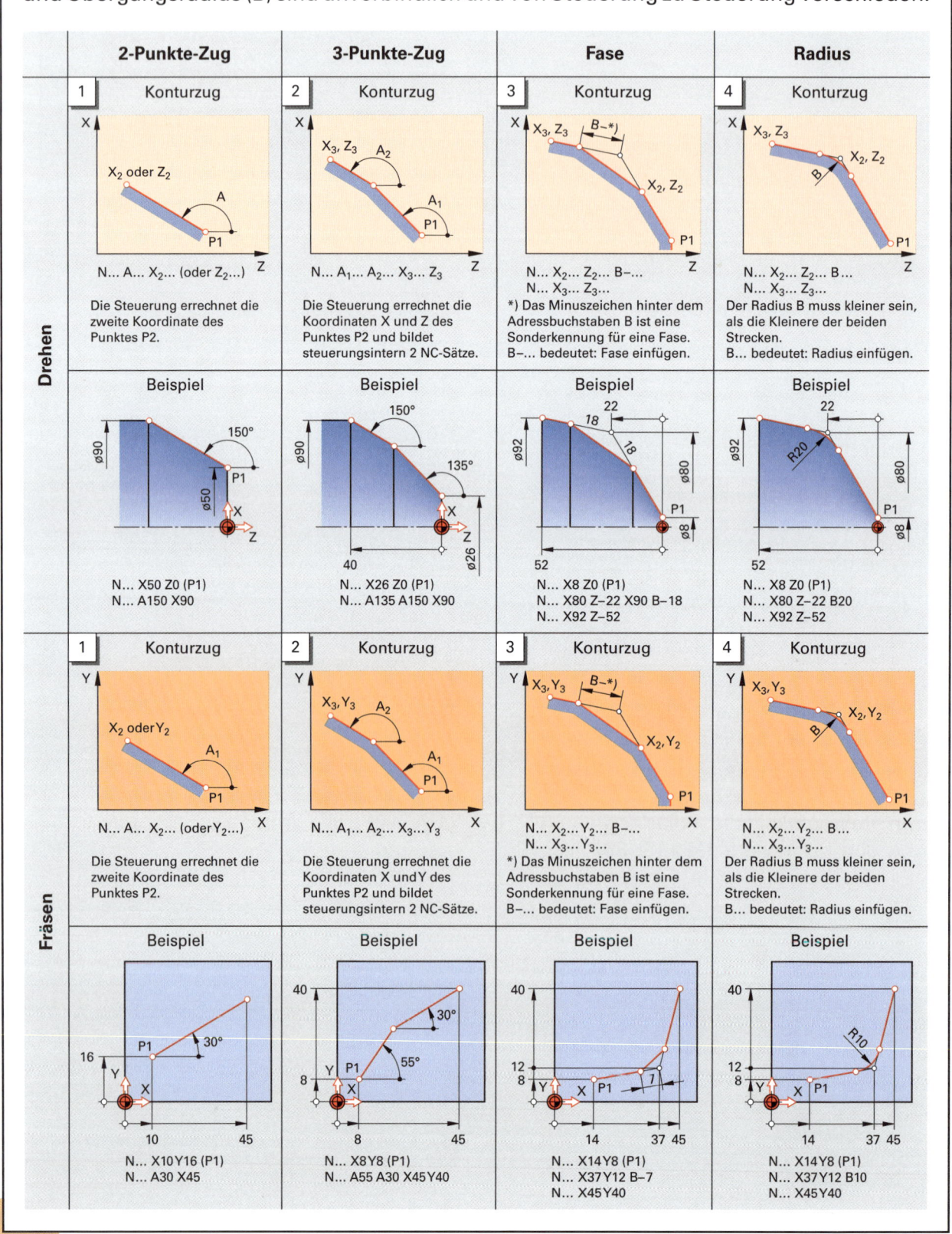

	2-Punkte-Zug	3-Punkte-Zug	Fase	Radius
Drehen Konturzug	N... A... X₂... (oder Z₂...) Die Steuerung errechnet die zweite Koordinate des Punktes P2.	N... A₁... A₂... X₃... Z₃ Die Steuerung errechnet die Koordinaten X und Z des Punktes P2 und bildet steuerungsintern 2 NC-Sätze.	N... X₂... Z₂... B−... N... X₃... Z₃... *) Das Minuszeichen hinter dem Adressbuchstaben B ist eine Sonderkennung für eine Fase. B−... bedeutet: Fase einfügen.	N... X₂... Z₂... B... N... X₃... Z₃... Der Radius B muss kleiner sein, als die Kleinere der beiden Strecken. B... bedeutet: Radius einfügen.
Drehen Beispiel	N... X50 Z0 (P1) N... A150 X90	N... X26 Z0 (P1) N... A135 A150 X90	N... X8 Z0 (P1) N... X80 Z−22 X90 B−18 N... X92 Z−52	N... X8 Z0 (P1) N... X80 Z−22 B20 N... X92 Z−52
Fräsen Konturzug	N... A... X₂... (oder Y₂...) Die Steuerung errechnet die zweite Koordinate des Punktes P2.	N... A₁... A₂... X₃... Y₃ Die Steuerung errechnet die Koordinaten X und Y des Punktes P2 und bildet steuerungsintern 2 NC-Sätze.	N... X₂... Y₂... B−... N... X₃... Y₃... *) Das Minuszeichen hinter dem Adressbuchstaben B ist eine Sonderkennung für eine Fase. B−... bedeutet: Fase einfügen.	N... X₂... Y₂... B... N... X₃... Y₃... Der Radius B muss kleiner sein, als die Kleinere der beiden Strecken. B... bedeutet: Radius einfügen.
Fräsen Beispiel	N... X10 Y16 (P1) N... A30 X45	N... X8 Y8 (P1) N... A55 A30 X45 Y40	N... X14 Y8 (P1) N... X37 Y12 B−7 N... X45 Y40	N... X14 Y8 (P1) N... X37 Y12 B10 N... X45 Y40

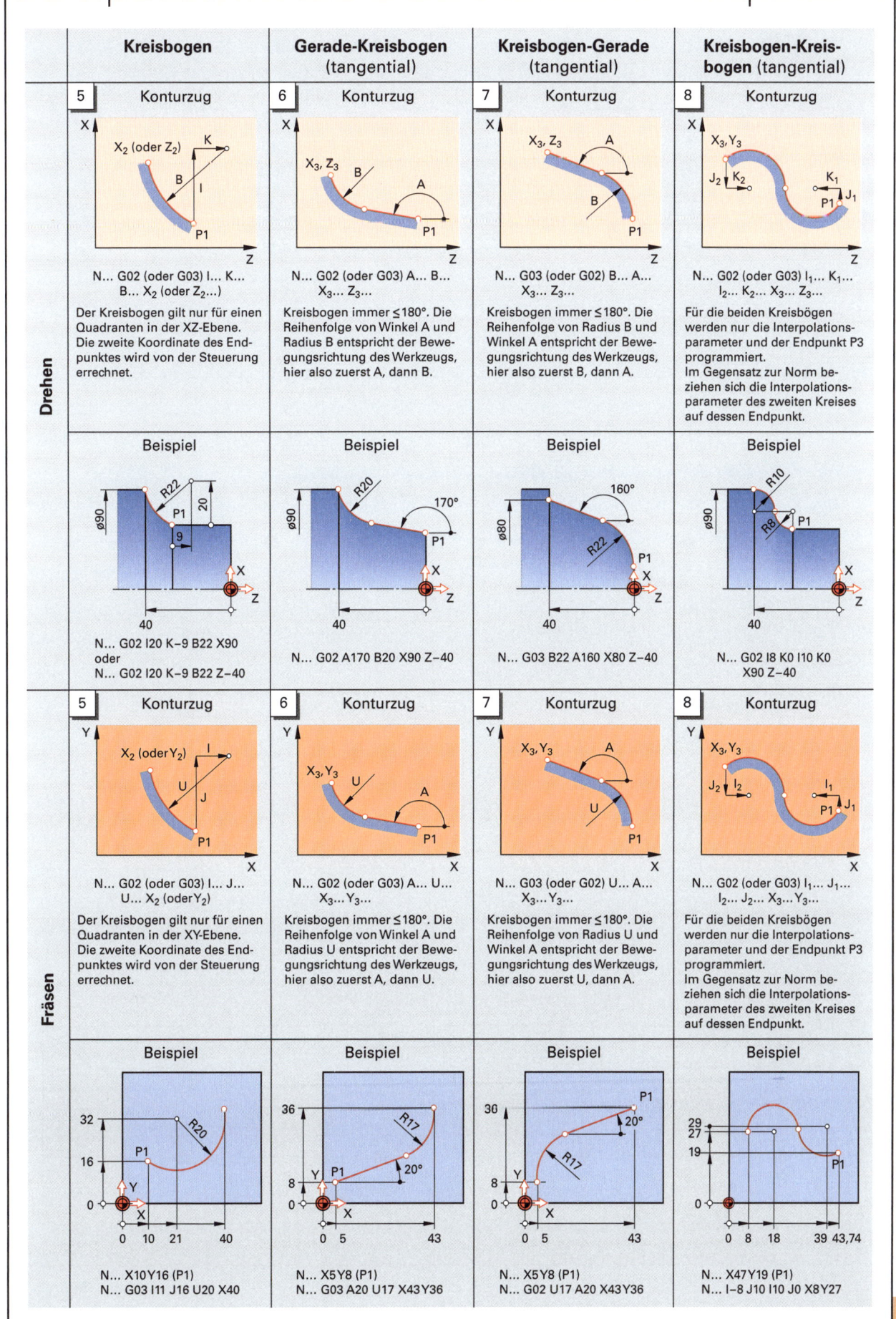

13 Erweiterte Programmierung
13.2 Konturzüge

	Kreisbogen	Gerade-Kreisbogen (tangential)	Kreisbogen-Gerade (tangential)	Kreisbogen-Kreisbogen (tangential)
Drehen — Konturzug	N... G02 (oder G03) I... K... B... X_2 (oder Z_2...) Der Kreisbogen gilt nur für einen Quadranten in der XZ-Ebene. Die zweite Koordinate des Endpunktes wird von der Steuerung errechnet.	N... G02 (oder G03) A... B... X_3... Z_3... Kreisbogen immer ≤180°. Die Reihenfolge von Winkel A und Radius B entspricht der Bewegungsrichtung des Werkzeugs, hier also zuerst A, dann B.	N... G03 (oder G02) B... A... X_3... Z_3... Kreisbogen immer ≤180°. Die Reihenfolge von Radius B und Winkel A entspricht der Bewegungsrichtung des Werkzeugs, hier also zuerst B, dann A.	N... G02 (oder G03) I_1... K_1... I_2... K_2... X_3... Z_3... Für die beiden Kreisbögen werden nur die Interpolationsparameter und der Endpunkt P3 programmiert. Im Gegensatz zur Norm beziehen sich die Interpolationsparameter des zweiten Kreises auf dessen Endpunkt.
Drehen — Beispiel	N... G02 I20 K-9 B22 X90 oder N... G02 I20 K-9 B22 Z-40	N... G02 A170 B20 X90 Z-40	N... G03 B22 A160 X80 Z-40	N... G02 I8 K0 I10 K0 X90 Z-40
Fräsen — Konturzug	N... G02 (oder G03) I... J... U... X_2 (oder Y_2) Der Kreisbogen gilt nur für einen Quadranten in der XY-Ebene. Die zweite Koordinate des Endpunktes wird von der Steuerung errechnet.	N... G02 (oder G03) A... U... X_3... Y_3... Kreisbogen immer ≤180°. Die Reihenfolge von Winkel A und Radius U entspricht der Bewegungsrichtung des Werkzeugs, hier also zuerst A, dann U.	N... G03 (oder G02) U... A... X_3... Y_3... Kreisbogen immer ≤180°. Die Reihenfolge von Radius U und Winkel A entspricht der Bewegungsrichtung des Werkzeugs, hier also zuerst U, dann A.	N... G02 (oder G03) I_1... J_1... I_2... J_2... X_3... Y_3... Für die beiden Kreisbögen werden nur die Interpolationsparameter und der Endpunkt P3 programmiert. Im Gegensatz zur Norm beziehen sich die Interpolationsparameter des zweiten Kreises auf dessen Endpunkt.
Fräsen — Beispiel	N... X10 Y16 (P1) N... G03 I11 J16 U20 X40	N... X5 Y8 (P1) N... G03 A20 U17 X43 Y36	N... X5 Y8 (P1) N... G02 U17 A20 X43 Y36	N... X47 Y19 (P1) N... I-8 J10 I10 J0 X8 Y27

13 Erweiterte Programmierung
13.2 Konturzüge

	2-Punkte-Zug + Fase	2-Punkte-Zug + Radius	3-Punkte-Zug + Fase	3-Punkte-Zug + Radius
Drehen Konturzug	1+3	1+4	2+3	2+4
Programm	N... A... X_2... (oder Z_2) B-... N... X_3... Z_3...	N... A... X_2... (oder Z_2) B... N... X_3... Z_3...	N... A_1... A_2... X_3... Z_3... B-...	N... A_1... A_2... X_3... Z_3... B...
Beispiel	N... A110 X60 B-6 N... X70 Z-40	N... A105 X55 B10 N... X75 Z-40	N... A110 A174 X70 Z-40 B-6 N... X70 Z-40	N... A105 A174 X75 Z-40 B12 N... X75 Z-40
Fräsen Konturzug	1+3	1+4	2+3	2+4
Programm	N... A... X_2... (oder Y_2) B-... N... X_3... Y_3...	N... A... X_2... (oder Y_2) B... N... X_3... Y_3...	N... A_1... A_2... X_3... Y_3... B-...	N... A_1... A_2... X_3... Y_3... B...
Beispiel	N... X37 Y8 (P1) N... A100 X32 B-5 N... X8 Z40	N... X37 Y8 (P1) N... A100 X30 B14 N... X8 Z40	N... X37 Y8 (P1) N... A100 A170 X8 Y40 B-5	N... X37 Y8 (P1) N... A100 A170 X8 Y40 B14

13 Erweiterte Programmierung
13.2 Konturzüge

Drehen

3-Punkte-Zug + Fase + Fase
2+3+3 Konturzug

N... A_1... A_2... X_3... Z_3...
B_1-... B_2-...
N... X_4... Z_4 ...

Beispiel

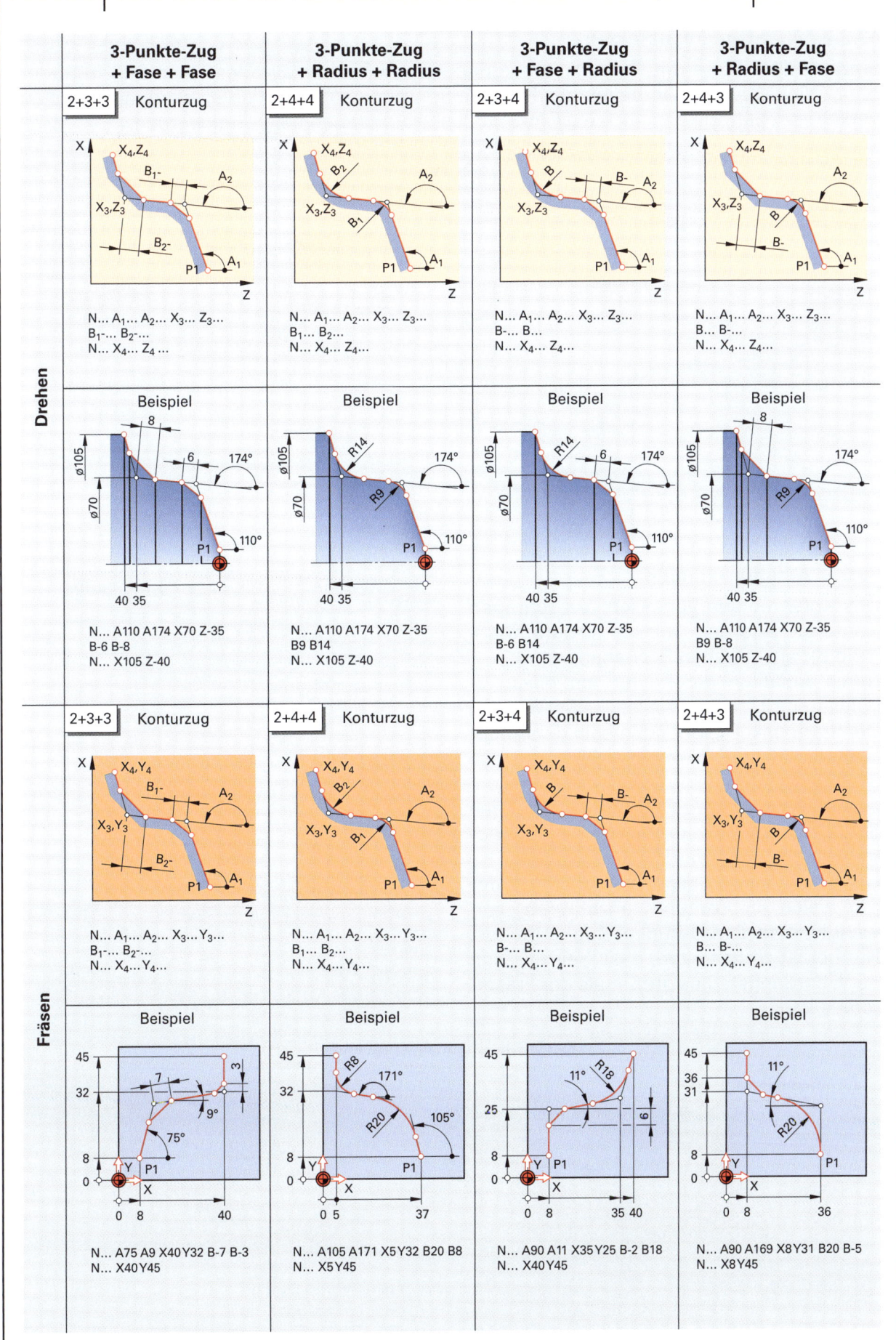

N... A110 A174 X70 Z-35
B-6 B-8
N... X105 Z-40

3-Punkte-Zug + Radius + Radius
2+4+4 Konturzug

N... A_1... A_2... X_3... Z_3...
B_1... B_2...
N... X_4... Z_4...

Beispiel

N... A110 A174 X70 Z-35
B9 B14
N... X105 Z-40

3-Punkte-Zug + Fase + Radius
2+3+4 Konturzug

N... A_1... A_2... X_3... Z_3...
B-... B...
N... X_4... Z_4...

Beispiel

N... A110 A174 X70 Z-35
B-6 B9
N... X105 Z-40

3-Punkte-Zug + Radius + Fase
2+4+3 Konturzug

N... A_1... A_2... X_3... Z_3...
B... B-...
N... X_4... Z_4...

Beispiel

N... A110 A174 X70 Z-35
B9 B-8
N... X105 Z-40

Fräsen

3-Punkte-Zug + Fase + Fase
2+3+3 Konturzug

N... A_1... A_2... X_3... Y_3...
B_1-... B_2-...
N... X_4... Y_4...

Beispiel

N... A75 A9 X40 Y32 B-7 B-3
N... X40 Y45

3-Punkte-Zug + Radius + Radius
2+4+4 Konturzug

N... A_1... A_2... X_3... Y_3...
B_1... B_2...
N... X_4... Y_4...

Beispiel

N... A105 A171 X5 Y32 B20 B8
N... X5 Y45

3-Punkte-Zug + Fase + Radius
2+3+4 Konturzug

N... A_1... A_2... X_3... Y_3...
B-... B...
N... X_4... Y_4...

Beispiel

N... A90 A11 X35 Y25 B-2 B18
N... X40 Y45

3-Punkte-Zug + Radius + Fase
2+4+3 Konturzug

N... A_1... A_2... X_3... Y_3...
B... B-...
N... X_4... Y_4...

Beispiel

N... A90 A169 X8 Y31 B20 B-5
N... X8 Y45

105

13 Erweiterte Programmierung
13.2 Konturzüge

13.2.2 Verkettung von Sätzen

Einzelne CNC-Sätze mit Konturzügen können durch Radien (B) oder Fasen (–B) mit oder ohne Winkelangaben in beliebiger Reihenfolge miteinander verkettet werden. Zwischen verketteten Sätzen kann auch ein Satz mit Zusatzfunktionen eingefügt werden.

Verkettung

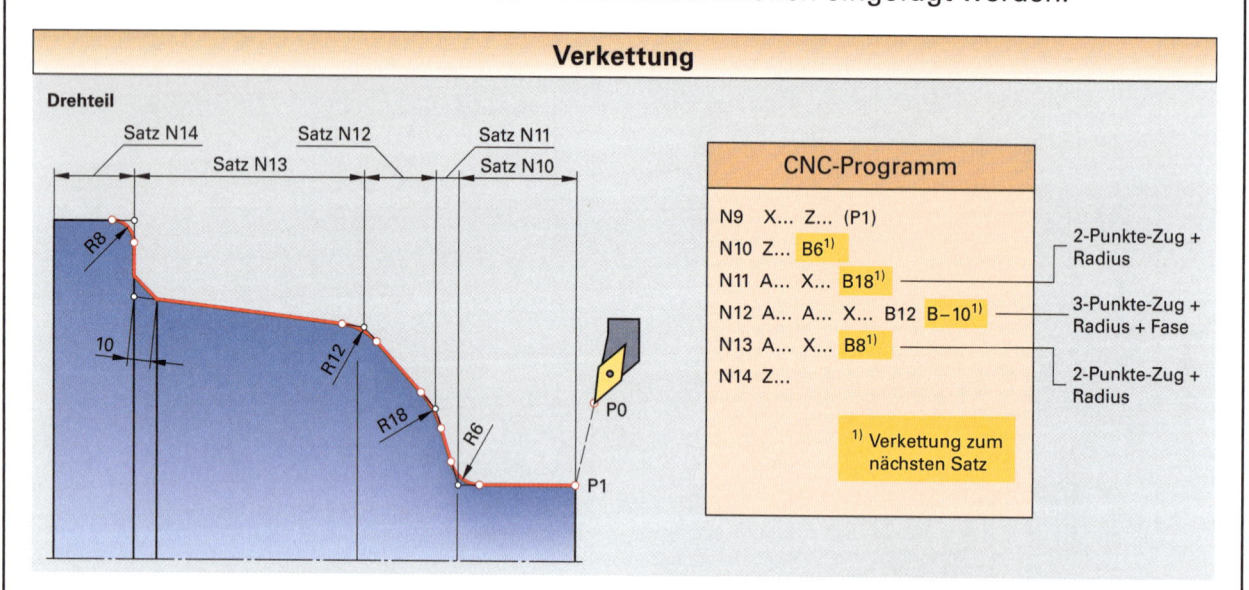

Drehteil

CNC-Programm

N9	X... Z... (P1)
N10	Z... B6[1]
N11	A... X... B18[1]
N12	A... A... X... B12 B–10[1]
N13	A... X... B8[1]
N14	Z...

- N9 ... N10: 2-Punkte-Zug + Radius
- N11: 3-Punkte-Zug + Radius + Fase
- N13 ... N14: 2-Punkte-Zug + Radius

[1] Verkettung zum nächsten Satz

13.2.3 Anfahrstrategien

Das Anfahren und Verlassen von schrägen Konturen erfordert für die Programmierung oft einen hohen Rechenaufwand.

Durch Anfahren der Kontur mit einem 3-Punkte-Zug kann das Problem gelöst werden. Der Startpunkt P1 wird außerhalb der Kontur festgelegt. Eine Senkrechte (A90) durch den Startpunkt P1 und eine Verlängerung der anzufahrenden Kontur, z. B. mit A135, ergibt den Schnittpunkt S, der von der Steuerung automatisch berechnet wird.

Um Freischneidmarken zu verhindern oder um weich an Konturen anzufahren, verwendet man den 3-Punkte-Zug + Radius. Hierbei ist zu beachten, dass beim Fräsen der Übergangsradius größer als der Fräserradius ist.

Anfahren mit 3-Punkte-Zug + Radius

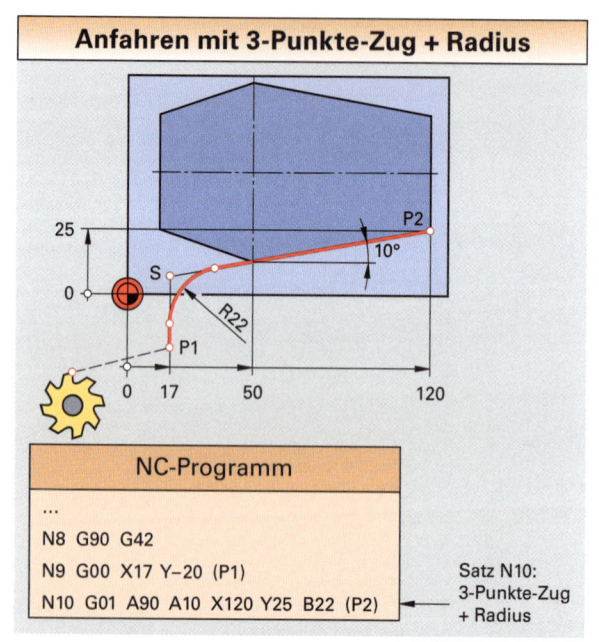

NC-Programm

```
...
N8  G90 G42
N9  G00 X17 Y–20 (P1)
N10 G01 A90 A10 X120 Y25 B22 (P2)
```

Satz N10: 3-Punkte-Zug + Radius

Anfahren mit 3-Punkte-Zug

Außenbearbeitung

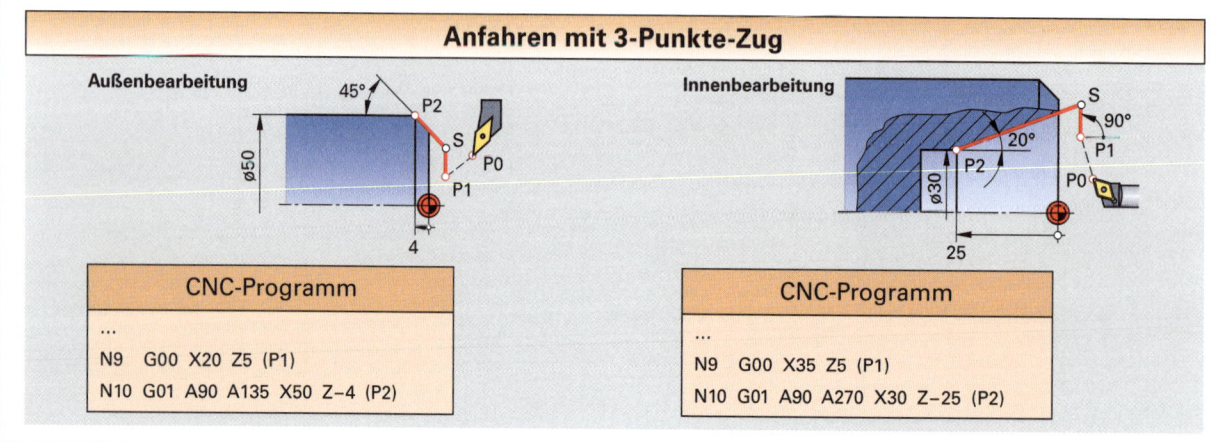

CNC-Programm

```
...
N9  G00 X20 Z5 (P1)
N10 G01 A90 A135 X50 Z–4 (P2)
```

Innenbearbeitung

CNC-Programm

```
...
N9  G00 X35 Z5 (P1)
N10 G01 A90 A270 X30 Z–25 (P2)
```

13 Erweiterte Programmierung
13.2 Konturzüge

13.2.4 Übungsaufgaben
Erstellen Sie die CNC-Programme unter Verwendung von Konturzügen.

Drehteil Innenbearbeitung

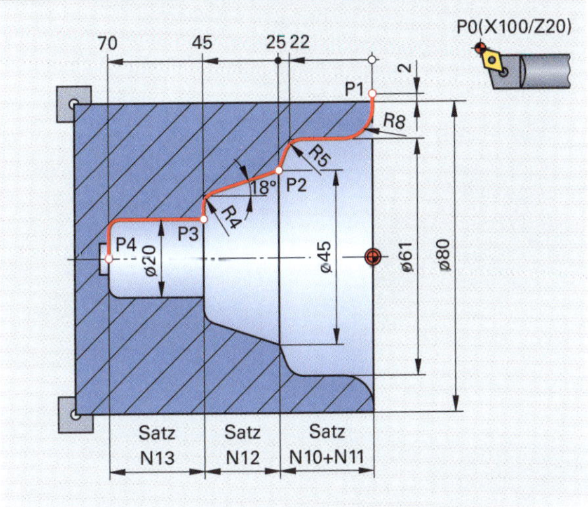

NC-Satz	Pkt.

Drehteil Außenbearbeitung

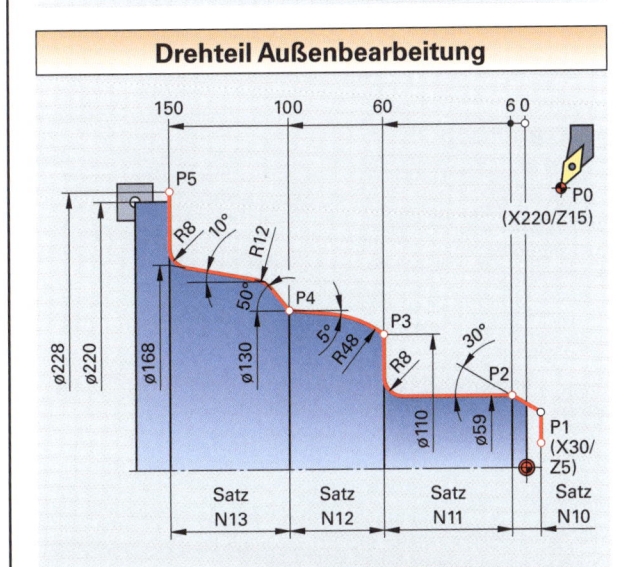

NC-Satz	Pkt.

Frästeil

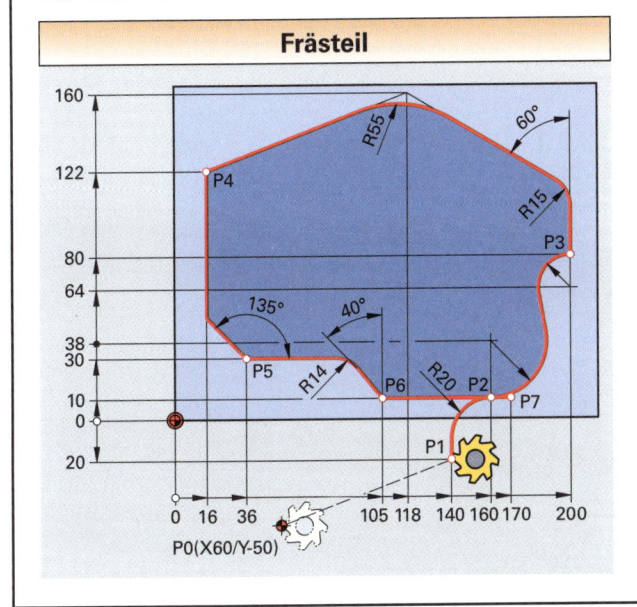

NC-Satz	Pkt.

13 Erweiterte Programmierung
13.3 Schraubenlinien-Interpolation

Die Schraubenlinien-Interpolation wird in der Praxis oft auch Helix-Interpolation genannt. Helix kommt aus dem Griechischen und bedeutet *Spirale* oder *Schraubenlinie*.

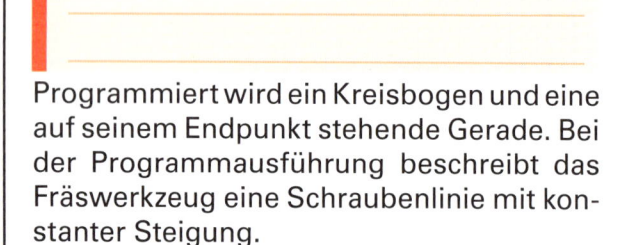

Programmiert wird ein Kreisbogen und eine auf seinem Endpunkt stehende Gerade. Bei der Programmausführung beschreibt das Fräswerkzeug eine Schraubenlinie mit konstanter Steigung.

Anwendung findet die Schraubenlinien-Interpolation bei Formteilen, Schmiernuten und Innen- und Außengewinden mit großem Durchmesser.

Interpolation mit 3 Linearachsen

Schraubenlinien-Interpolation

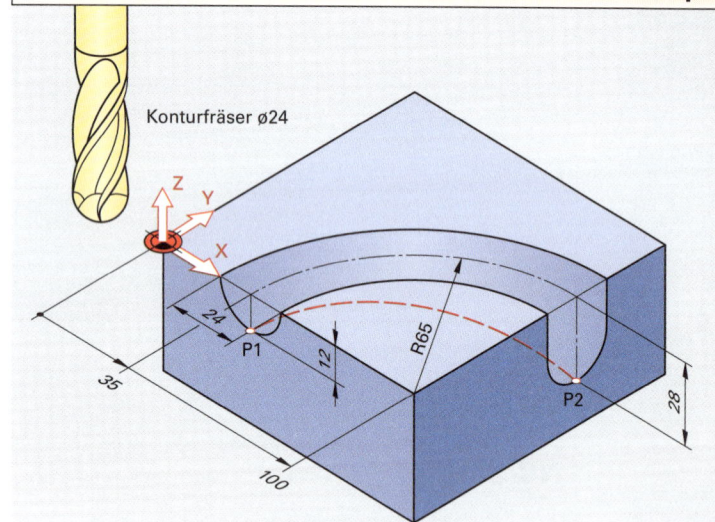

CNC-Programm
N10 G00 G90 X35 Y-13 Z-12 S800 M3
N11 G01 Y-12 F150 (P1)
N12 G02 X100 Y65 Z-28 I65 J0 (P2)
N13 G01 X101
N14 G00 Z100 M5
N15 M30

Erläuterung:
N10: im Eilgang auf Arbeitstiefe und 1 mm vor die Kontur
N11: im Vorschub an die Kontur (P1)
N12: Fräsen der Schraubenlinie im Uhrzeigersinn (P2)
N13: Freifahren in X, 1 mm vor die Kontur
N14: Freifahren in Z
N15: Programmende

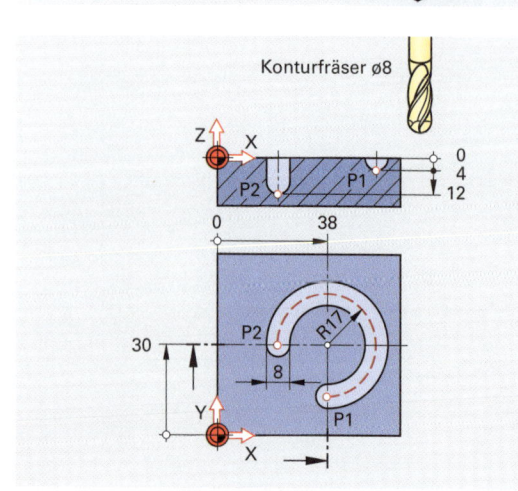

13.3.1 Übungsaufgabe
Erstellen Sie das NC-Programm

NC-Programm

13 Erweiterte Programmierung
13.4 Zylinder-Interpolation

13.4.1 Zylinder-Interpolation auf Fräsmaschinen

Um Zylinder auf der Stirn- oder Mantelfläche zu bearbeiten, wird bei CNC-Fräsmaschinen ein ansteuerbarer Rundtisch eingesetzt. Die Drehachse C läuft im Regelfall durch den Nullpunkt des Koordinatensystems.

Drehtisch mit C-Achse

Die Drehung des Rundtisches wird in Winkelgraden programmiert. Eine ganze Umdrehung entspricht also 360°, 7 Umdrehungen z. B. entsprechen 2500°. Der Drehwinkel wird mit dem Adressbuchstaben C programmiert, wobei die Winkelwerte im Absolutmaß mit G90 oder im Relativmaß mit G91 programmiert werden.

Ermittlung der Vorschubgeschwindigkeit

Die Vorschubgeschwindigkeit F bei der Zylinder-Interpolation wird in °/min (Grad/Minute) angegeben. Die Umrechnung von v (mm/min) in F (°/min) ergibt sich durch nachfolgende Formeln:

$$U = d \cdot \pi \quad v_f = \frac{F \cdot U}{360°} \quad \Rightarrow \quad F = \frac{v_f \cdot 360°}{U}$$

Drehsinn

Beispiel:
Ein Kreis mit einem Durchmesser von d = 120 mm soll mit einer Vorschubgeschwindigkeit von v_f = 160 mm/min gefräst werden. Wie groß ist die Vorschubgeschwindigkeit F?

$$F = \frac{v_f \cdot 360°}{d \cdot \pi} = \frac{160 \text{ mm/min} \cdot 360°}{120 \cdot \pi}$$

F = 152,79 °/min ≈ 152 °/min

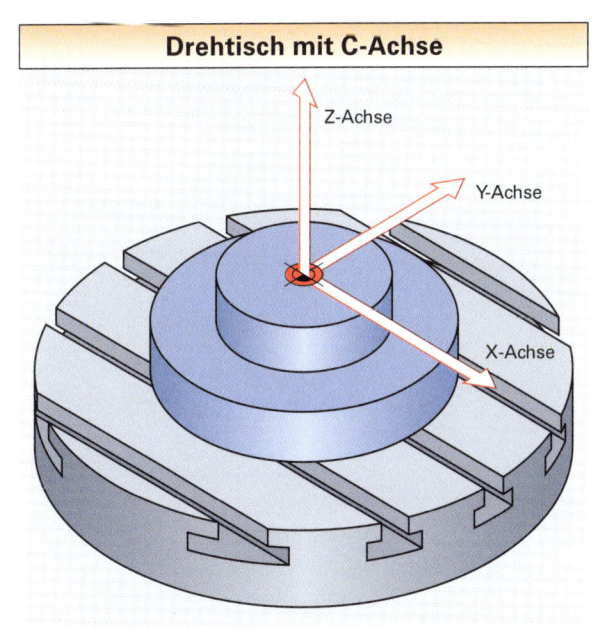

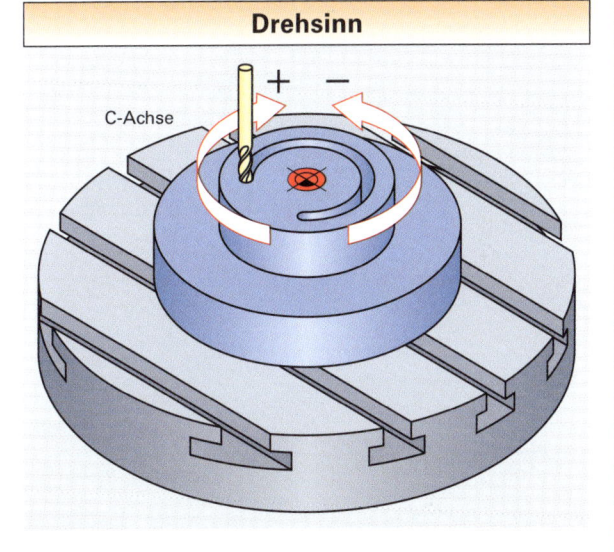

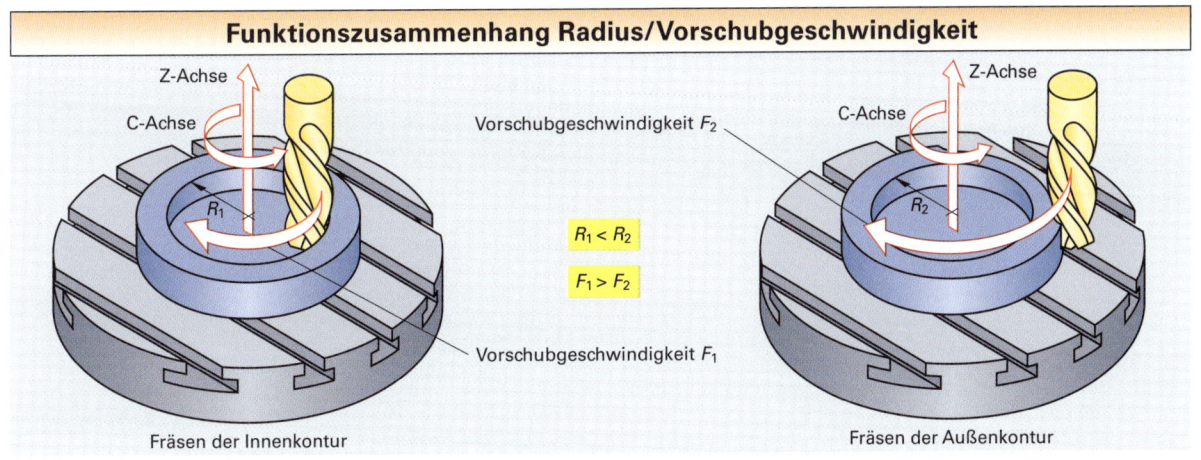

Funktionszusammenhang Radius/Vorschubgeschwindigkeit

Vorschubgeschwindigkeit F_2

$R_1 < R_2$

$F_1 > F_2$

Vorschubgeschwindigkeit F_1

Fräsen der Innenkontur

Fräsen der Außenkontur

13 Erweiterte Programmierung
13.4 Zylinder-Interpolation

13.4.2 Beispiele auf Fräsmaschinen

Zylinder-Interpolation mit Vertikalspindel

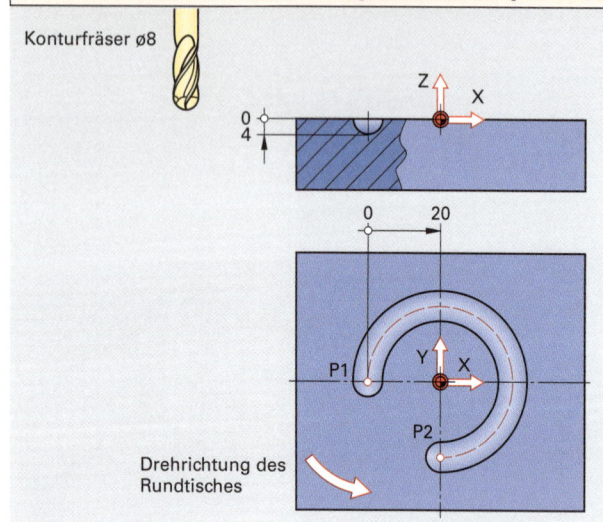

Konturfräser ø8

CNC-Programm

N8 ...
N9 G00 G90 X-20 Y0 Z3 C0 S800 M3
N10 G01 Z-4 F40 (P1)
N11 C-270 F120 (P2)
N12 G00 Z200 S0
N13 M30

Erläuterung:
N9: im Eilgang auf Position und 3 mm über Werkstück-Oberfläche. Gleichzeitig auf Grundposition C0
N10: im Vorschub auf Tiefe (P1)
N11: Fräsen der Nut durch Drehen des Rundtisches um 270° (P2)
N12: Eilgang in Z, 200 mm über Werkstück-Oberfläche, Spindel Halt

Drehrichtung des Rundtisches

Zylinder-Interpolation mit Horizontalspindel

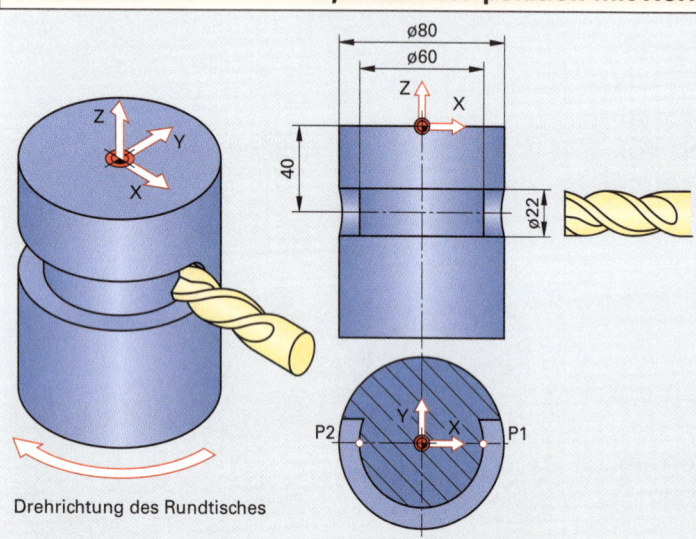

CNC-Programm

N8 ...
N9 G00 G90 X43 Y0 Z-40 C0 S800 M3
N10 G01 X30 F50 (P1)
N11 C-180 F120 (P2)
N12 G00 X200 S0
N13 M30

Erläuterung:
N9: im Eilgang auf Position und 3 mm über Werkstück-Oberfläche. Gleichzeitig dreht der Rundtisch im Eilgang auf Grundposition C0
N10: im Vorschub auf Tiefe (P1)
N11: Fräsen der Nut durch Drehung des Rundtisches um 180° (P2)
N12: Horizontalspindel zurück im Eilgang auf X = 200 mm über Werkstück-Oberfläche, Spindel Halt

Drehrichtung des Rundtisches

Zylinder-Interpolation einer Spirale

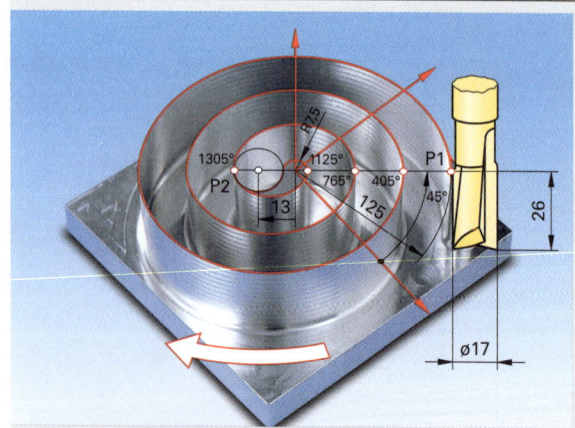

CNC-Programm

N8 ...
N9 G0 G90 X133,5 Y0 Z3 C45 S800 M3 (P1)
N10 G01 Z-26 F..
N11 X-13 C1305 (P02)
N12 G0 Z200 S0
N13 M30

Erläuterung:
N9: im Eilgang auf Position und 3 mm über Werkstück-Oberfläche. Gleichzeitig dreht der Rundtisch im Eilgang um 45° (P1)
N10: im Vorschub auf Tiefe −26 mm
N11: Fräsen der Wendelnut durch
– Drehung des Rundtisches auf 1305° (entspricht 3,5 Umdrehungen)
– und kontinuierliche Zustellung der X-Achse bis auf Position X-13

N12: Horizontalspindel zurück im Eilgang auf Z = 200 mm im Eilgang, Spindel Halt
N13: Programmende

13 Erweiterte Programmierung
13.4 Zylinder-Interpolation

Zylindrische Schnecke

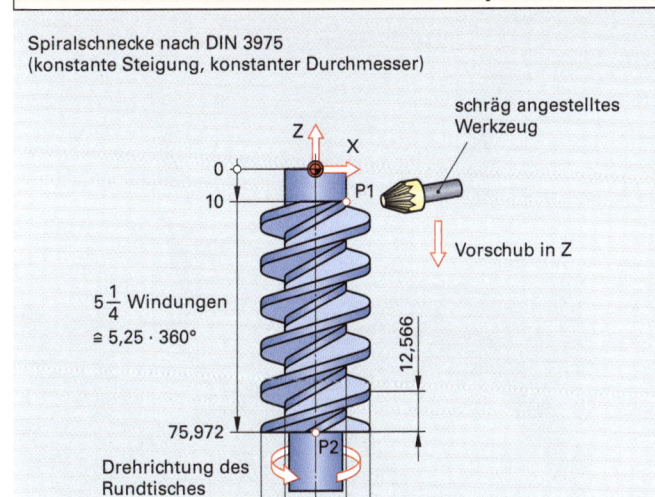

Spiralschnecke nach DIN 3975
(konstante Steigung, konstanter Durchmesser)

CNC-Programm

```
N8  ...
N9  G00 G90 X-27 Y0 Z-10 C0 S800 M3
N10 G01 X15.2 F40 (P1)
N11 Z-75.972 C-1890 F120 (P2)
N12 G00 Z200 S0
N13 M30
```

Erläuterung:
- N9: im Eilgang auf Position und 3 mm Abstand vom Werkstück. Gleichzeitig dreht der Rundtisch im Eilgang auf Grundposition C0
- N10: im Vorschub auf Bearbeitungstiefe (P1)
- N11: Fräsen der Nut durch Drehen des Rundtisches um 1890° (P2)
- N12: Eilgang in Z, 200 mm über Werkstück-Oberfläche, Spindel Halt
- N13: Programmende

Konische Schnecke

Orthopädisches Implantat (Gelenk)
(konstante Steigung, zunehmender Durchmesser)

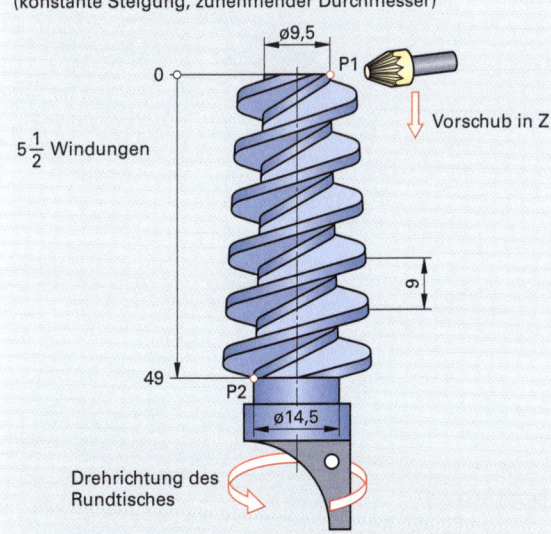

CNC-Programm

```
N8  ...
N9  G00 G90 X8.75 Y0 Z0 C0 S800 M3
N10 G01 X4.75 F50 (P1)
N11 X7.25 Z-49.5 C-1980 F120 (P2)
N12 G00 Z200 S0
N13 M30
```

Erläuterung:
- N9: im Eilgang auf Position und 4 mm Abstand vom Werkstück. Gleichzeitig dreht der Rundtisch im Eilgang auf Grundposition C0
- N10: im Vorschub auf Bearbeitungstiefe (P1)
- N11: Fräsen der Nut durch Drehung des Rundtisches um 1980° und kontinuierliche Zustellung der X-Achse bis auf Position P2
- N12: Eilgang in Z, 200 mm über Werkstück-Oberfläche, Spindel Halt
- N13: Programmende

Kegel
3D-Interpolation mit konstanter Steigung und zunehmendem Durchmesser

Übungsaufgabe:
Erstellen Sie das NC-Programm.

13 Erweiterte Programmierung
13.5 Dreh-Fräs-Bearbeitung

13.5.1 Dreh-Fräs-Bearbeitung mit Rotationsachsen

Moderne Dreh-Fräs-Zentren ermöglichen es, neben Dreharbeiten auch Bohr- und Fräsarbeiten an Stirn- oder Mantelflächen von Drehteilen auszuführen.

Erreicht wird dies durch gesteuerte A-, B- und C-Drehachsen zusammen mit angetriebenen Werkzeugen in Revolver- oder Universalfräsköpfen. Dadurch kann man komplizierte Bauteile mit Profilkurven, zum Beispiel Nockenwellen, Kurbelwellen und Steuerkurven, mit hoher Präzision und in einer Aufspannung fertigen. Mit der rotatorischen C- oder B-Achse ist die betreffende Arbeitsspindel lagegeregelt positionierbar und im CNC-Programm über den Adressbuchstaben „C" oder „B" programmierbar.

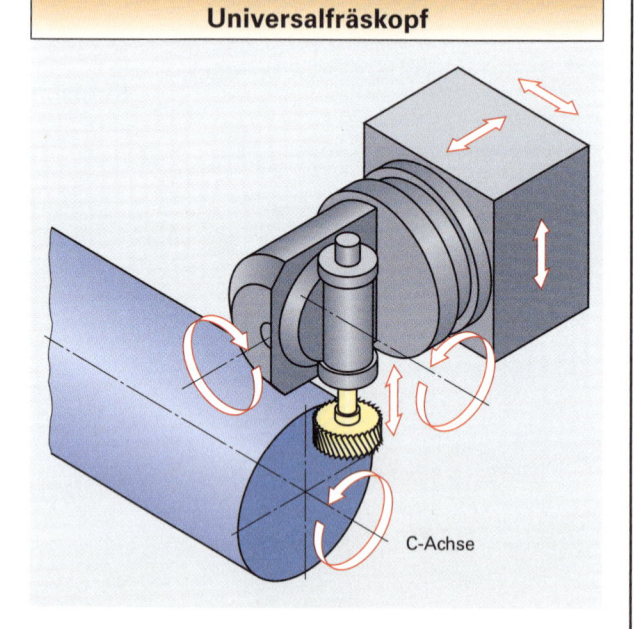

13.5.2 Einsatzmöglickeiten der C-Achse

Wird die programmierbare C-Achse eingesetzt, muss eine der 3 Hauptbearbeitungsebenen mit den Adressen G17, G18 und G19 im CNC-Programm angesprochen werden.

Dreh-Fräs-Bearbeitung

Universalfräskopf

Hauptbearbeitungsebenen

Fräsen in der XC-Ebene mit G17

Fräsen in der XZ-Ebene mit G18

Fräsen in der ZC-Ebene mit G19

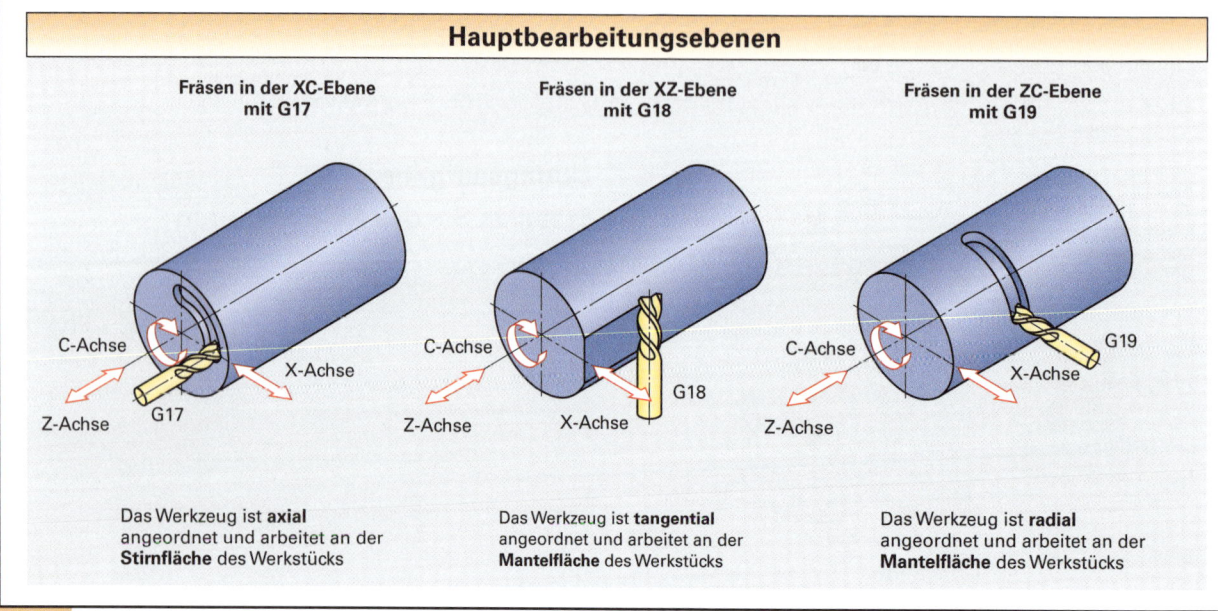

Das Werkzeug ist **axial** angeordnet und arbeitet an der **Stirnfläche** des Werkstücks.

Das Werkzeug ist **tangential** angeordnet und arbeitet an der **Mantelfläche** des Werkstücks.

Das Werkzeug ist **radial** angeordnet und arbeitet an der **Mantelfläche** des Werkstücks.

13 Erweiterte Programmierung
13.5 Dreh-Fräs-Bearbeitung

13.5.3 Bahn- und Winkelgeschwindigkeiten

Gesteuerte Drehachsen werden grundsätzlich in Winkelgraden programmiert. Der Drehwinkel kann sowohl positiv als auch negativ sein. Im Gegensatz zur Programmierung beim Fräsen mit Rundtischen wird beim Arbeiten mit der C-Achse immer der Absolutbetrag des Durchmessers angegeben. Möchte man den Vorschub in mm/min programmieren, muss die Umfangsgeschwindigkeit unter Berücksichtigung des Bearbeitungsdurchmessers d umgerechnet werden.

In der Praxis wird oft mit dem sogenannten Einheitsdurchmesser d_0 gerechnet.

Einheitsdurchmesser $d_0 = \dfrac{360}{\pi} = 114{,}592$ mm

Beim Einheitsdurchmesser entspricht die Winkelgeschwindigkeit (°/min) der Bahngeschwindigkeit (mm/min).

Bearbeitung mit C-Achse bei gleichbleibendem Durchmesser

Bahngeschwindigkeit $\quad v_f = \dfrac{d}{d_0} \cdot v_w$

Winkelgeschwindigkeit $v_w = \dfrac{d_0}{d} \cdot v_f$

$v_w =$ Bahngeschwindigkeit am Werkstückdurchmesser in mm/min
$d =$ programmierte Winkelgeschwindigkeit in °/min in mm/min
$d =$ Werkstückdurchmesser
$d_0 =$ Einheitsdurchmesser = 114,592 mm

Bearbeitung mit gleichzeitiger Bewegung der C- und Z-Achse

Werden die C- und die Z-Achse gleichzeitig bewegt, entsteht eine gleichbleibende Bahngeschwindigkeit v_f. Die Bahngeschwindigkeit ist abhängig von
- der programmierten Geschwindigkeit
- dem Bearbeitungsdurchmesser und
- der Steigung der Wendelnut.

Bahngeschwindigkeit:

$$v_f = v_w \sqrt{1 + \dfrac{d^2 - d_0^2}{d_0^2} \cdot \cos\alpha^2}$$

Winkelgeschwindigkeit:

$$v_w = \dfrac{v_B}{\sqrt{1 + \dfrac{d^2 - d_0^2}{d_0^2} \cdot \cos\alpha^2}}$$

Wendelnut

$D =$ Werkstückdurchmesser
$Z =$ programmierter Weg
$C =$ Drehwinkel
$\alpha =$ Steigungswinkel
$\tan\alpha = \dfrac{Z}{C}$

Bahngeschwindigkeit auf der Planfläche

Werden die C- und die X-Achse gemeinsam bewegt, z. B. beim Fräsen einer Spirale, verändert sich die Bahngeschwindigkeit bei einfachen CNC-Steuerungen proportional dem Durchmesser.

Komfortable CNC-Steuerungen sind in der Lage, die Bahngeschwindigkeit bei beliebigen Durchmessern konstant zu halten.

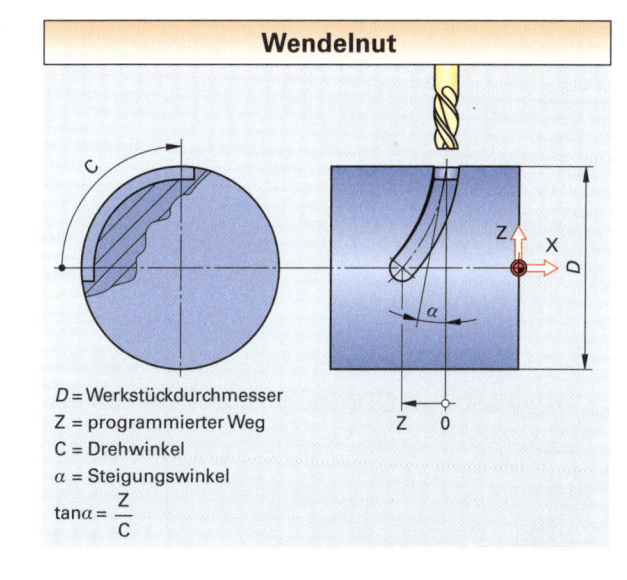

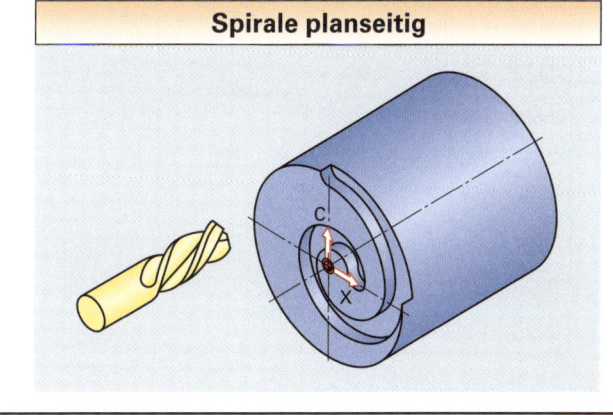

Spirale planseitig

13 Erweiterte Programmierung
13.5 Dreh-Fräs-Bearbeitung

13.5.4 C-Achse als Rotationsachse

Die C-Achse wird in ihrer Funktion als rotatorische Achse über ein herstellerspezifisches Unterprogramm, z. B. L917, oder eine freie M-Funktion der Klasse 6, z. B. M917, aufgerufen und angewählt. Die Steuerung synchronisiert im Regelfall die Achsen, indem sie den Referenzpunkt der C-Achse automatisch anfährt. Die Drehmaschinensteuerung wird dann automatisch zur Fräsmaschinensteuerung.

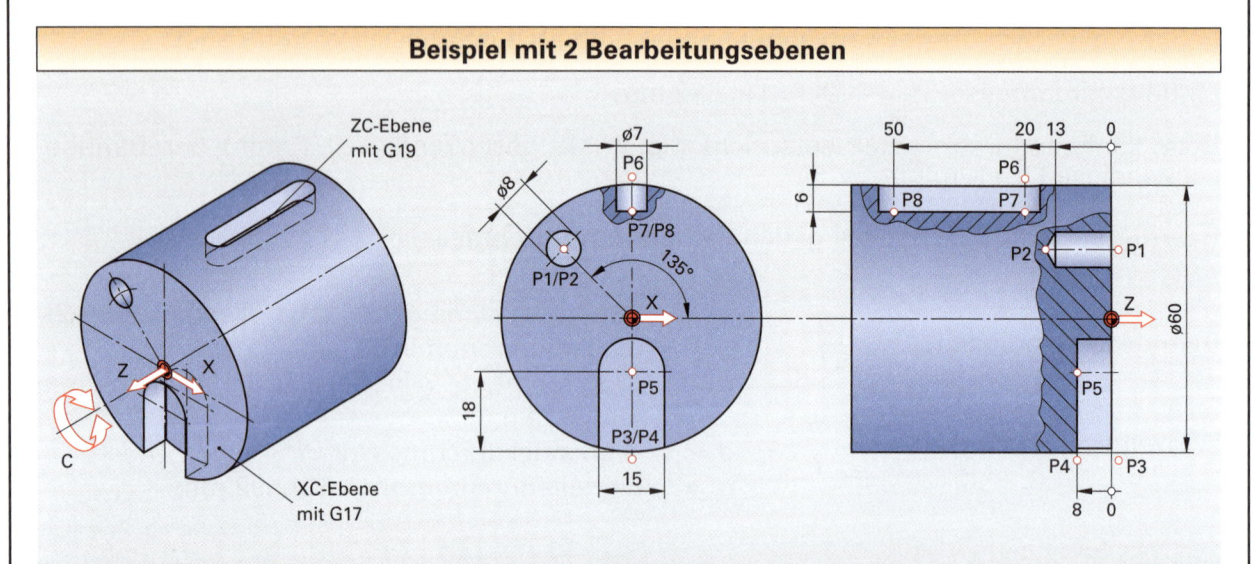

Beispiel mit 2 Bearbeitungsebenen

CNC-Programm					Erläuterungen
N ...					
N10	L917				(Schaltung des Revolverkopfes auf XC-Ebene (G17))
N11	T0101	G17			(Werkzeuganwahl Bohrer ⌀ 8, Anwahl Ebene G17)
N12	M3	S...			(Bohrer Rechtslauf)
N13	G0	X44	Z3	C135	(Spindeldrehung 135°, im Eilgang auf P1)
N14	G1	Z-13	F...		(Bohren im Vorschub auf P2)
N15	G0	Z100			(im Eilgang zurück auf Z100)
N16	T0202				(Werkzeuganwahl Fräser ⌀ 15)
N17	M4	S...			(Fräser Linkslauf)
N18	G0	X65	Z3	C-90	(Spindeldrehung –90°, im Eilgang auf P3)
N19			Z8		(im Eilgang auf Arbeitstiefe P4)
N20	G1	X24	F...		(Fräsen auf Tiefe P5)
N21	G0	Z100			(im Eilgang zurück auf Z100)
N22	L9L19				(Schaltung des Revolverkopfes auf ZC-Ebene (G19))
N23	T0303	G19			(Werkzeuganwahl Fräser ⌀ 7, Anwahl Ebene G19)
N24	M4	S...1600			(Fräser Linkslauf)
N25	G0	X65	Z-20	C90	(Spindeldrehung 90°, im Eilgang auf P6)
N26	G1	X48	F...		(Fräsen auf Tiefe P7)
N27			Z-50		(Fräsen der Längsnut auf P8)
N28	G0	X100	Z100		(im Eilgang zurück auf X100/Z100)
N29	M2				(Programmende)

13 Erweiterte Programmierung
13.5 Dreh-Fräs-Bearbeitung

13.5.5 Fräsen an der Planfläche mit G17

Der Mittelpunkt der Kreisbögen und die Mittellinien der Geraden müssen immer durch den Mittelpunkt des Werkstücks verlaufen.

Fräsen von Kreisbögen

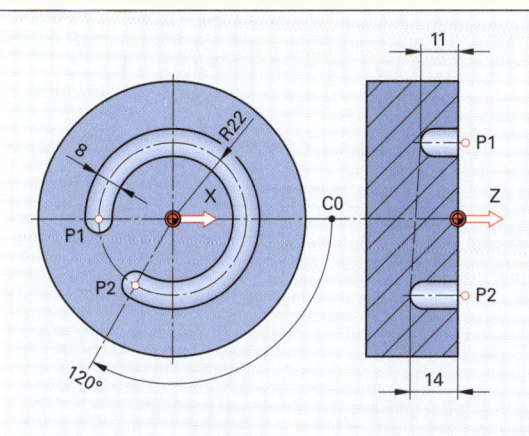

N...			
N10	L917		
N11	T0101	G17	
N12	M3	S...	
N13	G0	X44 Z2	C-180
N14	G1	Z-11	F...
N15	Z-14	C120	

N10: Schaltung des Revolverkopfes auf XC-Ebene
N11: Werkzeuganwahl Fräser ⌀8, Anwahl Ebene G17
N12: Fräser, Rechtslauf
N13: Spindelstellung –180°, im Eilgang auf P1
N14: Fräsen im Vorschub auf Tiefe 11 mm
N15: Spindeldrehung 120° auf P2 mit Fräsen auf Z-14

Fräsen von Spiralen

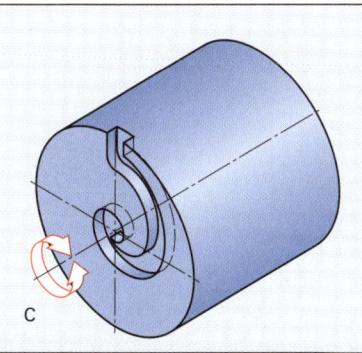

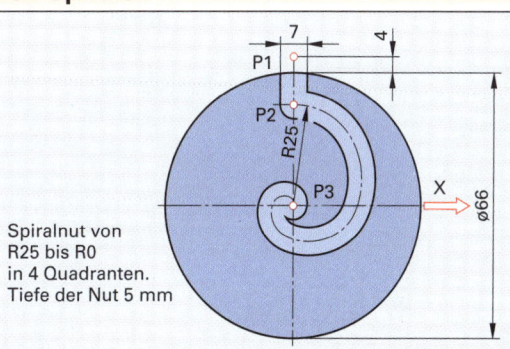

Spiralnut von R25 bis R0 in 4 Quadranten. Tiefe der Nut 5 mm

CNC-Programm				Erläuterungen
N...				
N10	L917			(Schaltung des Revolverkopfes auf XC-Ebene)
N11	T0101	G17		(Werkzeuganwahl Fräser ⌀7, Anwahl Ebene G17)
N12	M3	S...		(Fräser Rechtslauf)
N13	G0	X74 Z2	C90	(Spindeldrehung 90°, im Eilgang auf P1)
N14	G1	Z-5		
N15	G1	X50	F...	(Fräsen im Vorschub auf P2)
N16		X0	C-360	(Spindeldrehung um –360° auf ⌀0, Endpunkte der Spirale
N17	G0	Z200		(im Eilgang zurück auf Z200)
N18	M2			(Programmende)

Übungsaufgabe: Erstellen Sie das NC-Programm

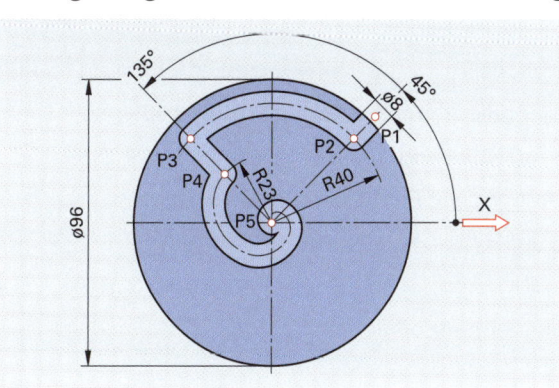

13 Erweiterte Programmierung
13.5 Dreh-Fräs-Bearbeitung

13.5.6 Fräsen von Zylinderbahnen mit G19

Die Zylinderinterpolation ermöglicht es, an der Mantelfläche von Zylindern sowohl Geraden als auch Kreisbahnen zu programmieren. Die Positionen der C-Achse werden im NC-Programm in Grad angegeben. Die Umrechnung von Gradmaßen in Umfangsmaße des Arbeitsdurchmessers erfolgt in der Steuerung. Die Steuerung benötigt für diese Umrechnung die Angabe des Umrechnungsfaktors P.

Für den Umrechnungsfaktor P gilt die Formel: $P = \dfrac{\text{Bearbeitungsdurchmesser} \cdot \pi}{360}$

Im Programm steht P zusammen mit dem Wort G92 für „Speicher setzen" und der Buchstabe C als Bezug zur C-Achse, z.B.: N... G92 P2 C

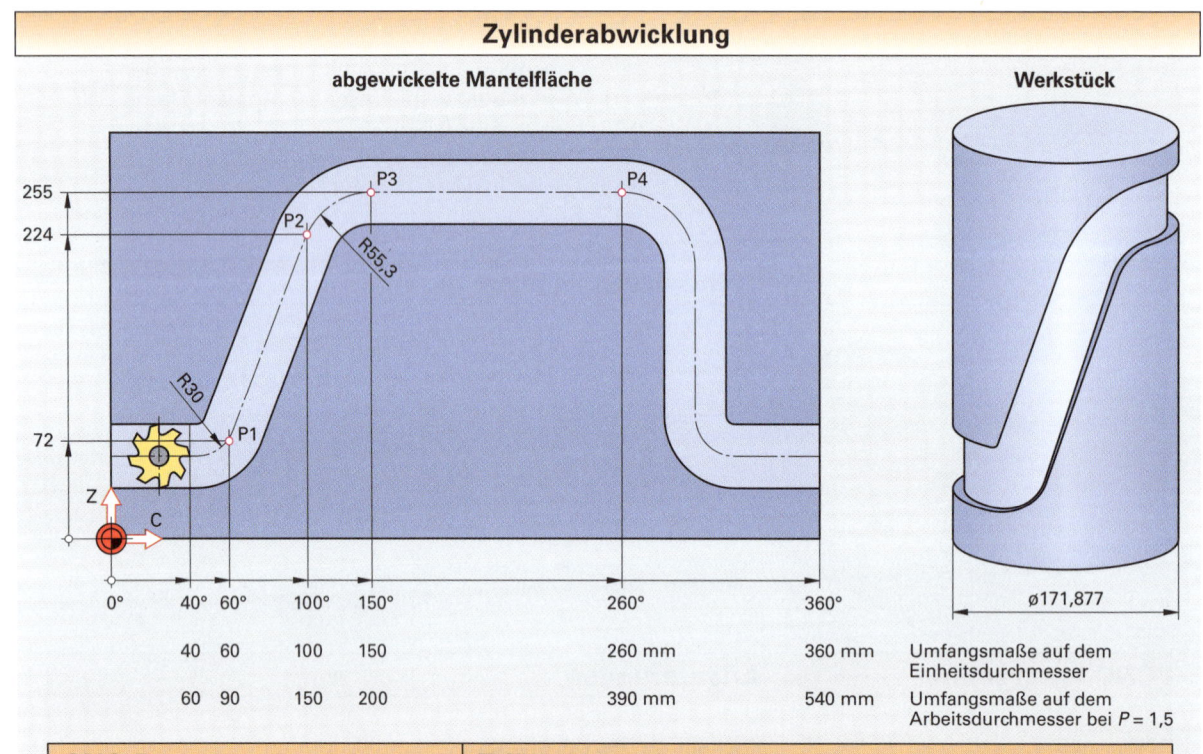

Zylinderabwicklung

CNC-Programm (vereinfacht)				Erläuterungen
N ...				
N10	L19			(Schaltung des Revolverkopfes auf ZC-Ebene (G19))
N11	T0101	G19		(Werkzeuganwahl Fräser, Anwahl Ebene G19)
N12	M3	S...		(Fräser Rechtslauf)
N11	G92	P1,5	C	(Faktor 1,5 für Einheitskreis, Zuordnung Achse C)
N12	G0	X...	Z... C0	(Startposition)
N13	G1	Z...	F...	(Eintauchen auf Arbeitstiefe)
N14	G1	C40	Z...	(Fräsen Gerade auf 40°)
N15	G3	C60	Z72 U20	(Kreisbogen linksdrehend mit R = 20, auf Pos. X72/60°)
N16	G1	C100	Z224	(Fräsen Gerade auf X224 und 100°)
N17	G2	C150	Z255 U55	(Kreisb. rechtsdrehend mit R = 55, auf Pos. X255/150°)
N18	G1	C260		(Fräsen Gerade auf 260°)
...				
N40	G92	P1	C	(Abwahl der Zylinderinterpolation)

13 Erweiterte Programmierung
13.5 Dreh-Fräs-Bearbeitung

13.5.7 C-Achse als Linearachse

Die C-Achse als Linearachse bleibt mechanisch eine Rotationsachse. Der Anwender programmiert das Werkstück jedoch in einem kartesischen (rechtwinkligen) XC-Koordinatensystem, d.h. die rotatorische C-Achse als solche bleibt erhalten, nur die Art der Programmierung ändert sich. Die Maße der X-Achse werden bei der Absolutprogrammierung als Durchmesser angegeben, Maße in der C-Achse als Radius. Der Werkstücknullpunkt muss mit der XC-Achse zusammenfallen. Der Aufruf der C-Achse ist herstellerspezifisch, z. B. L937.

Bearbeitungsbeispiel

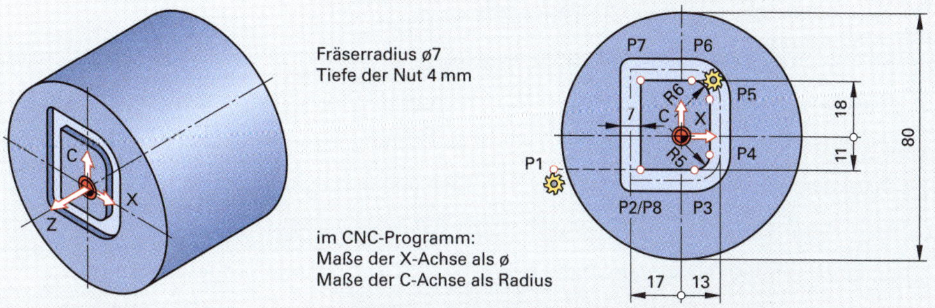

Fräserradius ø7
Tiefe der Nut 4 mm

im CNC-Programm:
Maße der X-Achse als ø
Maße der C-Achse als Radius

CNC-Programm					Erläuterungen
N10	L937				(C-Achse als Linearachse, XC-Ebene, G17)
N11	T0101	G17	M4	S...	(Werkzeuganwahl Fräser ⌀7, Anwahl Ebene G17)
N12	G0	X-86	Z3	C-11 F...	(im Eilgang auf Startposition P1)
N13	G42	X-34			(Anfahren von P2 mit Fräserradiuskorrektur)
N14	G1	Z-4	F...		(im Vorschub auf Tiefe – 4 mm)
N15		X16			(im Vorschub auf P3 (⌀-Programmierung!))
N16	G3	X26	C-6	I0 J-5	(Kreisbogen nach P4)
N17	G1		C12		(im Vorschub zu P5)
N18	G3	X14	C18	I-12 J6	(Kreisbogen zu P6)
N19	G1	X-34			(Gerade zu P7)
N201			C-11		(Gerade zu Endpunkt P8)
N...					

Programmierung mit Radius

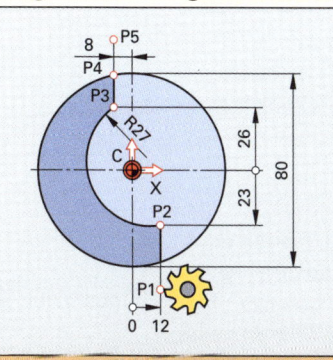

CNC-Programm				
N...				
N10	L937			
N11	T0202	G17	M4	S...
N12	G0	C-43	Z-4	(P1)
N13	G42	G01	X24	C-23 (P2)
N14	G2	B27	X-16	(P3)
N15	G1	C40		(P4)
N16	G40	C50	Z100	F1000 (P5)

Programmierung mit Polarkoordinaten

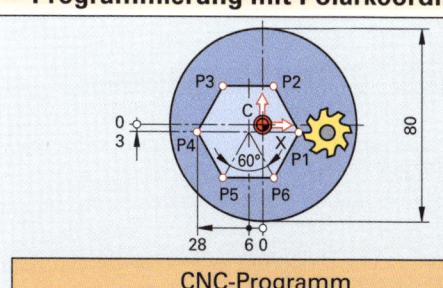

CNC-Programm					
N...					
N10	L937				
N11	T0303	G17	M4	S...	
N12	G1	G42	X32	X-3	Z3 F... (P1)
N13				Z-5	
N14	G11	X-12	C-3	B22	A60 (P2)
N15	A120				(P3)
N16	A180				(P4)
N17	A240				(P5)
N18	A300				(P6)
N19	A0				(P1)
N20...					

14 Programmaufbau nach PAL[1)]

14.1 PAL-Funktionen bei Dreh- und Fräsmaschinen

PAL-Funktionen bei Dreh- und Fräsmaschinen

Programmierung von Koordinaten und Interpolationsparametern

XA, YA, ZA	Absolute Eingabe von Koordinatenwerten, bezogen auf das Werkstück-Koordinatensystem
XI, YI, ZI	Inkrementale Eingabe von Koordinatenwerten, bezogen auf das Werkstück-Koordinatensystem
IA, JA, KA	Absolute Eingabe der Interpolationsparameter, bezogen auf das Werkstück-Koordinatensystem

T-Adressen zum Werkzeugwechsel

T	Werkzeugspeicherplatz im Werkzeugrevolver oder Werkzeugmagazin
TC	Anwahl der Nummer des Korrekturspeichers
TR	Inkrementale Werkzeugradius- oder Schneidenkorrektur im angewählten Korrekturspeicher
TL	Inkrementale Werkzeuglängenkorrektur im angewählten Korrekturspeicher (Fräsen)
TZ	Inkrementale Werkzeuglängenkorrektur in Z-Richtung im angewählten Korrekturspeicher (Drehen)
TX	Inkrementale Durchmesserkorrektur in X-Richtung im angewählten Korrekturspeicher (Drehen)

Freie Zusatzfunktionen (M-Funktionen) nach PAL

M13	Spindeldrehung rechts, Kühlmittel ein		M17	Unterprogramm Ende
M14	Spindeldrehung links, Kühlmittel ein		M60	Konstanter Vorschub
M15	Spindel und Kühlmittel aus		M61	M60 + Eckenbeeinflussung

PAL-Funktionen bei Drehmaschinen

G-Funktionen

Interpolationsarten

G0	Verfahren im Eilgang
G1	Linearinterpolation im Arbeitsgang
G2	Kreisinterpolation im Uhrzeigersinn
G3	Kreisinterpolation entgegen dem Uhrzeigersinn
G4	Verweildauer
G9	Genauhalt
G14	Konfigurierten Wechselpunkt anfahren
G61	Linearinterpolation für Konturzüge
G62	Kreisinterpolation im Uhrzeigersinn für Konturzüge
G63	Kreisinterpolation entgegen dem Uhrzeigersinn für Konturzüge

Nullpunkte

G50	Aufheben der inkrementalen Nullpunkt-Verschiebungen und Drehungen
G53	Alle Nullpunktverschiebungen und Drehungen aufheben
G54..G57	Einstellbare absolute Nullpunkte
G59	Inkrementale Nullpunkt-Verschiebung kartesisch und Drehung

Bearbeitungsebenen und Umspannen

G18	Drehebenenanwahl
G17	Stirnseiten-Bearbeitungsebene
G19	Mantelflächen-/Sehnenflächen-Bearbeitungsebene
G30	Umspannen/Gegenspindelübernahme

Maßangaben

G70	Umschaltung auf Maßeinheit Zoll (Inch)
G71	Umschaltung auf Maßeinheit Millimeter (mm)
G90	Absolute Maßeingaben
G91	Kettenmaßeingabe

Werkzeugkorrekturen

G40	Abwahl der Schneidenradiuskorrektur SRK
G41	Schneidenradiuskorrektur SRK links von der programmierten Kontur
G42	Schneidenradiuskorrektur SRK rechts von der programmierten Kontur

Vorschübe und Drehzahlen

G92	Drehzahlbegrenzung
G94	Vorschub in mm pro Minute
G95	Vorschub in mm pro Umdrehung
G96	Konstante Schnittgeschwindigkeit
G97	Konstante Drehzahl

Programmtechniken

G22	Unterprogrammaufruf
G23	Programmteilwiederholung
G29	Bedingte Programmsprünge

Zyklen

G31	Gewindezyklus
G32	Gewindebohrzyklus
G33	Gewindestrehlgang
G80	Abschluss einer Bearbeitungszyklus-Konturbeschreibung
G81	Längsschruppzyklus
G82	Planschruppzyklus
G83	Konturparalleler Schruppzyklus
G84	Bohrzyklus
G85	Freistichzyklus
G86	Radialer Einstechzyklus
G87	Radialer Konturstechzyklus
G88	Axialer Einstechzyklus
G89	Axialer Konturstechzyklus

[1)] **PAL** = **P**rüfungs-**A**ufgaben- und **L**ehrmittelentwicklungsstelle

14 Programmaufbau nach PAL[1)]
14.1 PAL-Funktionen bei Dreh- und Fräsmaschinen

PAL-Funktionen bei Drehmaschinen

G-Funktionen

Interpolationsarten, Konturen

G0	Verfahren im Eilgang
G1	Linearinterpolation im Arbeitsgang
G2	Kreisinterpolation im Uhrzeigersinn
G3	Kreisinterpolation gegen den Uhrzeigersinn
G4	Verweildauer
G9	Genauhalt
G10	Verfahren im Eilgang in Polarkoordinaten
G11	Linearinterpolation mit Polarkoordinaten
G12	Kreisinterpolation im Uhrzeigersinn mit Polarkoordinaten
G13	Kreisinterpolation entgegen dem Uhrzeigersinn mit Polarkoordinaten
G14	Konfigurierten Wechselpunkt anfahren
G45	Lineares tangentiales Wegfahren von der Kontur
G46	Lineares tangentiales Wegfahren von der Kontur
G47	Tangentiales Anfahren an eine Kontur im ¼-Kreis
G48	Tangentiales Wegfahren von einer Kontur im ¼-Kreis
G61	Linearinterpolation für Konturzüge
G62	Kreisinterpolation im Uhrzeigersinn für Konturzüge
G63	Kreisinterpolation entgegen Uhrzeigersinn für Konturzüge

Nullpunkte, Drehen, Spiegeln, Skalieren

G50	Aufheben der inkrementalen Nullpunktverschiebungen und Drehungen
G53	Alle Nullpunktverschiebungen und Drehungen aufheben
G54.. ..G57	Einstellbare absolute Nullpunkte
G58	Inkrementale Nullpunktverschiebung, Polar und Drehung
G59	Inkrementale Nullpunktverschiebung kartesisch und Drehung
G66	Spiegeln an der X- und Y-Achse, Spiegelung aufheben
G67	Skalieren (Vergrößern bzw. Verkleinern oder Aufheben)

Ebenenanwahl, Maßangaben

G17.. ..19	Ebenenanwahl; 2½ D-Bearbeitung
G70	Umschaltung auf Maßeinheit Zoll (Inch)
G71	Umschaltung auf Maßeinheit Millimeter (mm)
G90	Absolute Maßeingaben
G91	Kettenmaßeingabe

Werkzeugkorrekturen

G40	Abwahl der Fräserradiuskorrektur
G41.. ..G42	Anwahl der Fräserradiuskorrektur

Vorschübe und Drehzahlen

G94	Vorschub in mm pro Minute
G95	Vorschub in mm pro Umdrehung
G96	Konstante Schnittgeschwindigkeit
G97	Konstante Drehzahl

Programmtechniken

G22	Unterprogrammaufruf
G23	Programmteilwiederholung
G29	Bedingte Programmsprünge

Zyklen

G34	Eröffnung des Konturtaschenzyklus
G35	Schrupptechnologie des Konturtaschenzyklus
G36	Restmaterial-Technologie des Konturtaschenzyklus
G37	Schlichttechnologie des Konturtaschenzyklus
G38	Konturbeschreibung des Konturtaschenzyklus
G80	Abschluss des G38-Zyklus
G39	Aufruf des Konturtaschenzyklus mit konturparalleler oder mäanderförmiger Ausräumstrategie
G72	Rechtecktaschenfräszyklus
G73	Kreistaschen- und Zapfenfräszyklus
G74	Nutenfräszylinder
G75	Kreisbogennut-Fräszyklus
G81	Bohrzyklus
G82	Tiefenbohrzyklus mit Spanbruch
G83	Tiefbohrzyklus mit Spanbruch und Entspanen
G84	Gewindebohrzyklus
G85	Reibzyklus
G86	Ausdrehzyklus
G87	Bohrfräszyklus
G88	Innengewindefräszyklus
G89	Außengewindefräszyklus
G76	Mehrfachzyklusaufruf auf einer Geraden (Lochreihe)
G77	Mehrfachzyklusaufruf auf einem Teilkreis (Lochreihe)
G78	Zyklusaufruf an einem Punkt (Polarkoordinaten)

14 Programmaufbau nach PAL
14.2 Wegbedingungen-Drehen

14.2.1 Linearinterpolation im Arbeitsgang mit G1

Funktionsbeschreibung:
Das Werkzeug bewegt sich mit der programmierten Vorschubgeschwindigkeit von der Startposition linear bis zur Endposition.

Absolutprogrammierung mit G90

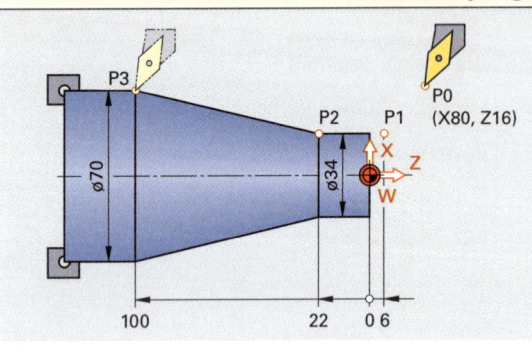

```
N5   ...
N10  G90                    ; Absolutprogrammierung
N15  G0   X80    Z16        ; Startpunkt P0
N20  G0   X34    Z6         ; P1
N25  G1          Z-22       ; P2
N30  G1   X70    Z-100      ; P3
N35  ...
```

Absolutprogrammierung mit G90 und inkrementalen Koordinaten

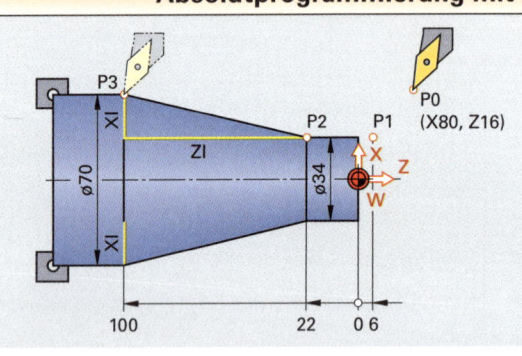

mit inkrementalen XI und ZI-Koordinaten
(I ≙ inkremental)

```
N5   ...
N10  G90                    ; Absolutprogrammierung
N15  G0   X80    Z16        ; Startpunkt P0
N20  G0   X34    Z6         ; P1
N25  G1          Z-22       ; P2
N30  G1   XI18   ZI-78      ; inkremental nach P3
N35  ...
```

Relativprogrammierung mit G91

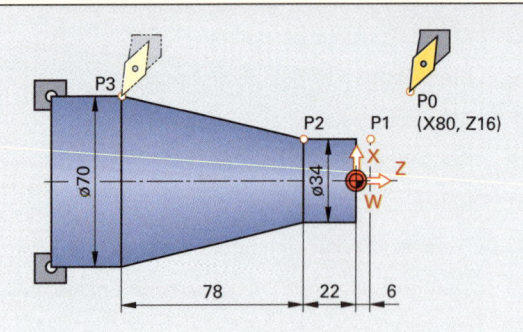

```
N5   ...
N10  G90                    ; Absolutprogrammierung
N15  G0   X80    Z16        ; Startpunkt P0
N20  G0   X34    Z6         ; P1
N25  G91                    ; Relativprogrammierung
N30  G1          Z-28       ; inkremental nach P2
N35  G1   X18    Z-78       ; inkremental nach P3
N40  ...
```

Relativprogrammierung mit G91 und absoluten Koordinaten

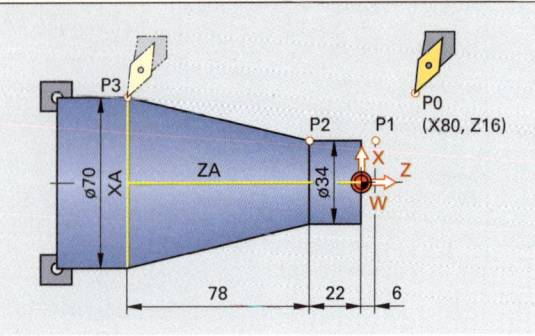

mit absoluten XA und ZA-Koordinaten
(A ≙ absolut)

```
N5   ...
N10  G90                    ; Absolutprogrammierung
N15  G0   X80    Z16        ; Startpunkt P0
N20  G0   X34    Z6         ; P1
N25  G91                    ; Relativprogrammierung
N30  G1          Z-28       ; im Vorschub nach P2
N35  G1   XA70   ZA-100     ; absolut nach P3
N40  ...
```

14 Programmaufbau nach PAL
14.2 Wegbedingungen-Drehen

Übergangselemente mit Radien und Fasen

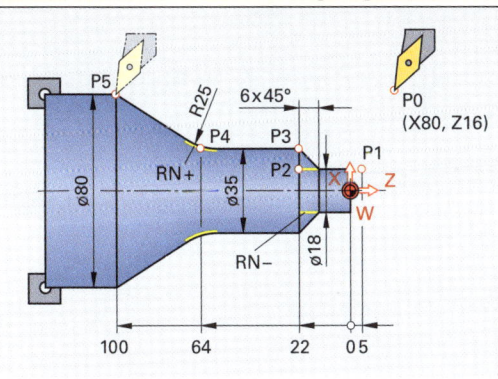

RN+ Verrundungsradius zum nächsten Konturelement
RN− Fasenbreite zu nächsten Konturelement

```
N5   ...
N10  G90
N15  G0   X80   Z16        ; Startpunkt P0
N20  G0   X18   Z5         ; P1
N25  G1         Z-22  RN-6 ; P2
N30       X35              ; P3
N35             Z-64  RN+25; P4
N40       X80   Z-100      ; P5
N45  ...
```

Konturzug mit Anstiegswinkel und Verfahrstrecke

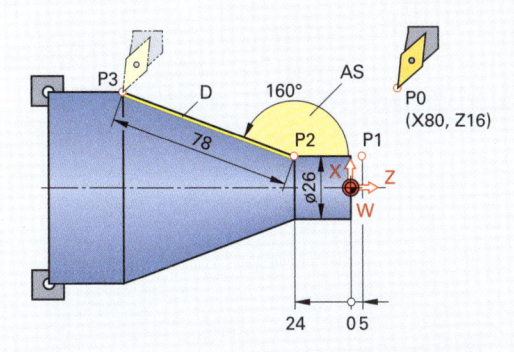

AS Anstiegswinkel
D   Verfahrstrecke

```
N5   ...
N10  G90
N15  G0   X80   Z16        ; Startpunkt P0
N20  G0   X26   Z5         ; P1
N25  G1         Z-24       ; P2
N30  G1   D78   AS160      ; P3
N35  ...
```

Konturzug mit Anstiegswinkel und Koordinatenwert

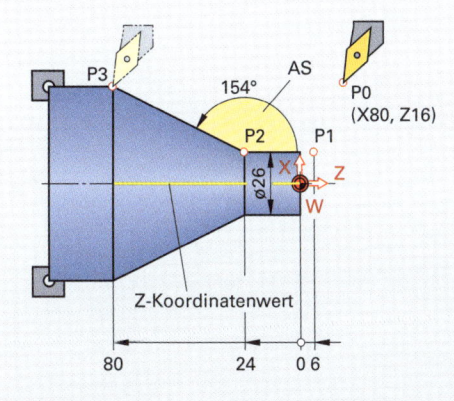

AS Anstiegswinkel
X   Koordinatenwert

```
N5   ...
N10  G90
N25  G0   X80   Z16        ; Startpunkt P0
N20  G0   X26   Z5         ; P1
N25  G0         Z-24       ; P2
N30  G1   Z-80  AS154      ; P3
N35  ...
```

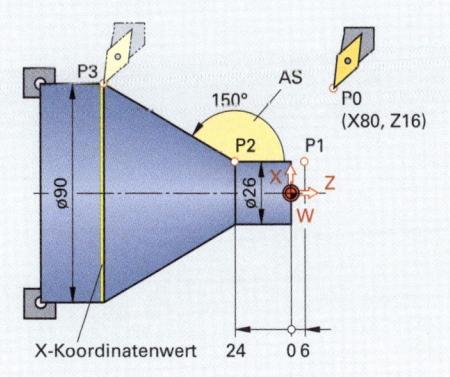

AS Anstiegswinkel
Y   Koordinatenwert

```
N5   ...
N10  G90
N25  G0   X80   Z16        ; Startpunkt P0
N20  G0   X26   Z5         ; P1
N25  G0         Z-24       ; P2
N30  G1   X90   AS150      ; P3
N35  ...
```

14 Programmaufbau nach PAL

14.2 Wegbedingungen-Drehen

Benutzt man bei der Programmierung der Geradeninterpolation G1
- die Länge der Verfahrstrecke D,
- aber *nicht* der Anstiegswinkel AS,
- sondern nur die Koordinatenangabe des Zielpunktes in Z- oder X-Richtung, ist die daraus resultierende Lage des Anstiegwinkels nicht eindeutig bestimmt.

Es gibt deshalb 2 Lösungsmöglichkeiten:
H1 *kleinerer* Anstiegswinkel zur ersten positiven Geometrieachse (Grundstellung)
H2 *größerer* Anstiegswinkel zur ersten positiven Geometrieachse

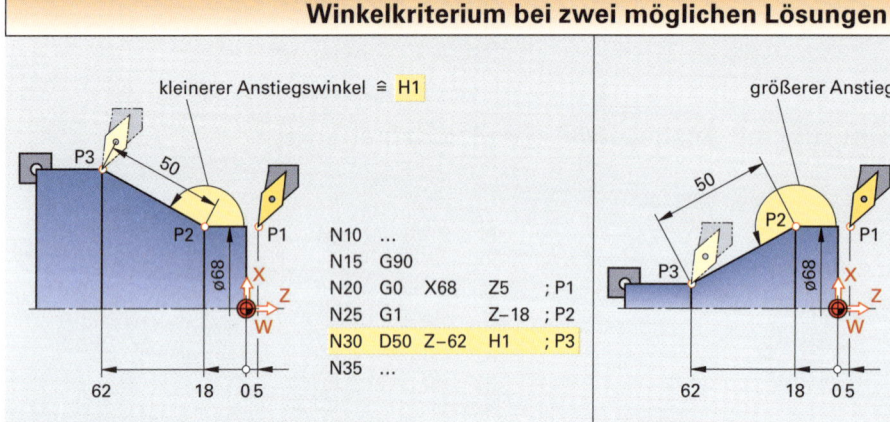

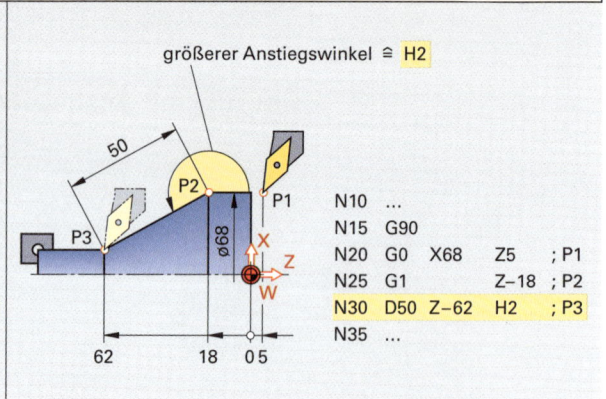

Winkelkriterium bei zwei möglichen Lösungen

kleinerer Anstiegswinkel ≙ H1

```
N10 ...
N15 G90
N20 G0  X68  Z5    ; P1
N25 G1        Z-18 ; P2
N30 D50 Z-62 H1    ; P3
N35 ...
```

größerer Anstiegswinkel ≙ H2

```
N10 ...
N15 G90
N20 G0  X68  Z5    ; P1
N25 G1        Z-18 ; P2
N30 D50 Z-62 H2    ; P3
N35 ...
```

14.2.2 Übungsaufgabe

Erstellen Sie das CNC-Programm.

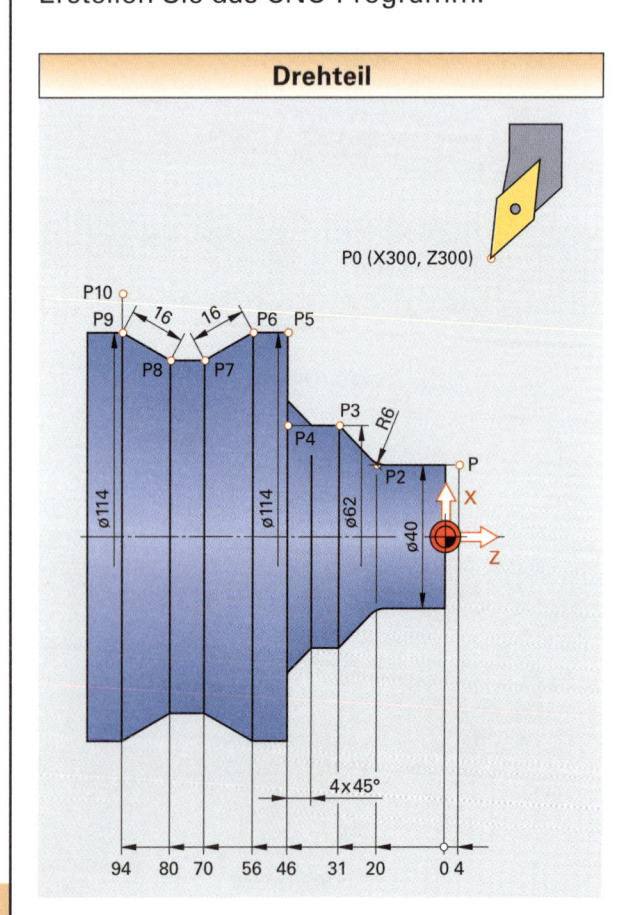

NC-Satz	Pkt.

14 Programmaufbau nach PAL
14.2 Wegbedingungen-Drehen

14.2.3 Kreisinterpolation

Funktionsbeschreibung:
Das Werkzeug bewegt sich mit der programmierten Vorschubgeschwindigkeit von der Startposition auf einem Kreisbogen bis zur Endposition.

Kreisinterpolation mit absoluten Mittelpunktskoordinaten IA und KA

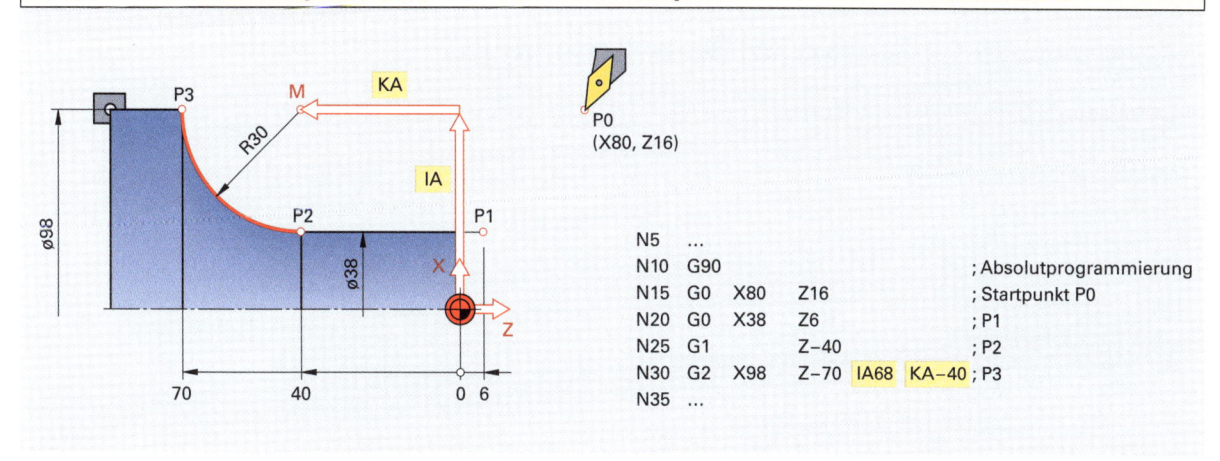

P0 (X80, Z16)

```
N5    ...
N10   G90                              ; Absolutprogrammierung
N15   G0   X80   Z16                   ; Startpunkt P0
N20   G0   X38   Z6                    ; P1
N25   G1         Z-40                  ; P2
N30   G2   X98   Z-70   IA68   KA-40   ; P3
N35   ...
```

Kreisinterpolation mit Öffnungswinkel AO

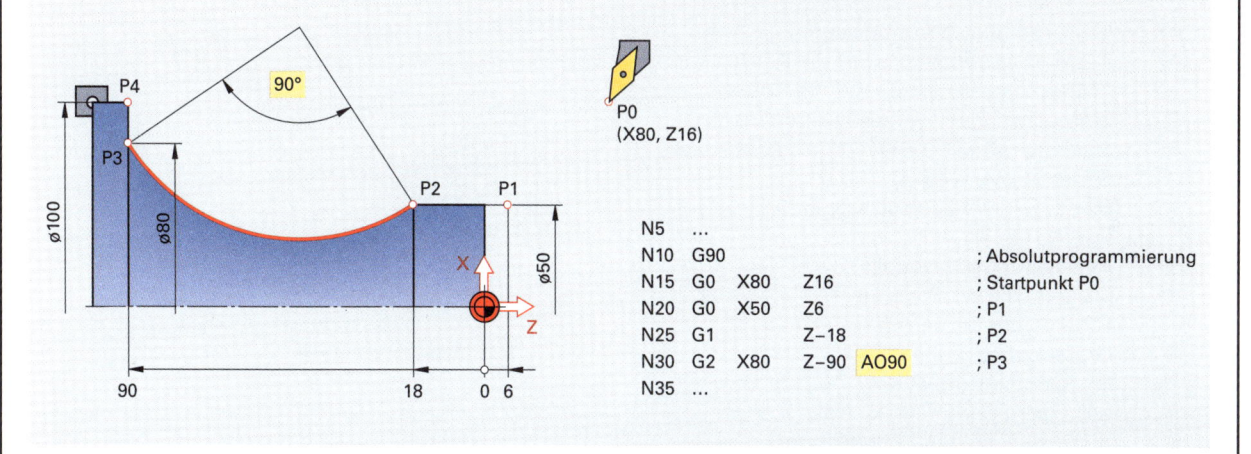

P0 (X80, Z16)

```
N5    ...
N10   G90                              ; Absolutprogrammierung
N15   G0   X80   Z16                   ; Startpunkt P0
N20   G0   X50   Z6                    ; P1
N25   G1         Z-18                  ; P2
N30   G2   X80   Z-90   AO90           ; P3
N35   ...
```

Auswahlkriterien bei Mehrfachlösungen

Bei Verwendung des Radius R oder des Öffnungswinkels AO können sich mehrere Kreisbogenlösungen ergeben.
Mit den beiden Adressen O und R kann der Programmierer den gewünschten Kreisbogen auswählen.

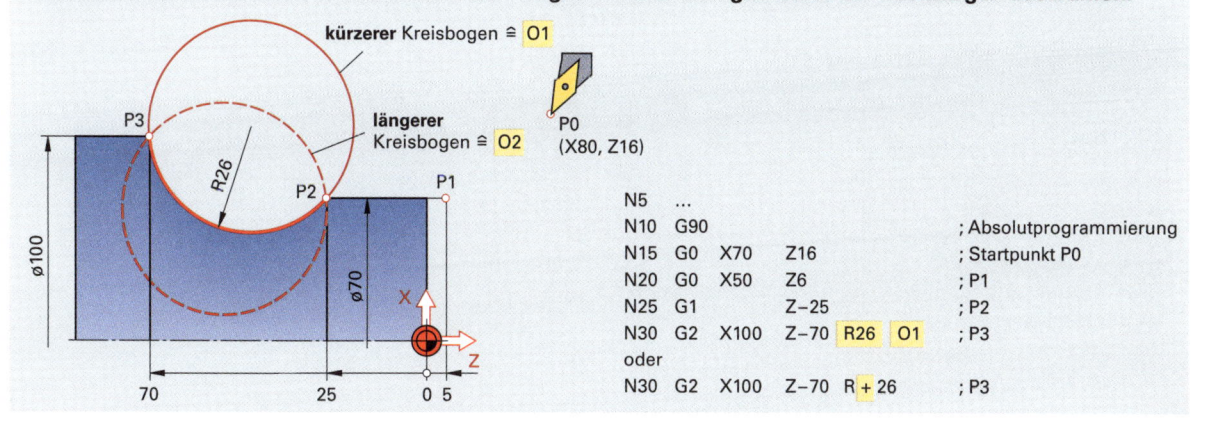

kürzerer Kreisbogen ≙ O1
längerer Kreisbogen ≙ O2

P0 (X80, Z16)

```
N5    ...
N10   G90                              ; Absolutprogrammierung
N15   G0   X70   Z16                   ; Startpunkt P0
N20   G0   X50   Z6                    ; P1
N25   G1         Z-25                  ; P2
N30   G2   X100  Z-70   R26    O1      ; P3
oder
N30   G2   X100  Z-70   R+26           ; P3
```

14 Programmaufbau nach PAL
14.3 PAL-Zyklus-Drehen (Auswahl)

14.3.1 Längsschruppzyklus G81

Funktionsbeschreibung:
Drehen beliebiger Konturen in Längsrichtung mit und ohne Hinterschneidungen.

G81 Längsschruppzyklus   **G82 Planschruppzyklus**

Satzaufbau NC-Satz

G81 (bzw. G82) H4 [AK] [AZ] [AX] [AE] [AS] [AV] [O] [Q] [V] [E]
oder
G81 (bzw. G82) D [H1/H2/H3/H24]

Verpflichtende Adressen:

D   Zustellung

Auswahl-Adressen [..] :

H   Bearbeitungsart
       H1   Schruppen, unter 45° abheben
       H2   stufenweises Auswinkeln entlang der Kontur
       H3   wie H1 mit abschließendem Konturschnitt
       H4   Kontur schlichten
       H24   Schruppen und anschließendes Schlichten

AK   konturparalleles Aufmaß auf die Kontur
AZ   Aufmaß in Z-Richtung auf die Kontur
AX   Aufmaß in X-Richtung auf die Kontur
AE   Eintauchwinkel (Werkzeug-Endwinkel)
AS   Austauchwinkel (Werkzeug-Seiteneinstellwinkel)
AV   Sicherheitswinkelabschlag für AE und AS
O   Bearbeitungsstartpunkt
       O1: aktuelle Wz-Position
       O2: aus Kontur berechnet
Q   Leerschrittoptimierung
       Q1: Optimierung aus
       Q2: Optimierung ein
V   Sicherheitsabstand bei der Leerschrittoptimierung
       G81: in Z-Richtung
       G82: in X-Richtung
E   Eintauchvorschub

Längsschruppzyklus mit G81

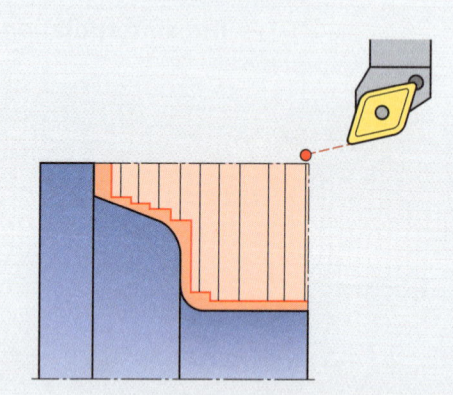

Planschruppzyklus mit G82

Bearbeitungsbeispiel: Längsschruppzyklus mit G81

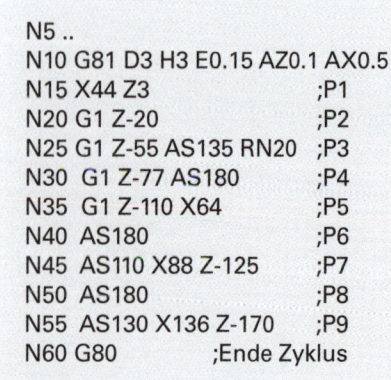

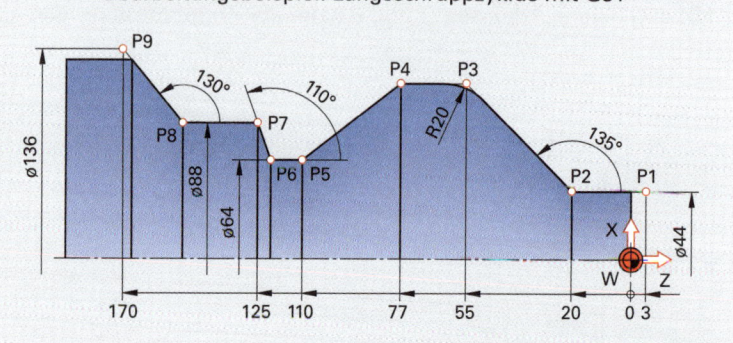

```
N5 ..
N10 G81 D3 H3 E0.15 AZ0.1 AX0.5
N15 X44 Z3              ;P1
N20 G1 Z-20             ;P2
N25 G1 Z-55 AS135 RN20  ;P3
N30 G1 Z-77 AS180       ;P4
N35 G1 Z-110 X64        ;P5
N40 AS180               ;P6
N45 AS110 X88 Z-125     ;P7
N50 AS180               ;P8
N55 AS130 X136 Z-170    ;P9
N60 G80                 ;Ende Zyklus
```

124

14 Programmaufbau nach PAL
14.4 Wegbedingungen-Fräsen

14.4.1 Linearinterpolation im Arbeitsgang mit G1

Funktionsbeschreibung:
Das Werkzeug bewegt sich mit der programmierten Vorschubgeschwindigkeit von der Startposition linear bis zur Endposition.

Absolutprogrammierung mit G90

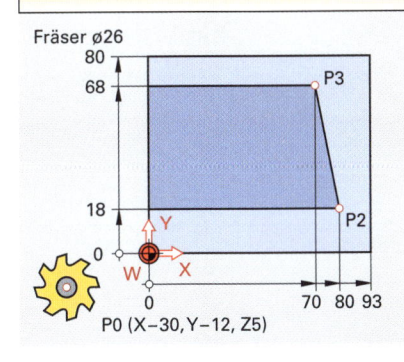

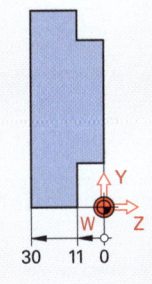

```
N10...
N15  G90
N20  G0      X-30   Y-12   Z5    ; Startpunkt P0
N25  G42 G0  X-17   Y18          ; Anfahren an die Kontur
N30  G0                    Z-11  ; auf Tiefe P1
N35  G1      X80                 ; P2
N40  G1      X70    Y68          ; P3
N45  G1      X-17                ; Endpunkt
```

Absolutprogrammierung mit G90 und inkrementalen Koordinaten

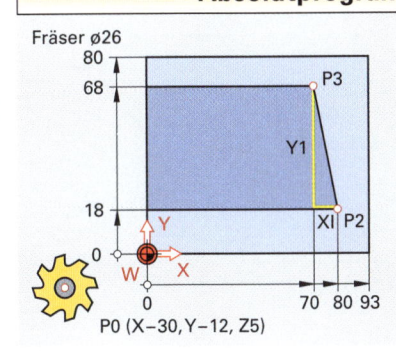

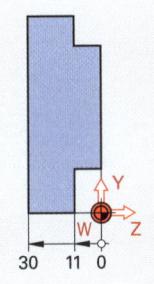

```
N10...
N15  G90
N20  G0      X-30   Y-12   Z5    ; Startpunkt P0
N25  G42 G0  X-17   Y18          ; Anfahren an die Kontur
N30  G0                    Z-11  ; auf Tiefe P1
N35  G1      X80                 ; P2
N40  G1      XI-10  YI50         ; P3 (inkrementale Koordinaten)
N45  G1      X-17                ; Endpunkt (4 mm über Kontur)
```

Relativprogrammierung mit G91

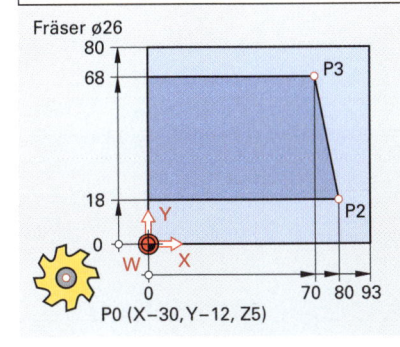

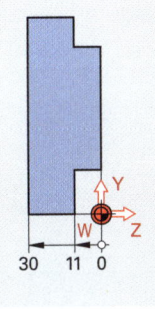

```
N10...
N15  G90                         ; Absolutprogrammierung
N20  G0      X-30   Y-12   Z5    ; Startpunkt P0
N30  G42 G0  X-17   Y18          ; Anfahren an die Kontur (4 mm)
N35  G0                    Z-11  ; auf Tiefe P1
N40  G91                         ; Relativprogrammierung
N40  G1      X97                 ; P2
N45  G1      X-10   Y50          ; P3
N50  G1      X-87                ; Endpunkt (4 mm über Kontur)
```

Relativprogrammierung mit G91 und absoluten Koordinaten

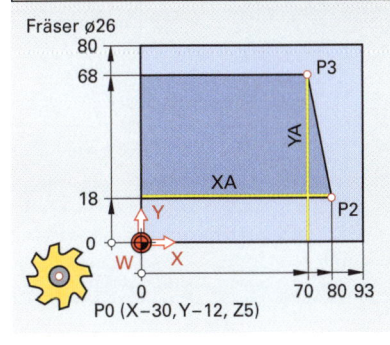

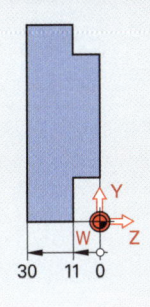

```
N10...
N15  G90                         ; Absolutprogrammierung
N20  G0      X-30   Y-12   Z5    ; Startpunkt P0
N25  G42 G0  X-17   Y18          ; Anfahren an die Kontur (4 mm)
N35  G0                    Z-11  ; auf Tiefe P1
N40  G91                         ; Relativprogrammierung
N45  G1      X97                 ; P2
N50  G1      XA70   YA68         ; P3 (Absolutkoordinaten)
N55  G1      X-87                ; Endpunkt (4 mm über Kontur)
```

14 Programmaufbau nach PAL
14.4 Wegbedingungen-Fräsen

Übergangselemente mit Radien und Fasen

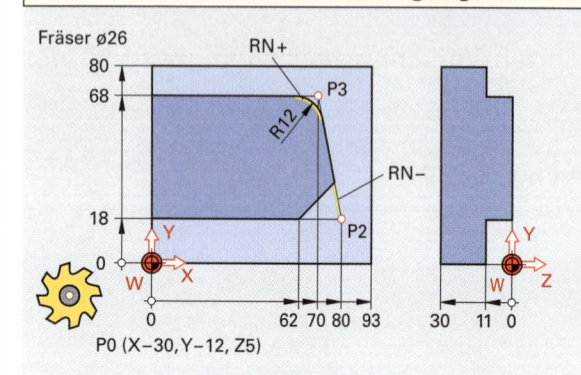

Fräser ø26

RN+ Verrundungsradius zum nächsten Konturelement
RN− Fasenbreite zu nächsten Konturelement

```
N10...
N15  G90
N20  G0           X−30    Y−12    Z5              ; Startpunkt P0
N25  G42 G0       X−15    Y18                     ; Anfahren an die Kontur
N30  G0                           Z−11            ; aufTiefe
N35  G1           X80     RN−18                   ; P2
N40  G1           X70     Y68     RN+12           ; P3
N45  G1           X−23
N50...
```

P0 (X−30, Y−12, Z5)

Konturzug mit Anstiegswinkel und Verfahrstrecke

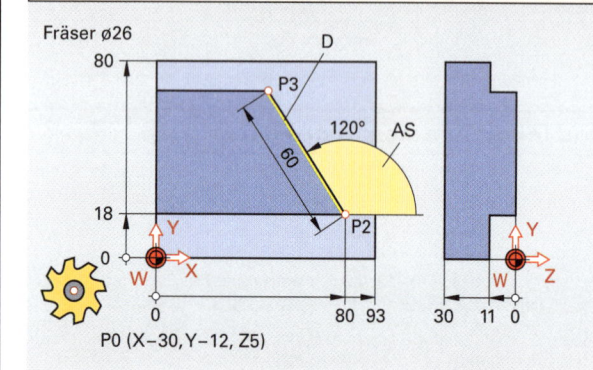

Fräser ø26

AS Anstiegswinkel
D   Verfahrstrecke

```
N10...
N15  G90
N20  G0           X−30    Y−12    Z5              ; Startpunkt P0
N25  G42 G0       X−15    Y18                     ; Anfahren an die Kontur
N30  G0                           Z−11            ; aufTiefe
N35  G1           X80                             ; P2
N35  G1           D60     AS120                   ; P3
N40  G1           X−23
N45...
```

P0 (X−30, Y−12, Z5)

Konturzug mit Anstiegswinkel und Koordinatenwert

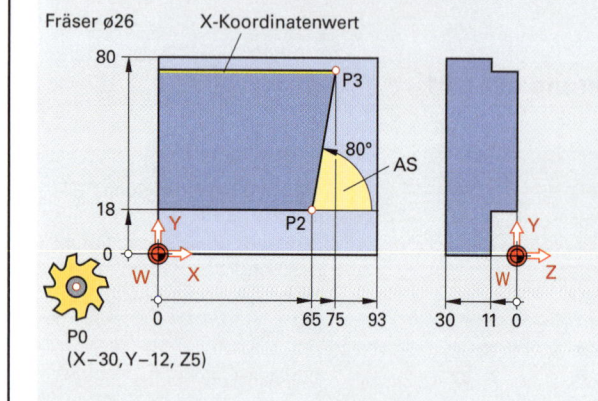

Fräser ø26

AS Anstiegswinkel
X   Koordinatenwert

```
N10...
N15  G90
N20  G0           X−30    Y−12    Z5              ; Startpunkt P0
N25  G42 G0       X−15    Y18                     ; Anfahren an die Kontur
N30  G0                           Z−11            ; aufTiefe
N35  G1           X65                              ; P2
N40  G1           X75     AS80                     ; P3
N45  G1           X−23
N50...
```

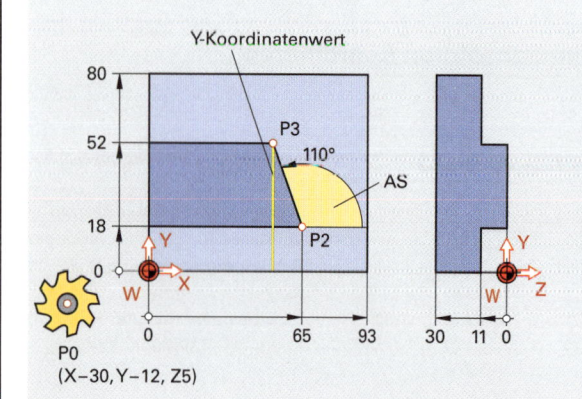

P0 (X−30, Y−12, Z5)

AS Anstiegswinkel
Y   Koordinatenwert

```
N10...
N15  G90
N20  G0           X−30    Y−12    Z5              ; Startpunkt P0
N25  G42 G0       X−15    Y18                     ; Anfahren an die Kontur
N30  G0                           Z−11            ; aufTiefe
N35  G1           X65                              ; P2
N40  G1                   Y52     AS110            ; P3
N45  G1           X−23
N50...
```

P0 (X−30, Y−12, Z5)

14 Programmaufbau nach PAL
14.4 Wegbedingungen-Fräsen

Benutzt man bei der Programmierung der Geradeninterpolation G1
- die Länge der Verfahrstrecke D,
- aber *nicht* den Anstiegswinkel AS,
- sondern nur die Koordinatenangabe des Zielpunktes in X- oder Y-Richtung, ist die daraus resultierende Lage des Anstiegwinkels nicht eindeutig bestimmt.

Es gibt deshalb 2 Lösungsmöglichkeiten:
H1 *kleinerer* Anstiegswinkel zur ersten positiven Geometrieachse (Grundstellung)
H2 *größerer* Anstiegswinkel zur ersten positiven Geometrieachse

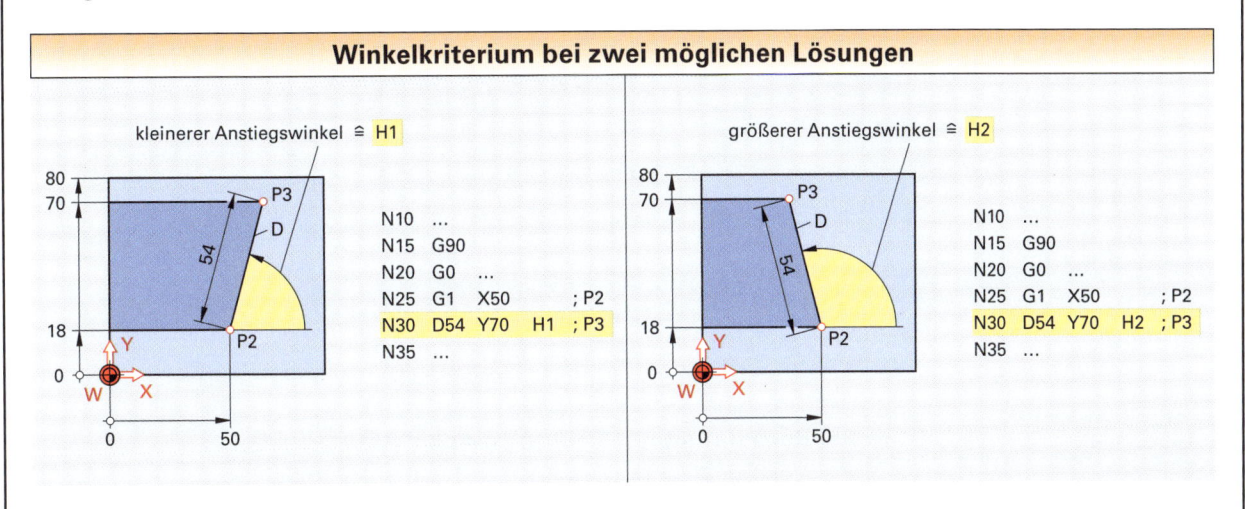

Winkelkriterium bei zwei möglichen Lösungen

kleinerer Anstiegswinkel ≙ H1

```
N10  ...
N15  G90
N20  G0   ...
N25  G1   X50           ; P2
N30  D54  Y70    H1     ; P3
N35  ...
```

größerer Anstiegswinkel ≙ H2

```
N10  ...
N15  G90
N20  G0   ...
N25  G1   X50           ; P2
N30  D54  Y70    H2     ; P3
N35  ...
```

14.4.2 Übungsaufgabe
Erstellen Sie das CNC-Programm.

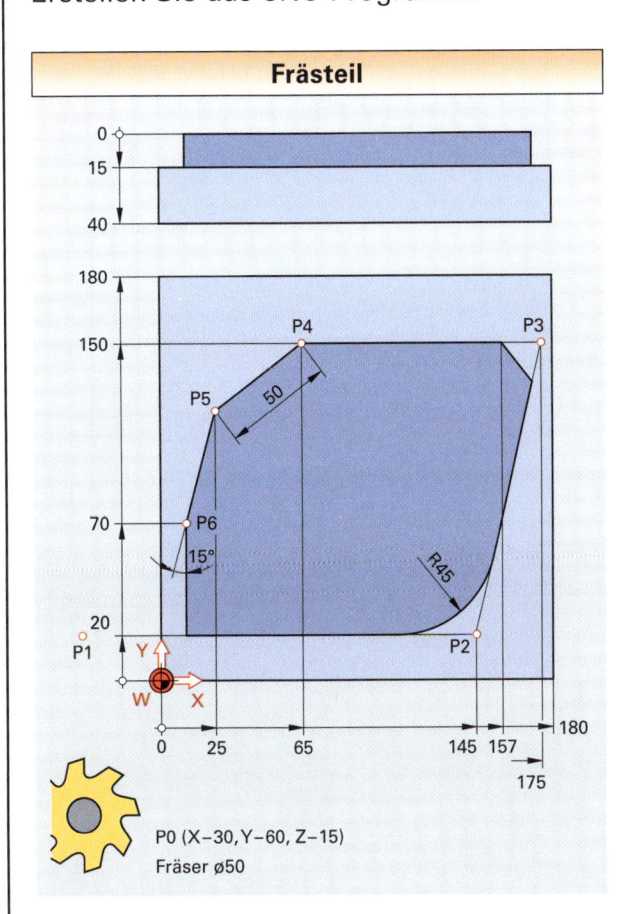

Frästeil

P0 (X−30, Y−60, Z−15)
Fräser ø50

NC-Satz	Pkt.

14 Programmaufbau nach PAL
14.4 Wegbedingungen-Fräsen

14.4.3 Kreisinterpolation

Funktionsbeschreibung:
Das Werkzeug bewegt sich mit der programmierten Vorschubgeschwindigkeit von der Startposition auf einem Kreisbogen bis zur Endposition.

Kreisinterpolation mit absoluten Mittelpunktskoordinaten IA und JA

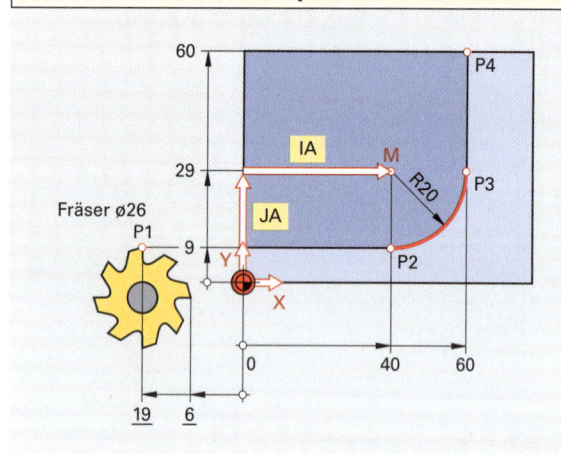

```
N10  T..   TC..  F.   S..   M..
N15  G90  G42
N20  G0   X-19  Y9   Z-5          ; P1
N25  G1   X40                     ; P2
N30  G3   X60   Y29  IA40  JA29   ; P3
N35  G1         Y60               ; P4
N40  ...
```

Kreisinterpolation mit Öffnungswinkel AO

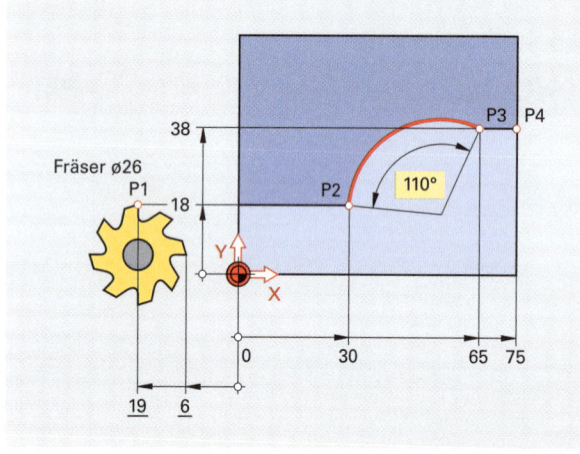

```
N10  T..   TC..  F.   S..   M..
N15  G90  G42
N20  G0   X-19  Y18  Z-5          ; P1
N25  G1   X30                     ; P2
N30  G2   X65   Y38  AO110; P3
N35  G1   X75                     ; P4
N40  ...
```

Auswahlkriterien bei Mehrfachlösungen

Bei Verwendung des Radius R oder des Öffnungswinkels AO können sich mehrere Kreisbogenlösungen ergeben.
Mit den beiden Adressen O und R kann der Programmierer den gewünschten Kreisbogen auswählen.

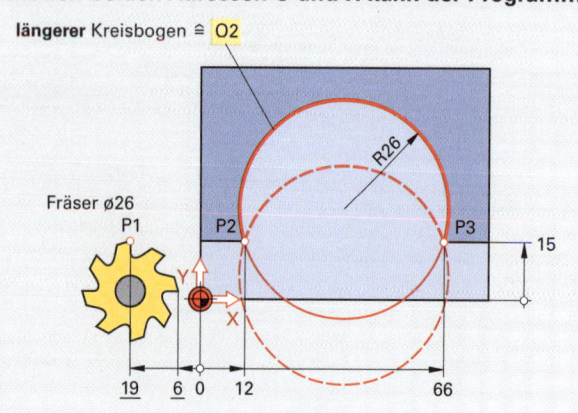

längerer Kreisbogen ≙ O2

```
N10  T..   TC..  F.   S..   M..
N15  G90  G42
N20  G0   X-19  Y18  Z-5          ; P1
N25  G1   X12   Y15               ; P2
N30  G2   X66   Y15  R26   O2     ; P3
oder
N30  G2   X66   Y15  R-26         ; P3
```

14 Programmaufbau nach PAL

14.5 PAL-Zyklus-Fräsen (Auswahl)

G74 Nutenfräszyklus (Längsnut)

Satzaufbau NC-Satz

G74 ZI/ZA LP BP D V [W] [AK] [AL] [EP] [O] [Q] [H] [E]

verpflichtende Adressen:

ZI/ZA Tiefe der Nut in der Zustellachse
      ZI inkrementell ab Oberkante der Nut
      ZA absolut vom Werkstückkoordinatensystem
LP Länge der Nut
BP Breite der Nut
D maximale Zustelltiefe
V Sicherheitsabstand von der Materialoberfläche

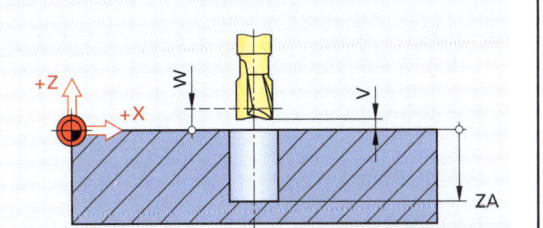

Auswahl-Adressen [..] :

W Rückzugsebene
AK Aufmaß auf den Taschenrand
AL Aufmaß auf den Taschenboden
EP0, EP1, EP2, EP3 Festlegung des
    Setzpunktes beim Zyklusaufruf
O Zustellbewegung
    O1 Senkrechtes Eintauchen des Wz
    O2 Pendelndes Eintauchen des Wz
H Bearbeitungsart
    H1 Schruppen H4 Schlichten
    H2 Planschruppen der Rechteckfläche
    H14 Schruppen und Schlichten mit gleichem Wz
E Vorschub beim Eintauchen

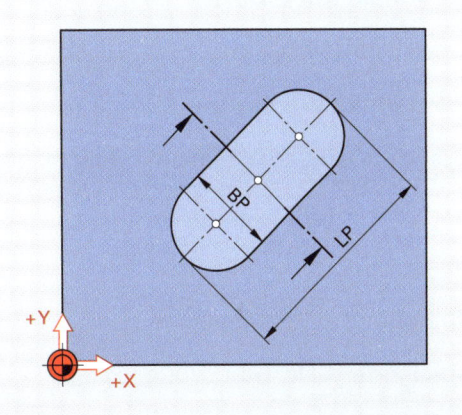

G78 Zyklusaufruf auf einem Punkt (mit Polarkoordinaten)

Satzaufbau NC-Satz:

G78 [I/IA] [J/JA] RP AP [Z/ZI/ZA] [AR] [W]

Verpflichtende Adressen:

I, IA X-Koordinate des Drehpols
J, JA Y-Koordinate des Drehpols
RP Polradius
AP Pol-Winkel bezogen
    auf die X-Achse

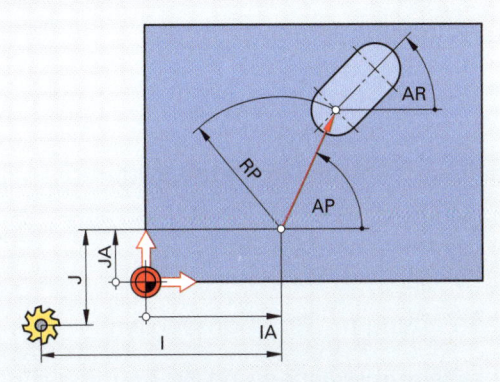

Auswahl-Adressen [..] :

Z, ZI, ZA Z-Koordinate der Oberkante
AR Drehwinkel des Objektes
    bezogen auf die X-Achse
W Rückzugsebene

Bearbeitungsbeispiel
Längsnut mit G74

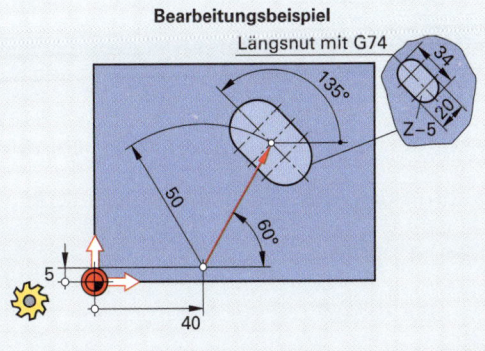

N5 ...
N15 G74 ZA-5 LP34 BP20 D2 V2   ;Längsnut mit G74
N20 G78 IA40 JA5 RP50 AP60 AR135   ;Zyklusaufruf G78
N25 ...

Sachwortverzeichnis

Symbole
2D- und 2½ D-Steuerungen 31
3D-Messtaster 25, 26
3D-Steuerungen................... 31
3D-Steuerungen vier- und fünfachsig 32
3D-Taster........................ 24

A
Absolutprogrammierung 45
Adressbuchstaben nach DIN 66025....... 39
Anfahren an Konturen............... 65, 71
Anfahrstrategien 106
Angetriebene Werkzeuge 12
Anwendungsbeispiel Gesenkfräsen 84
Arbeitsbewegungen 49
Arbeitszyklen 87
Aufbau einer CMC-Maschine 6
Aufbau einer CNC-Steuerung............ 7
Aufbau eines Programms 37
Aufbau eines Satzes 38
Aufbau eines Wortes.................. 38
Aufbau flexibler Fertigungssysteme 13
AV-Programmierung 33

B
Bahnkorrekturen bei Mehrschlitten-
maschinen........................ 70
Bahnsteuerungen..................... 30
Bearbeitung mit Rotationsachsen 112
Bearbeitungsebenen und Programmierung 99
Besonderheiten bei Bahn-
korrekturen 64
Besonderheiten der Nullpunktverschiebung 74
Bestimmung des Werkstücknullpunktes.... 23
Bezugspunkte...................... 21
Bezugspunktverschiebungen 74
Bohrzyklen 88

D
Drehen vor der Drehmitte............... 60
Dreh-Fräs-Bearbeitung 112
Drehzyklen (Auswahl) 94

E
Entstehung eines CNC-Programms
(Drehteil) 36
Entstehung eines CNC-Programms
(Frästeil)......................... 35
Erweiterte Programmierung.............. 99

F
Feinkorrekturen 69
Flexible Fertigungszellen 15
Flexible Transferstraßen 15
Formaler Programmaufbau 37
Fräserradiuskorrektur (FRK) 63
Fräszyklen (Auswahl)................... 91
Führungen und Kugelgewindetriebe........ 9

G
Geraden-Interpolation G01-Drehen........ 52
Geraden-Interpolation G01-Fräsen 50
Gespeicherte Koordinatendrehung 79
Gespeicherte Nullpunktverschiebung...... 76
Glasmaßstab mit Durchlichtverfahren 11

I
Istwertspeicher setzen 80

K
Kantentaster 24
Konturzüge 102, 103, 104, 105, 106, 107
Koordinatenachsen bei Drehmaschinen.... 17
Koordinatenachsen bei Fräsmaschinen 18
Koordinatendrehung (KD)............... 78
Koordinatensysteme 16
Korrekturrichtung..................... 70

Sachwortverzeichnis (Fortsetzung)

Kreis-Interpolation G02-Drehen 58
Kreis-Interpolation G02-Fräsen 54
Kreis-Interpolation G03-Drehen 59
Kreis-Interpolation G03-Fräsen 55

L
Lage der Schneidenspitze 69
Lageregelung 8

M
Maschinennullpunkt M 21
Maschinen- und Werkzeugbewegungen 20

N
Nullpunktverschiebung (NPV) 74

P
PAL-Zyklus-Fräsen (Auswahl) 129
Polarkoordinaten 99
Programmaufbau 35
Programmierbare Koordinatendrehung 78
Programmierbare Nullpunktverschiebung . . 75
Programmierung 33
Programmierverfahren 45
Programmstratpunkt P0 27
Programmstrukturen 81
Punktsteuerungen 30

R
Referenzpunkt R 21
Relativprogrammierung 46

S
Schneidenradiuskompensation (SRK) 69
Schraubenlinien-Interpolation 108
Spiegelung und Maßstabsänderung 79
Steuerungsarten 30
Streckensteuerungen 30

T
Technologische Anweisungen 41

U
Unterprogramme mit Parametern 86
Unterprogramme mit Werkzeugkorrekturen 83
Unterprogramme (UP) 81

V
Verkettung von Sätzen 106

W
Weginformationen 40
Wegmesssysteme 10
Werkstattorientierte Produktions-
unterstützung 33
Werkstattprogrammierung 33
Werkstücknullpunkt W 22
Werkzeugaufnahmepunkt N 27
Werkzeuge 12
Werkzeugeinstellpunkt E 27
Werkzeugkorrekturen beim Drehen 68
Werkzeugkorrekturen beim Fräsen 62
Werkzeuglagen-Korrektur 68
Werkzeugmagazine 12
Werkzeugrevolver 12
Werkzeugschneidenpunkt P 27
Werkzeug- und Bahnkorrekturen 62
Werkzeugwechselpunkt Ww 27
Wiederholung von Programmteilen 81

Z
Zusatzfunktionen 42
Zylinder-Interpolation 109